工程材料分析与计算

张 昭 周 霞 编著

科学出版社

北 京

内 容 简 介

  本书主要介绍材料的基本结构、材料的制备与相图、材料的力学性能、塑性变形与再结晶、钢铁的热处理、碳素钢与合金钢、工程材料的合理选用、有色金属及其合金、材料中的计算方法等内容,涵盖了从工程材料基础知识、工程材料计算的基本理论到工程材料的合理运用等多方面的知识,用以掌握工程材料的基本概念和基本知识,为进一步研究工程材料奠定基础。

  本书通过介绍工程材料计算的基本方法,为工程材料的计算和仿真提供了基本的理论基础和计算手段。本书适用于工程人员和高校研究生阅读参考。

图书在版编目(CIP)数据

工程材料分析与计算/张昭,周霞编著. —北京:科学出版社,2016.12
 ISBN 978-7-03-051353-3

 Ⅰ.①工⋯ Ⅱ.①张⋯ ②周⋯ Ⅲ.①工程材料-分析方法②工程材料-分析方法②工程材料-工程计算 Ⅳ.①TB3

中国版本图书馆 CIP 数据核字(2016) 第 322493 号

责任编辑:赵敬伟 田轶静 / 责任校对:邹慧卿
责任印制:张 伟 / 封面设计:耕者工作室

科 学 出 版 社 出版
北京东黄城根北街 16 号
邮政编码:100717
http://www.sciencep.com

北京厚诚则铭印刷科技有限公司 印刷
科学出版社发行 各地新华书店经销
*
2017 年 1 月第 一 版 开本:720 × 1000 1/16
2017 年 1 月第一次印刷 印张:15
字数:288 000
POD定价: 88.00元
(如有印装质量问题,我社负责调换)

前　言

随着技术装备的不断发展，材料以及计算材料的重要性日益体现，但联系材料基础知识和力学基础知识以及计算材料学的书籍相对较少，本书从基本材料知识和计算材料学知识出发，讲述工程材料的基本知识和基本概念，结合工程问题进行讨论，并进一步论述了计算材料学中的主要计算方法。

本书主要讨论工程材料的基本知识和主要计算方法，第 1 章绪论主要概述工程材料相关研究进展；第 2 章材料的基本结构主要讲述晶向、晶面、投影、倒点阵等的基本概念；第 3 章材料的制备与相图主要论述材料的主要制备方法以及相图及相图的使用；第 4 章材料的力学性能主要讲述高温力学性能、疲劳、硬度、断裂韧度等，并以机车为例讲述相关的计算和应用；第 5 章主要讲述塑性变形与再结晶，以鼓风机叶轮为例，讲述残余应力的计算方法和应用；第 6 章钢铁的热处理主要包括退火、正火、回火、淬火的基本概念和应用；第 7 章碳素钢与合金钢概述相关钢的分类、牌号和使用；第 8 章工程材料的合理选用主要讲述齿轮、叶轮、轴、弹簧等典型零部件的选材原则和热处理工艺；第 9 章有色金属及其合金主要讲述 Ti、Al、Mg 等合金的牌号、材料特点、热处理工艺等；第 10 章材料中的计算方法主要讲述几类主流的计算材料学方面的方法，包括 MC、CA、晶体塑性、相场法、分子动力学方法、材料的磨损计算等。

研究生吴奇、胡超平、葛芃、谭冶军、姚欣欣、赵磊等以及本科生陈捷等的研究方向和研究内容与本书部分内容相关，在此对他们在科研方面的努力和对本书的贡献表示感谢。

由于书中部分图片来源于网络、课件等材料，原始来源已经很难考证，由此导致引用方面的遗漏敬请读者谅解。

限于作者的学识和经验，书中难免有疏忽和纰漏，敬请读者批评指正。

张昭，周霞

2016 年 10 月于大连

目　　录

第1章 绪 论

材料是指人类用以制造各种有用器件的物质，是人类生产和生活所必需的物质基础。鉴于材料的重要性，历史学家根据人类所使用的材料来划分时代，分为石器时代、青铜时代、铁器时代和新材料时代，如图 1-1 所示，材料是人类文明的标志，也是人类进化的里程碑。

(a) 石器时代　　　(b) 青铜时代　　　(c) 铁器时代　　　(d) 新材料时代

图 1-1　不同历史时期人类所使用的材料

按照化学成分，材料的分类如图 1-2 所示。

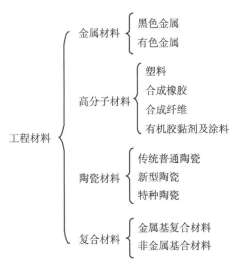

图 1-2　工程材料分类

材料，特别是新型材料，是发展高科技的先导和基石。新型材料一般是指那些新近研制成功或正在研制的、具有比传统材料更加优异的特性和功能、能够满足高新技术发展需要的一类新材料。它具有多学科交叉、知识密集、技术密集的特点，是一类品种繁多、结构特性好、功能强、附加值高、更新换代快的材料。传统材料是指已大量生产、价格一般较低、在工业应用上已有长期使用经验和数据的材料。但是，新型材料解密后，开始商业化及大量生产并积累了经验之后，就成为传统材料了。也可能一些传统材料采用特殊高科技工艺加工后，具有了新的、更优良的性能，则成为新型材料。以水立方为例，如图 1-3 所示，其使用的人工高强度氟聚合物 (ETFE) 膜是透明建筑结构中品质优越的替代材料，多年来在许多工程中以其众多优点被证明为可信赖且经济实用的屋顶材料。该膜是由 ETFE 制成，延伸率可达 420%～440%。ETFE 膜材料的透光光谱与玻璃相近 (俗称软玻璃)。其特有的抗黏着表面使其具有高抗污、易清洗的特点，通常雨水即可清除主要污垢。

图 1-3　水立方及 ETFE 膜

新技术的需要促进了新型材料的不断发展，如信息传输技术的发展。要架设 1000km 长的同轴电缆，大约需要铜 50000t，铅 200000t；采用新型材料光导纤维，可能仅需几十公斤石英玻璃即可。若用廉价的有机玻璃代替石英用于光纤，更具重要意义。随着经济的飞速发展和科学技术的不断进步，我们对材料的要求越来越苛刻，结构材料向高比强、高强韧性、耐高温、耐腐蚀、抗辐照以及多功能方向发展。在当今时代，新型材料不断涌现，层出不穷，如图 1-4 所示。同时，新世纪发展对材料提出了新要求：① 结构与功能相结合。要求材料不仅能作为结构材料使用，而且具有特殊的功能或多种功能，正在开发研制的梯度功能材料和生物材料即属于此。② 智能化。要求材料本身具有感知、自我调节和反馈能力，即具有敏感和驱动双重功能。③ 减少污染。为了人类的健康和生存，要求材料在制作和废弃过程中对环境产生的污染尽可能少。④ 可再生性。是指一方面可保护和充分利用自然资源，另一方面又不为地球积存太多的废物，而且能再次利用。⑤ 节省能源。制造材料时耗能尽可能少，同时又可利用新开发的能源。⑥ 长寿命。要求材料能长期保持其基本特性，稳定可靠，用来制造的设备和元器件能少维修或不维修。材料的使用和研究必须遵循可持续发展战略，在保证满足使用性能的条件下，尽量选用节约资源、降低能耗的材料，开发与选用具有环境相容性的新材料，并对现有材料进行环境协调性改性，尽可能地选用可降解材料，针对积累下来的污染问题，开发门类齐全的生态环境材料，对环境进行修复、净化或替代等处理，逐渐改善地球的生态环境，使之向可持续发展的方向前进。

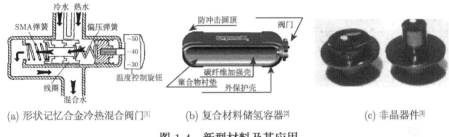

(a) 形状记忆合金冷热混合阀门[1]　　　(b) 复合材料储氢容器[2]　　　(c) 非晶器件[3]

图 1-4　新型材料及其应用

　　产品的再制造是有效利用材料的一种重要方式。再制造是指以机电产品全生命周期理论为指导，以废旧机电产品实现性能提升为目标，以优质、高效、节能、节材、环保为准则，以先进技术和产业化生产为手段，对废旧机电产品进行修复和改造的一系列技术措施或工程活动的总称。再制造的重要特征是再制造产品的质量和性能不低于新品，有些能够超过新品。再制造作为装备制造业产业链的延伸，为循环经济提供关键技术支撑，已成为当今世界最具前景的技术领域之一。《国家中长期科学和技术发展规划纲要》将"在重点行业和重点城市建立循环经济的技术发展模式，为建设资源节约型和环境友好型社会提供科技支持"作为我国科学技术发展的重要目标。2010 年 5 月，中华人民共和国国家发展和改革委员会(简称国家发改委)、科技部等 11 部委联合下发《关于推进再制造产业发展的意见》，指导全国加快再制造产业发展，并将再制造产业作为国家新的经济增长点予以培育。2010年 10 月，中共中央十七届五中全会审议通过了《中共中央关于制定国民经济和社会发展第十二个五年规划的建议》，明确要求"开发应用再制造等关键技术，推广循环经济典型模式"。开展机械装备再制造基础科学问题研究，符合国家中长期发展战略重大需求。再制造工程以机电产品全寿命周期理论为指导，以旧件实现性能跨越式提升为目标，以优质、高效、节能、节材、环保为准则，以先进技术和产业化生产为手段对旧件进行修复和改造。再制造的重要特征是再制造产品的质量和性能要达到或超过新品，成本仅是新品的 50% 左右，节能 60% 左右，节材 70% 以上[4]，其工艺流程如图 1-5 所示。

　　材料的加工工艺对材料的力学性能影响很大，焊接、拉拔、等径弯曲等工艺对材料的晶粒形貌和力学性能均有不同程度的影响，如图 1-6 所示，需要在选材和加工时予以考虑。图 1-6 所示为铝合金搅拌摩擦焊作用下焊接区不同晶粒形貌，

图 1-7 所示为不同变形率下钛合金的晶粒形貌。图 1-8 所示为升温到不同温度后的钛合金最终晶粒形貌。

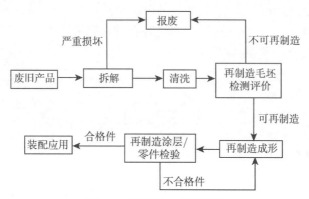

图 1-5 再制造工艺流程[4]

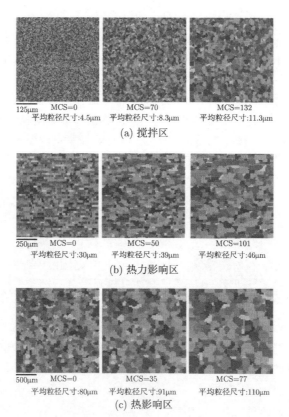

图 1-6 铝合金搅拌摩擦焊作用下焊接区不同晶粒形貌[5,6]

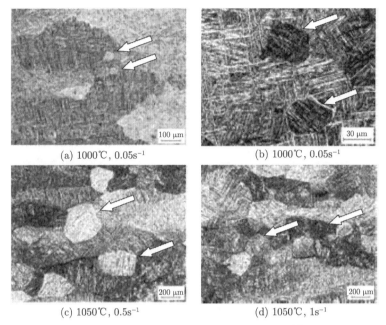

(a) 1000℃, 0.05s⁻¹　　　　　(b) 1000℃, 0.05s⁻¹

(c) 1050℃, 0.5s⁻¹　　　　　(d) 1050℃, 1s⁻¹

图 1-7　不同变形率下钛合金的晶粒形貌[7]

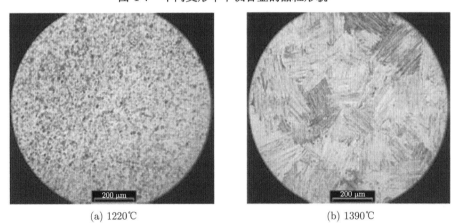

(a) 1220℃　　　　　(b) 1390℃

图 1-8　升温到不同温度后的钛合金最终晶粒形貌[7]

第2章　材料的基本结构

材料的性能主要决定于其化学组成和结构。所谓 "结构" 系指材料中原子的排列位置和空间分布。从宏观到微观可分成不同的层次,即宏观组织结构、显微组织结构及微观结构。宏观组织结构是指用肉眼或放大镜可观察到的材料内部的形貌图像 (即晶粒、相的集合状态)。显微组织结构是指借助光学显微镜、电子显微镜可观察到的材料内部的微观形貌图像 (即晶粒、相的集合状态或微区结构)。微观结构是指比显微组织结构更细的一层结构,即原子和分子的排列结构。习惯上,把宏观和显微组织结构称为组织,而微观结构则称为结构。固体材料的结构若为规则排列则是晶态,若为不规则排列则是非晶态。在绝大多数情况下,晶体结构并不是十分完整的,即在其规则排列中,局部存在着各种缺陷。因此作为工程技术人员,要做到正确选择和合理使用材料,首先必须具备有关材料结构方面的基本知识。

材料一般是在固体状态下使用。按固体中原子排列的有序程度,可分为晶态结构和非晶体结构两种基本类型,如图 2-1 所示。晶体是指原子呈规则排列的固体,常态下金属主要以晶体形式存在,非晶体是指原子呈无序排列的固体,在一定条件下晶体和非晶体可互相转化。

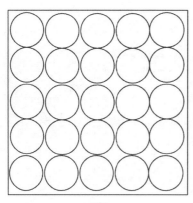
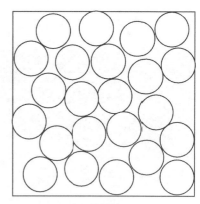

(a) 晶体　　　　　　　　　　　　　　　　(b) 非晶体

图 2-1　晶体与非晶体结构示意图

"长程有序"(远程有序) 指的是原子在很大范围内均是按一定规则排列 (即原子在三维空间做有规则的周期性重复排列),具有长程有序排列的材料即为晶体材料。这种长程有序排列的特征 (形式) 就称为晶态结构。晶体材料的特点是:

(1) 结构有序, 物理性质表现为各向异性;

(2) 具有固定的熔点;

(3) 晶体的排列状态是由构成原子或分子的几何学形状和键的形式决定的;

(4) 一般当晶体的外形发生变化时, 晶格类型并不改变。

所谓 "短程有序", 系指原子仅在很小的范围 (约几十个原子的尺度) 内呈一定的规则排列, 而从大范围来看, 则找不到规则排列的规律。若固体材料中仅存在短程有序, 则称其为非晶体材料 (或无定形材料)。这种短程有序排列的特征, 即称为非晶态结构 (或无定形结构)。非晶态结构被认为是 "冻结了" 的液态结构, 即非晶体在整体上是无序的, 但原子之间也是靠化学键结合在一起的, 所以在有限的小范围内观察, 还是有一定的规律性。非晶体材料的共同特点是:

(1) 结构无序, 物理性质表现为各向同性;

(2) 无固定熔点;

(3) 导热性和热膨胀性均小;

(4) 塑性形变大;

(5) 组成的变化范围大。

从理论上分析, 如果抑止晶化固态反应过程, 则任何物质均能发生非晶态固化反应, 从而获得非晶态材料。如纯金属液体在高速冷却 ($10^6 \sim 10^8$K/s) 下可得到非晶态金属。从已得到的结果看: 非晶态材料具有较高的强度、硬度和抗蚀性能等。非晶材料由 A. Brenner 于 1947 年通过电解、沉积方法获得。温度变化时, 在很窄的温度区间内, 可能发生明显的结构相变, 是一种亚稳相。非晶金属材料, 又叫金属玻璃, 制作方法有单辊甩带、双辊甩带、镕模吸铸、离子溅射等, 目前比较成熟且应用较多的是单辊甩带 (速凝)。

2.1 晶体结构的基本概念

以纯铁为例, 纯铁的微观组织形貌如图 2-2 所示。晶体结构中的几个基本概念包括: 晶体结构、原子堆砌模型、晶格、晶胞、晶格常数。晶体结构是指晶体中原子 (离子或分子) 规则排列的形式。原子堆砌模型是指假想理想晶体中的原子都是由固定不动的钢球堆砌而成, 如图 2-3 所示。晶格是指假想的空间直线按一定规律把原子 "点" 连接起来, 构成三维的空间构架, 如图 2-4 所示, 晶格形象地反映了原子排列的空间网格, 网格线代表原子之间的相互作用, 小球代表原子。晶胞是指从晶格中取出一最基本的、有代表性的几何单元, 如图 2-5 所示, 表征晶胞特征的参数是晶格常数。原子半径 (r) 是指晶胞中相距最近的两个原子之间平衡距离的一半。晶胞原子数 (n) 是指一个晶胞所包含的原子数目。配位数 (C) 是指晶格中与任一原子最近邻且等距离的原子数目。致密度 $(K = n \cdot v/V)$ 是指晶胞中原子所占体积与晶胞体积之比，式中，v 为一个原子体积，V 为晶胞体积，n 为晶胞原子数。

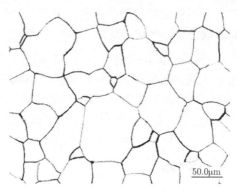

图 2-2　工业纯铁组织形貌

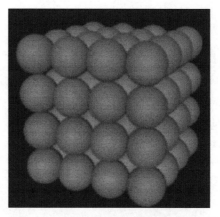

图 2-3　原子堆砌模型

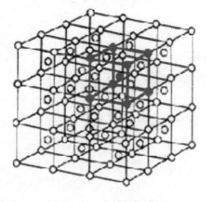

图 2-4　晶格模型

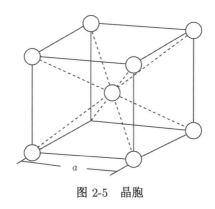

图 2-5 晶胞

2.2 典型金属的晶体结构

已知的 80 余种金属元素，大都属于体心立方、面心立方或密排六方晶格。

1. 体心立方晶格

体心立方晶格 (body centered cubic，BCC) 晶胞是一个立方体，立方体的 8 个顶点各有一个原子，中心还拥有一个原子，如图 2-6 所示，其晶格常数为 a，晶胞原子数如图 2-7 所示，为 $\frac{1}{8} \times 8 + 1 = 2$。其原子半径为相距最近的两个原子之间平衡距离的一半，显然是对角线上两个原子间距最小，如图 2-8 所示，其原子半径计算公式为

$$\frac{\sqrt{\left(\sqrt{2}a\right)^2 + a^2}}{2 \times 2} = \frac{\sqrt{3}a}{4}$$

因此，$r = \dfrac{\sqrt{3}a}{4}$。配位数 $C=8$。致密度 $K = \dfrac{nv}{V} = 2 \times \dfrac{\frac{4}{3}\pi r^3}{a^3} = 0.68 \times 100\% = 68\%$。同类金属主要包括 α-Fe，Cr，Mo，W，V，Nb，β-Ti，Ta 等约 30 种金属。

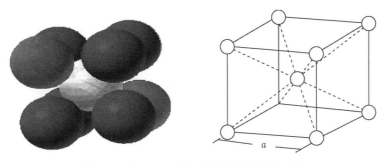

图 2-6 体心立方晶格原子堆砌模型和晶胞

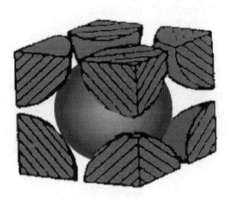

图 2-7　体心立方晶胞原子数

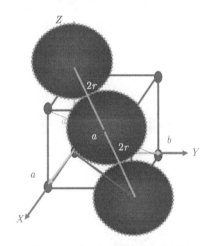

图 2-8　体心立方晶格原子半径

2. 面心立方晶格

面心立方晶格 (face centered cubic，FCC) 晶胞是一个立方体，立方体的 8 个顶点各有一个原子，六面中心还各有一个原子，如图 2-9 所示，其晶格常数为晶胞的各条棱边的长度 a，原子半径为晶胞中相距最近的两个原子间平衡距离的 1/2，很容易计算得出 $r = \dfrac{\sqrt{2}a}{4}$，晶胞原子数如图 2-10 所示，$\dfrac{1}{8} \times 8 + \dfrac{1}{2} \times 6 = 4$。致密度表征晶胞中原子占有体积与整个晶胞体积的比值，$K = \dfrac{nv}{V} = 4 \times \dfrac{\dfrac{4}{3}\pi r^3}{a^3} = 0.74 \times 100\% = 74\%$。面心立方晶格配位数计算如图 2-11 所示，$C=12$。同类金属主要包括 γ-Fe、Cu、Al、Pb、Au、Ag、Ni 等。

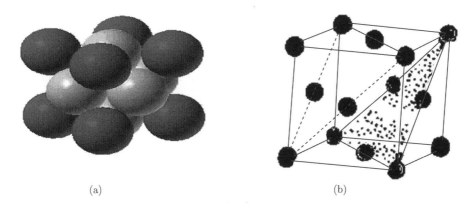

(a)   (b)

图 2-9   面心立方晶格原子堆砌模型和晶胞

图 2-10   面心立方晶格晶胞原子数

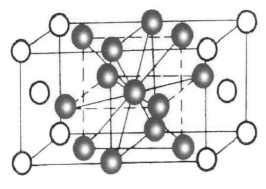

图 2-11   面心立方晶格配位数

3. 密排六方晶格

密排六方晶格 (hexagonal close-packed，HCP) 晶胞是一个六棱柱，六棱柱的
12 个顶点各有一个原子，两顶面中心还各有一个原子，中间层拥有三个原子，如
图 2-12 所示，其晶胞原子数为 6，如图 2-13 所示。晶格常数为底边边长 a 和底面
间距 c，侧面间夹角为 120°，侧面与底面夹角 90°。原子半径为 $r = \dfrac{a}{2}$，致密度为
74%，配位数为 12。同类材料主要包括 C，Mg，Zn 等。

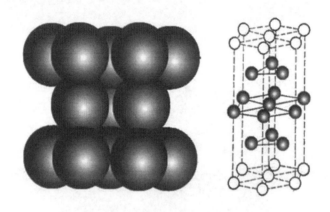

图 2-12　密排六方晶格原子堆砌模型和晶胞

图 2-13　密排六方晶格晶胞原子数

三种典型的晶体结构总结如表 2-1 所示。

表 2-1   三种典型的晶体结构

晶格类型	代表符号	晶格常数	晶胞原子数	原子半径	致密度	配位数	密排面	密排方向
体心立方	BCC	a	2	$r = \dfrac{\sqrt{3}a}{4}$	0.68	8	{110}	$\langle 111 \rangle$
面心立方	FCC	a	4	$r = \dfrac{\sqrt{2}a}{4}$	0.74	12	{111}	$\langle 110 \rangle$
密排六方	HCP	a, c	6	$r = \dfrac{a}{2}$	0.74	12	六方底面	底面对角线

2.3   晶面与晶向

晶体中各方位上的原子面称为晶面, 各个方向上的原子列称为晶向。晶体的许多性能 (如各向异性等) 和行为都和晶体中特定晶面和晶向密切相关。通常用晶面指数和晶向指数分别表示晶面和晶向, 晶面指数与晶向指数又统称密勒 (Miller) 指数。

晶面指数表示法 (以图 2-14 中 $ABCD$ 晶面为例):

(1) 设坐标。选晶胞中任意结点为空间坐标系的原点 (但注意不要把原点放在欲定的晶面上), 以晶胞的三条棱边为空间坐标轴 OX、OY、OZ;

(2) 求截距。以晶格常数 a、b、c 分别为 OX、OY、OZ 轴上的长度度量单位, 求出欲定晶面在三个坐标轴上的截距 $(1, 1, \infty)$;

(3) 取倒数。将所得三截距之值变为倒数 $(1, 1, 0)$;

(4) 化简。将所得三倒数值按比例化为最小简单整数 $(1, 1, 0)$;

(5) 入括号。把所得最小简单整数值, 放在圆括号内, 如 (110), 即为所求的晶面指数。

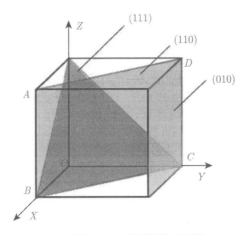

图 2-14   晶面指数表示法

在确定晶面指数表示法以及运用晶面指数时, 应注意:

(1) 晶面指数通式为 (hkl), 如果所求晶面在坐标轴上的截距为负值, 则在相应的指数上加一负号, 如 $(\bar{h}kl)$;

(2) 在某些情况下, 晶面可能只与两个或一个坐标轴相交, 而与其他坐标轴平行, 当晶面与某坐标轴平行时则在该轴上的截距值为无穷大 (∞), 其倒数为 0;

(3) 应当指出, 某一晶面指数并不只代表某一具体晶面, 而是代表一组相互平行的晶面 (即所有相互平行的晶面都具有相同的晶面指数), 当两晶面指数的数字和顺序完全相同而符号相反时, 这两个晶面相互平行, 它相当于用 -1 乘以某一晶面指数中的各个数字, 如 (100) 晶面平行于 $(\bar{1}00)$ 晶面, (111) 平行于 $(\bar{1}\bar{1}\bar{1})$ 等;

(4) 由于对称关系, 在同一种晶体结构中, 有些晶面虽然在空间的位向不同, 但其原子排列情况完全相同, 这些晶面则隶属于同一晶面族, 其晶面族指数用大括号 $\{hkl\}$ 表示, 例如, 在立方晶系中 $\{100\}$ 晶面族包括 (100), (010) 和 (001) 晶面;

(5) 立方晶系中三种重要晶面为 $\{100\}$, $\{110\}$ 与 $\{111\}$。

以图 2-15 为例, 确定晶向指数的步骤如下:

(1) 设坐标。以晶胞的任一结点为原点, 晶胞的三条棱边为坐标轴, 并以晶胞棱边长度为坐标轴的单位长度;

(2) 作平行线。过原点作一直线 (OP), 使其平行于待标定的晶向 (AB);

(3) 求值。求直线上任一点 (如 P 点) 的三个坐标值 $(1, 1, 0)$;

(4) 化简。将所求数值乘以公倍数化为最小简单整数 $(1, 1, 0)$;

(5) 入括号。将所求数值放入方括号, 如 $[110]$, 即为所求的晶向指数。

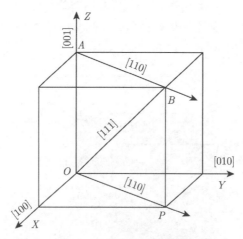

图 2-15　晶向指数表示法

在确定和运用晶向指数时亦应注意:

(1) 晶向指数的通式可写成 $[uvw]$;

(2) 同一晶向指数表示所有相互平行且方向一致的晶向;

(3) 原子排列相同但空间位向不同的所有晶向可归纳为同一晶向族,以 $\langle uvw \rangle$ 表示;

(4) 在立方晶系中,当一晶向 $[uvw]$ 位于或平行于某一晶面 (hkl) 时,必须满足以下关系:$hu + kv + lw = 0$; 当某一晶向与某一晶面垂直时,其晶向指数和晶面指数必须完全相等,即 $u = h, v = k, w = l$,例如,$[100]\perp(100)$, $[111]\perp(111)$ 等;

(5) 立方晶系中三种重要的晶向为 $\langle 100 \rangle$, $\langle 110 \rangle$ 与 $\langle 111 \rangle$。

例题 2-1 在一立方晶胞中,绘出下列晶面与晶向:(011), (231); $[111]$, $[231]$。

分析 对简单指数值的 (011), $[111]$,如何求 (011) 晶面呢?先在图 2-16 中找出其相应截距值,即 $\infty, 1, 1$,然后画出此晶面;对 $[111]$,在图 2-16 中找出坐标值为 $1, 1, 1$ 的某点 N,那么连接 ON 的有向直线,即为所求晶向。

再来分析 (231),因一般要求在图 2-16(b) 所示晶胞中画出待求晶面,故应按求晶面指数步骤反向进行。例如,由于晶面指数 (231) 是求倒数后得来的,所以应对 $2, 3, 1$ 分别取倒数得 $1/2, 1/3, 1$,此即所求晶面在坐标系中相应截距值;然后在图 2-16(b) 中分别找出该晶面在 x、y、z 轴上相应截距值 $1/2, 1/3, 1$;最后用直线将截距值对应的点连接,并用影线示出,此即 (231) 晶面。

对晶向指数 $[231]$:该指数值亦是经化简后得到的,那么应将 $2, 3, 1$ 恢复至化简前状态即 $2/3, 1, 1/3$,然后在图 2-16(b) 所示晶胞中找出坐标值为 $(2/3, 1, 1/3)$ 的某点 A;最后从原点 O 出发,引一射线 OA,此即为所绘的具有 $[231]$ 晶向指数的晶向。

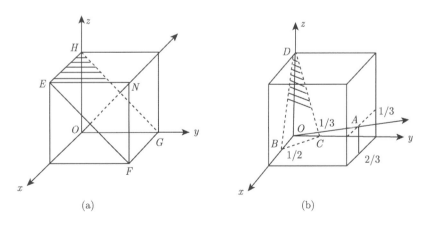

图 2-16 例题 2-1 图解

求解晶面 (或晶向) 指数时,应注意坐标原点的选取不是唯一的 (即坐标原点可平移)。一定要注意区分晶面族、晶向族与具体某晶面、某晶向,如{100}晶面族,

它包括 (100)、(010) 与 (001) 三个晶面，而 (100) 晶面即为一具体晶面。每一个晶面指数 (或晶向指数) 泛指晶格中一系列与之平行的一组晶面 (或晶向)。立方晶系中，凡是指数相同的晶面与晶向是相互垂直的。原子排列情况相同但空间位向不同的晶面 (或晶向) 统称为一个晶面 (或晶向) 族。

六方晶系的晶面指数通常用四指数标定方法表示，晶面指数 $(hkil)$ 中的确定方法与三指数法相同，只是位于同一平面的前三个指数 h、k、i 只有两个是独立的，且满足 $i = -(h+k)$，如 $(10\bar{1}0)$、$(1\bar{1}00)$ 等。

六方晶系的晶向指数也采用四指数标定方法表示，水平轴选取互成 120° 的 a_1、a_2、a_3 轴，垂直轴为 c 轴，晶向指数 $[uvtw]$ 中的前三个满足关系式 $t = -(u+v)$。可以采用 a_1、a_2、c 确定三指数 $[UVW]$，然后根据如下关系转换为四指数，$u = \frac{1}{3}(2U - V)$; $v = \frac{1}{3}(2V - U)$; $t = -\frac{1}{3}(U + V)$; $w = W$。

2.4　晶面及晶向的原子密度

晶面的原子密度是指该晶面单位面积中的原子数，如表 2-2 所示，晶向的原子密度是指该晶向单位长度上的原子数，如表 2-3 所示。

由于不同晶面与晶向具有不同的原子密度，所以晶体在不同方向上表现出不同的性能，即晶体各向异性。但实际上纯铁系多为晶体，其在不同方向上并不表现各向异性，人们称之为伪各向同性。

表 2-2　晶面原子密度

晶面指数	体心立方晶格		面心立方晶格	
	晶面原子排列示意图	晶面原子密度 (原子数/面积)	晶面原子排列示意图	晶面原子密度 (原子数/面积)
⟨100⟩		$\dfrac{4\times\frac{1}{4}}{a^2} = \dfrac{1}{a^2}$		$\dfrac{4\times\frac{1}{4}+1}{a^2} = \dfrac{2}{a^2}$
⟨110⟩		$\dfrac{4\times\frac{1}{4}+1}{\sqrt{2}\,a^2} \approx \dfrac{1.4}{a^2}$		$\dfrac{4\times\frac{1}{4}+2\times\frac{1}{2}}{\sqrt{2}\,a^2} \approx \dfrac{1.4}{a^2}$
⟨111⟩		$\dfrac{3\times\frac{1}{6}}{\frac{\sqrt{3}}{2}a^2} \approx \dfrac{0.58}{a^2}$		$\dfrac{3\times\frac{1}{6}+3\times\frac{1}{2}}{\frac{\sqrt{3}}{2}a^2} \approx \dfrac{2.3}{a^2}$

表 2-3 晶向原子密度

晶向指数	体心立方晶格		面心立方晶格	
	晶向原子排列示意图	晶向原子密度 (原子数/长度)	晶向原子排列示意图	晶向原子密度 (原子数/长度)
$\langle 100 \rangle$	a	$\dfrac{2 \times \frac{1}{2}}{a} = \dfrac{3}{a}$	a	$\dfrac{2 \times \frac{1}{2}}{a} = \dfrac{1}{a}$
$\langle 110 \rangle$	$\sqrt{2}a$	$\dfrac{2 \times \frac{1}{2}}{\sqrt{2}a} \approx \dfrac{0.7}{a}$	$\sqrt{2}a$	$\dfrac{2 \times \frac{1}{2} + 1}{\sqrt{2}a} \approx \dfrac{1.4}{a}$
$\langle 111 \rangle$	$\sqrt{3}a$	$\dfrac{2 \times \frac{1}{2} + 1}{\sqrt{3}a} \approx \dfrac{1.16}{a}$	$\sqrt{3}a$	$\dfrac{2 \times \frac{1}{2}}{\sqrt{3}a} \approx \dfrac{0.58}{a}$

2.5 晶体与非晶体材料的区别

1. 晶体有确定的熔点

晶体与非晶体材料熔化曲线的差异如图 2-17 所示。

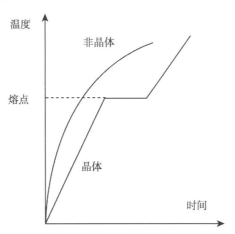

图 2-17 晶体和非晶体材料熔化曲线

2. 晶体的各向同性

不同晶面或晶向上原子密度不同引起性能不同,这是晶体结构的特点,但是由于晶体材料大多数情况下是多晶体，多晶体不同晶粒的不同取向会使材料在宏观上展现各向同性的物理性质。

1960 年，美国加州理工学院的杜威兹教授在研究金硅二元合金时，把完全熔化的金硅二元合金喷射到冷的金属板上 (其冷却速度达 $10^6 \mathrm{K/s}$ 以上)，其本意是使合金以极高的冷却速度迅速凝固，以获得一般淬火方法得不到的固溶体，作研究二元合金相图用。但当他用 X 射线衍射方法研究样品时，却意外发现得到的不是晶体而是非晶体。这一发现对传统的金属结构理论是一个不小的冲击。

非晶态材料具有许多优良的性能 (如高强度、良好的软磁性及耐蚀性能等)，随着快速淬火技术的发展，非晶态材料的制备方法不断完善。

非晶态材料又称无定形材料、玻璃态材料等，其结构特征如下：

(1) 结构的长程无序性和短程有序性。利用 X 射线衍射方法测定非晶态材料的结构，最主要的信息是径向分布函数，用它来描述材料中的原子分布。图 2-18 所示即为气体、固体、液体的原子分布函数，图中 $g(r)$ 相当于取某一原子为原点 $(r = 0)$ 时，在距原点为 r 处找到另一原子的几率 ($r \sim r + \mathrm{d}r$ 球壳内的平均原子，然后对每个原子进行平均)，用来表示物质的有序性。可以看出，非晶态的图形与液态很相似但略有不同，而和完全无序的气态及有序的晶态有着明显的区别。这说明非晶态在结构上与液体相似，原子排列呈短程有序；而从总体结构上看是长程无序的，宏观上可将其看作均匀、各向同性的。

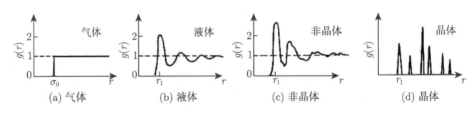

图 2-18　原子分布函数

(2) 热力学的亚稳定性。它是非晶态结构的另一基本特征。一方面，它有继续释放能量，向平衡状态转变的趋势；另一方面，从动力学来看要实现这一转变首先必须克服一定能垒，这在一般情况下是无法实现的，因而非晶态材料又是相对稳定的。这种亚稳态区别于晶体的稳定态，只有在一定温度 (400~500℃) 下发生晶化而失去非晶态结构。所以非晶态结构具有相对稳定性。

利用非晶态合金的高强度、高硬度和高韧度，可用以制作轮胎、传送带、水泥制品及高压管道的增强纤维、刀具材料 (如保安刀片已投放市场)、压力传感器的敏感元件。非晶态合金在电磁性材料方面的应用主要是作为变压器材料、磁头材料、磁屏蔽材料、磁伸缩材料及高、中、低温钎焊焊料等。非晶态合金的耐蚀性 (中性盐溶液、酸性溶液等) 明显优于不锈钢，用其制造耐腐蚀管道、电池的电极、海底电缆屏蔽、磁分离介质及化工用的催化剂、污水处理系统中的零件等都已达实用阶段。

2.6 实际晶体的结构特征

实际晶体形成时，常会遇到一些不可避免的干扰，造成实际晶体与理想晶体 (即单晶体) 的一些差异。例如，处于晶体表面的离子与晶体内部的离子就有差别。又如，晶体在成长时，常常在许多部位同时发展，结果得到的不是 "单晶体"，而是由许多细小晶体按不规则排列组合起来的 "多晶体"(图 2-19)。所谓材料的组织系指各种晶粒的组合特征，即各种晶粒的尺寸大小、相对量、形状及其分布特征等。而实际应用的晶体材料的结构特点是，总是不可避免地存在一些原子偏离规则排列的不完整性区域，这就是晶体缺陷。理想晶体是指晶体中原子严格地呈完全规则和完整的排列，在每个晶格结点上都有原子排列而成的晶体。如理想晶胞在三维空间重复堆砌就构成理想的单晶体。而实际晶体是由多晶体和晶体缺陷构成的，晶体缺陷是晶体内部存在的一些原子排列不规则和不完整的微观区域，按其几何尺寸特征，可分为点缺陷、线缺陷和面缺陷三类。尽管实际晶体材料中所存在晶体缺陷的原子数目至多占原子总数的千分之一，但是这些晶体缺陷不仅对晶体材料的性能，特别是那些结构敏感的性能 (如强度、塑性、电阻等) 产生重大影响，而且还在扩散、相变、塑性变形和再结晶等过程中扮演着重要角色。研究实际晶体 (即晶体缺陷) 的特点具有重要的实际意义。

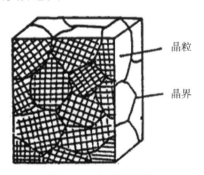

图 2-19 多晶体结构

1. 点缺陷

点缺陷是指在三维方向上尺度都很小 (不超过几个原子直径) 的缺陷。常见的点缺陷有三种，即空位、间隙原子和置换原子，如图 2-20 所示。

(1) 空位。晶格中某个原子脱离了平衡位置，形成空结点，即称为空位。产生空位的主要原因是晶体中原子的热振动，一些原子的动能大大超过给定温度下的平均动能而离开原位置，造成原位置原子的空缺。温度的升高使原子动能增大，空位浓度增加。此外，塑性变形、高能粒子辐射等，也促进空位的形成。

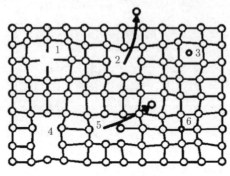

图 2-20 点缺陷

(2) 间隙原子与置换原子。在晶格结点以外位置上存在的原子称为间隙原子，间隙原子一般是原子半径较小的异类原子；而占据晶格结点的异类原子称为置换原子。一般说来，置换原子的半径与基体原子相当或较大。当异类原子较小时，更易于进入晶格的间隙位置而成为间隙原子。

无论哪类点缺陷，都会使晶格扭曲，造成晶格畸变，在点缺陷周围几个原子的范围内产生弹性应力场，畸变区分布着平衡的微观弹性应力，使体系的内能增高。晶体中的点缺陷对材料的性能有很大影响。如随点缺陷的增加，材料的电阻率增大，体积膨胀，点缺陷造成的晶格畸变还使材料强度提高。另外点缺陷的存在，对扩散过程和相变等均有很大影响。

2. 线缺陷

线缺陷是指晶体中二维尺度很小而第三维尺度较长的缺陷，即"位错"。位错是晶体结构中一种极为重要的微观缺陷。实质上这种晶体结构的不完整性，是一种普遍存在的形式。它是晶体中某处有一列或若干列原子发生了有规则的错排现象。位错可视为晶格中一部分晶体相对于另一部分晶体的局部滑移而造成的结果。晶体滑移部分与未滑移部分的交界线即为位错线。位错有许多类型，但其基本形式有两种，即刃型位错与螺型位错。图 2-21 所示为常见的一种刃型位错，图中 (a) 为刃型位错模型，该晶体右上部分相对于右下部分的局部滑移造成晶体上半部分挤出了一层多余的原子面，它犹如完整晶格中插入了半层原子面，该多余半原子面的边沿就是位错线。因为像刀刃，故称"刃型位错"。在位错线附近的原子产生错排，图中 DC 线称为位错线，并用"⊥"和"⊤"符号表示上、下的"正刃型位错"和"负刃型位错"，如图 2-21(b) 所示。螺旋位错如图 2-22 所示。

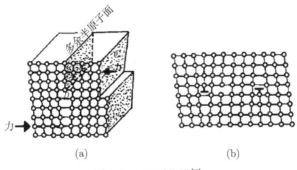

(a)   (b)

图 2-21 刃型位错[8]

实际晶体通常含有大量的位错,这些位错甚至相互连接呈网状分布(图2-22(a))。人们常用位错密度 (单位体积中所包含的位错线的总长度或穿过单位截面积的位错线数目)ρ 表示, 即 $\rho = L/V$(式中, V 为晶体体积;L 为该晶体中位错线的总长度), 其量纲为 cm/cm^3 或 $1/cm^2$。如图 2-23 所示, 一般在经充分退火的多晶

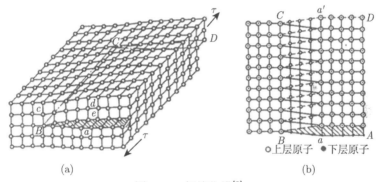

(a)   (b)

图 2-22 螺旋位错[9]

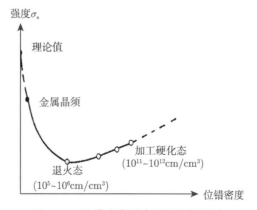

图 2-23 位错密度对金属强度的影响

体金属中位错密度 ρ 达 $10^6 \sim 10^8 \mathrm{cm/cm^3}$，而经过剧烈冷塑性变形的金属，其位错密度可高达 $10^{11} \sim 10^{12} \mathrm{cm/cm^3}$，即在 $1\mathrm{cm^3}$ 的金属内含有 $10^6 \sim 10^7$ 公里长的位错线。

3. 面缺陷

面缺陷系指晶体中一维尺度很小而其他二维尺度很大的缺陷。表面层产生晶格畸变，其能量升高，将这种单位面积上升高的能量称为比表面能，简称表面能。实际应用的固体绝大部分是多晶体。多晶体系由大量外形不规则的小晶体 (晶粒) 组成。不同晶粒原子排列的取向不同，晶粒之间的分界面即为晶界。晶界处原子排列不规则，极为混乱，晶格畸变较大。晶界宽度仅为几个原子间距。一般将晶粒晶格位向差小于 $10° \sim 15°$ 的晶界称小角度晶界，大于 $10° \sim 15°$ 的晶界称大角度晶界。通常晶粒是由许多位向差很小的称为嵌镶块的小晶块所组成，称为亚晶粒，亚晶尺寸为 $10^{-6} \sim 10^{-4}\mathrm{cm}$。亚晶粒间位向差很小，最多不超 $1° \sim 2°$。亚晶粒间的交界称亚晶界。亚晶界是小角度晶界，其结构可看成由位错垂直排列的位错墙构成。晶界和亚晶界如图 2-24 所示。总之，面缺陷是晶体中不稳定区域，原子处于较高的能量状态，它能提高材料强度和塑性。细化晶粒、增大晶界总面积是强化晶体材料力学性能的有效手段。它对晶体性能及许多过程均有极重要的作用。

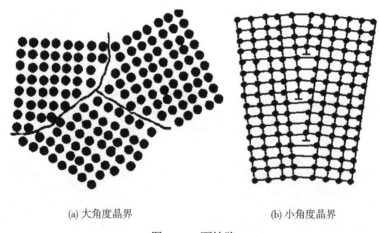

(a) 大角度晶界　　　　　　　　　　　　(b) 小角度晶界

图 2-24　面缺陷

4. 小结

实际金属晶体中的缺陷 (点、线、面缺陷) 及其对金属性能的影响。

点缺陷：原子排列不规则的区域在空间三个方向上的尺寸都很小，主要指空位、间隙原子、置换原子等。对扩散过程和相变等均有很大影响。

线缺陷: 原子排列的不规则区域在空间一个方向上的尺寸很大, 而在其余两个方向上的尺寸很小, 如位错。位错是晶体结构中的一种极为重要的微观缺陷。实质上这种晶体结构的不完整性, 是一种普遍存在的形式。它是晶体中某处有一列或若干列原子发生了有规则的错排现象。位错可视为晶格中一部分晶体相对于另一部分晶体的局部滑移而造成的结果。晶体滑移部分与未滑移部分的交界线即为位错线。位错的基本形式有两种, 即刃型位错与螺旋位错。位错对材料性能的影响表现在当位错密度较高时材料发生加工硬化、固溶强化、弥散强化等现象。

面缺陷: 原子排列不规则的区域在空间两个方向上的尺寸很大, 而在另一方向上的尺寸很小, 如晶界和亚晶界。面缺陷的存在使得材料易腐蚀、易扩散、熔点低, 但细晶强化会使强度增大。

如果金属中无晶体缺陷, 通过理论计算发现其具有极高的强度, 随着晶体中缺陷的增加, 金属的强度迅速下降, 当缺陷增加到一定值后, 金属的强度又随着晶体缺陷的增加而增加。因此, 无论点缺陷、线缺陷还是面缺陷都会使晶格扭曲, 造成晶格畸变, 使体系的内能增高从而使晶体强度及硬度增加。同时晶体缺陷的存在还会增加金属的电阻, 降低金属的抗腐蚀性能。

2.7 同素异构转变

伴随着外界条件 (温度或压力) 的变化, 物质在固态时所发生的晶体结构的转变, 称为同素异构 (晶) 转变, 亦称多晶型转变。具有同一化学组成却有不同晶体结构的材料, 称为同素异构 (晶) 体或多晶性材料。

固态下的同素异构转变与液态结晶一样, 也是形核与长大的过程。为了与液态结晶加以区别, 将这种固态下的晶体结构变化过程称为重结晶。同素异构转变也需要过冷, 而且过冷倾向很大。由于晶格类型的改变必然伴随着体积的变化, 所以造成很大的内应力。但在工程上, 同素异构转变又具有重大实际意义。因为化学组成相同的材料, 可以具有不同的晶体结构, 所以其所获得的性能也迥然不同。

图 2-25 系纯铁的冷却曲线, 可以看出, 纯铁在 1538℃结晶为 δ-Fe, 具有 BCC 结构; 当温度继续冷却至 1394℃时, δ-Fe 转变为 FCC 的 γ-Fe, 通常把 δ-Fe 转变为 γ-Fe 的转变称为 A4 转变, 转变的平衡临界点称为 A4 点。当温度继续冷至 912℃时, FCC 的 γ-Fe 又转变为 BCC 的 α-Fe, 把 γ-Fe 转变为 α-Fe 的转变称为 A3 转变, 转变的平衡临界点称为 A3 点。在 912℃以下时, 铁的结构不再发生变化。这样一来, 纯铁就具有三种同素异构状态, 即 δ-Fe、γ-Fe 和 α-Fe。纯铁的同素异构转变是构成铁碳合金相图、钢的合金化和热处理的重要基础。许多无机材料和聚合物材料也都具有类似同素异构转变的特性, 例如, 石墨和金刚石同属于碳, 但因晶体结构不同而具有截然不同的性能。

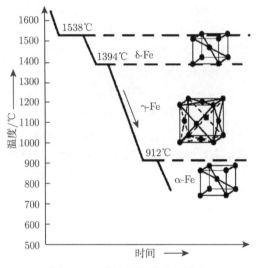

图 2-25　纯铁的同素异构转变

2.8　纯金属的结晶

结晶是指由液态金属凝固成固态金属的过程。结晶后获得的组织对力学性能、工艺性能和使用组织有很大的影响。金属结晶存在过冷现象,即实际结晶的凝固点低于理想结晶凝固点的现象。理想凝固点是指冷却速度为无穷小时的凝固点。液态金属转变成为固态金属的温度,一般是固定不变的,是由于结晶潜热的放出与冷却放热相平衡,如图 2-26 所示。冷却曲线是三段式曲线,凝固点以上和凝固点以下,温度下降,曲线为斜曲线。凝固点温度,曲线出现水平段,温度变化趋势是下降—停止—下降。结晶的基本过程包含形核和长大,形核有两种方式,即均匀形核和非均匀形核。由液体中排列规则的原子团形成的晶核称为均匀形核。以液体中存在的固态杂质为核心形成的晶核称非均匀形核,非均匀形核更为普遍。晶核的长大方式包括均匀生长和树枝状生长,树枝晶如图 2-27 所示。

晶粒大小会影响金属的力学性能,晶粒越小,屈服强度越高。对于时效铝合金,其固有强度 σ_0 约等于纯 Al 的屈服强度 (10MPa)。晶粒尺寸对时效铝合金强度的影响也满足 Hall-Petch 定律[6]

$$\sigma_d = k_d d^{-1/2} \tag{2-1}$$

式中,k_d 为常数。

自发形核越多,晶粒越细;过冷度越大,晶粒也越细。因此,影响晶粒大小的内因是成分和过冷度。同时,杂质成核、振动、搅拌等因素也会影响最终晶粒的大小。

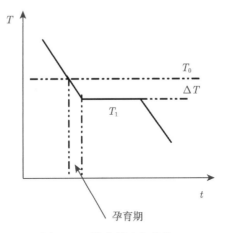

图 2-26 纯金属冷却曲线

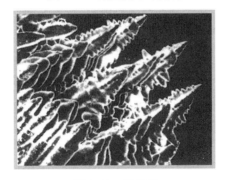

图 2-27 树枝晶

2.9 组元、相、组织

组成材料的最基本、独立的物质称为"组元"。组元可以是纯元素，也可以是稳定化合物。金属材料的组元多为纯元素，无机材料则多为化合物。材料中具有同一聚集状态、同一化学成分、同一结构并与其他部分有界面分开的均匀组成部分称为"相"。若材料是由成分、结构相同的同种晶粒构成的，尽管各晶粒之间有界面隔开，但它们仍属于同一种相。若材料是由成分、结构都不相同的几部分构成，则它们应属于不同的相。例如，工业纯铁是由单相铁素体构成 (图 2-28(a))，共析碳钢在室温下组织为珠光体，由铁素体和渗碳体两相 (图 2-28(b)) 组成，而陶瓷材料则由晶相、玻璃相 (即非晶相) 与气相三相所组成 (图 2-28(c))。"组织"是与"相"有紧密联系的概念。"相"是构成组织的最基本组成部分，但是当"相"的大小、形态与分布不同时会构成不同的微观形貌, 各自成为独立的单相组织, 或与别的相一起形成不同的复相组织。例如, 工业纯铁的显微组织就是由单相 α-Fe 构成的组织, 而共析碳钢的显微组织则是由 α-Fe 相与 Fe_3C 相层片交替、相间分布共同构成的组织 (即称珠光体)。而普通陶瓷则由晶相、玻璃相和气相所组成。组织是材料性能的决定性因素, 相同条件下, 材料的性能随其组织的不同而变化。因此在工业生产中, 控制和改变材料的组织具有相当重要的意义。由于一般固体材料不透明, 故需先制备金相试样, 包括样品的截取、磨光和抛光等步骤, 把欲观察面制成平整而光滑如镜的表面, 然后经过一定的浸蚀, 再在金相显微镜下观察其显微组织。

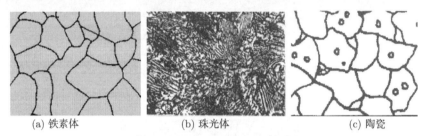

(a) 铁素体   (b) 珠光体   (c) 陶瓷

图 2-28 不同的相

由两种或两种以上金属元素或金属元素与非金属元素组成的具有金属特性的物质称为 "合金"。例如, 黄铜是铜和锌组成的合金, 碳钢和铸铁是铁和碳组成的合金。由给定组元可按不同比例配制出一系列不同成分的合金, 这一系列合金就构成一个合金系统, 简称合金系。两组元组成的为二元系, 三组元组成的为三元系等。

2.10 基本相结构

固溶体是指溶质原子溶入溶剂晶格中所形成的均一、保持溶剂晶体结构的结晶相。

按照溶质原子在溶剂晶格中所占据位置, 固溶体分为置换固溶体和间隙固溶体。

(1) 置换固溶体: 系指溶质原子位于溶剂晶格的某些结点位置所形成的固溶体, 犹如这些结点上的溶剂原子被溶质原子所置换一样, 因此称为置换固溶体, 如图 2-29(a) 所示。当溶质原子与溶剂原子的直径、电化学性质等较为接近时, 一般可形成置换固溶体。

(2) 间隙固溶体: 溶质原子不是占据溶剂晶格的正常结点位置, 而是嵌入溶剂原子间的一些间隙中, 如图 2-29(b) 所示。当溶质原子直径 (如 C、N 等元素) 远小于溶剂原子 (如 Fe、Co、Ni 等过渡族金属元素等) 时, 一般形成间隙固溶体。

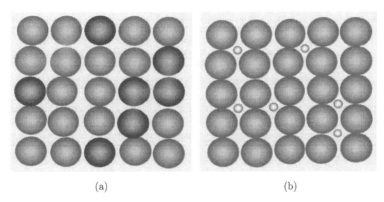

(a) (b)

图 2-29 置换固溶体和间隙固溶体

固溶体按固态溶解度分为有限固溶体和无限固溶体。

(1) 有限固溶体: 在一定条件下, 溶质原子在固溶体中的浓度有一定限度, 超过此限度就不再溶解了。这一限度称为溶解度或固溶度, 这种固溶体称为有限固溶体, 大部分固溶体都属于此类 (间隙固溶体只能是有限固溶体)。

(2) 无限固溶体: 溶质原子能以任意比例溶入溶剂, 固溶体的溶解度可达 100%, 这种固溶称无限固溶体。无限固溶体只能是置换固溶体, 且溶质与溶剂原子晶格类型相同, 电化学性质相近, 原子尺寸相近等。如 Cu-Ni 系合金可形成无限固溶体, 如图 2-30 所示。

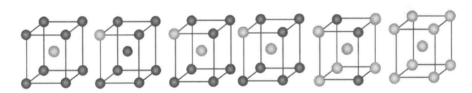

图 2-30 Cu-Ni 无限固溶体

按溶质原子和溶剂原子的相对分布, 固溶体可分为无序固溶体和有序固溶体。

(1) 无序固溶体: 溶质原子随机分布于溶剂的晶格中, 它或占据溶剂原子等同的一些位置, 或占据溶剂原子间的间隙中, 看不出什么次序或规律性, 这类固溶体称无序固溶体。

(2) 有序固溶体: 当溶质原子按适当比例并按一定顺序和一定方向, 围绕着溶剂原子分布时, 这种固溶体称有序固溶体。它既可是置换式的有序, 也可是间隙式的有序。

形成固溶体时, 溶质原子的溶入使固溶体的晶格发生畸变, 位错运动的阻力增加, 从而提高了材料的强度和硬度, 这种现象称为固溶强化。一般说来, 固溶体的硬度、屈服强度和抗拉强度等总比组成其纯组元的平均值高, 随溶质原子浓度的增加，硬度和强度也随之提高。溶质原子与溶剂原子的尺寸差别越大，所引起的晶格畸变也越大，强化效果则越好。由于间隙原子造成的晶格畸变比置换原子大，所以其强化效果也较好。在塑、韧性方面，如延伸率、断面收缩率和冲击韧度等，固溶体要比组成它的两纯组元平均值低，但要比一般化合物高得多。综上所述，固溶体比纯组元和化合物具有较为优越的综合力学性能。因此，固溶体具有良好的塑性、韧性，同时与纯组元相比有较高的硬度、强度。因此，各种金属材料总以固溶体为基体相。

当元素之间不具备形成固溶体的条件或溶质含量超过了溶剂的溶解度时，在合金中往往会出现新相，新相的结构不同于合金中任一组元，这种新相称为化合物。在陶瓷材料中，通常材料的组元即为某化合物。而金属材料中的化合物可分为金属化合物和非金属化合物。

凡是由相当程度的金属键结合并具有金属特性的化合物均称为金属化合物，如碳钢中的渗碳体 (Fe$_3$C)。凡不是金属键结合又不具有金属特性的化合物称为非金属化合物，例如，碳钢中依靠离子键结合的 FeS 和 MnS，其在钢中一般称为非金属夹杂物。金属化合物的种类很多，常见的有以下三种类型。

(1) 正常价化合物：符合一般化合物的原子价规律，成分固定并可用化学式表示，如 Mg$_2$Si 等。

(2) 电子化合物：不遵守原子价规律，而服从电子浓度 (价电子总数与原子数之比) 规律。电子浓度不同，所形成化合物的晶格类型也不同。例如，Cu-Zn 合金中，当电子浓度为 3/2 时，形成化合物 CuZn，其晶体结构为 BCC(简称为 β 相)；电子浓度为 21/13 时，形成化合物 Cu$_5$Zn$_8$，其晶体结构为复杂立方晶格 (简称为 γ 相) 等。

(3) 间隙化合物：系由过渡族金属元素与 C、H、N 等原子半径较小的非金属元素形成的金属化合物。根据非金属元素 (以 X 表示) 与金属元素 (以 M 表示) 原子半径的比值，可将其又分为两种：①间隙相 ($r_X/r_M < 0.59$)，具有简单结构的金属化合物，称为间隙相 (如 FCC 结构的 VC、TiC，简单立方结构的 WC 等)；②复杂晶体结构的间隙化合物 ($r_X/r_M > 0.59$)，具有复杂晶体结构的间隙化合物，如钢中的 Fe$_3$C(复杂的斜方晶格，图 2-31(b) 所示) 等。

金属化合物一般都有较高的熔点、较高的硬度和较大的脆性 (即硬而脆)，但塑性很差。特别是间隙相具有极高的熔点和硬度，如表 2-4 所示。根据这一特性，若能使金属化合物以比较弥散的形式分布于固溶体基体上，往往能使整个合金的强度、硬度、耐磨性等得到很大提高。

因此，在金属材料中，金属化合物常被用作强化相，用以提高合金的强度、硬度、耐磨性及耐热性等。

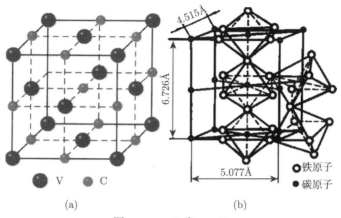

V C

○ 铁原子
● 碳原子

(a)   (b)

图 2-31   VC 和 Fe_3C

表 2-4   强化相

成分	TiC	ZrC	VC	NbC	TaC	WC	MoC	Fe_3C
维氏硬度 (HV)	2850	2840	2010	2050	1550	1730	1480	800
熔点/℃	3410	3850	3023	3770	4150	2867	2960	1227

2.11 聚 合 物

聚合物是由一种或几种简单低分子化合物经聚合而组成的分子量很大 ($10^3 \sim 10^6$) 的化合物。其分子量虽大，但化学组成却比较简单，通常是以 C 为骨干，由 H、O、N、S 或 P、Cl、F、Si 等中的一种或一种以上元素结合构成，其中主要是碳氢化合物及衍生物。组成聚合物的每一个大分子链都是由一种或几种低分子化合物的成千上万个原子以共价键形式重复连接而成。这里的低分子化合物称为 "单体"。例如，由数量足够多的乙烯 ($CH_2 = CH_2$) 作单体，通过聚合反应打开它们的双键便可生成聚乙烯。结构单元称为 "链节"，而链节的重复个数 n 称为 "聚合度"。因此，单体是组成大分子的合成原料，而链节则是组成大分子的基本 (重复) 结构单元。聚合物的结构主要包括两个微观层次：一个是大分子链的结构，另一个是大分子的聚集态结构。大分子链的结构系指大分子的结构单元的化学组成、键接方式、空间构型、支化及交联等。线型高分子的结构是整个大分子呈细长链状 (图 2-32(a))，分子直径与长度之比可达 1:1000 以上。通常蜷曲成不规则的线团状，受拉时可伸展呈直线状。另一些聚合物大分子链带有一些小支链，整个大分子呈枝状 (图 2-32(b))，这也属于线型结构。线型结构聚合物的特点是具有良好的弹性和塑性，在加工成型时，大分子链时而蜷曲收缩，时而伸直，十分柔软，易于加工，并可反复使用。在一定溶剂中可溶胀、溶解，加热时则软化并熔化。属于这类结构的聚合物有聚乙烯、聚氯乙烯、未硫化的橡胶及合成纤维等。体型大分子的结构是大分子链之间通过支链或化学键交联起来，在空间呈网状，也称网状结构 (图 2-32(c))。具有体型结构的聚合物，主要特点是脆性大、弹性和塑性差，但具有较好的耐热性、难溶性、尺寸稳定性和机械强度，加工时只能一次成型 (即在网状结构形成之前进行)。热固性塑料、硫化橡胶等属于这类结构的聚合物材料。除上述各结构因素外，分子链的构型 (大分子链的结构单元中由化学键所构成的空间排布方式)，大分子链中链段 (部分链节组成的可以独立运动的最小单元) 间相互运动的难易程度等都构成了大分子链的不同空间形象 (即大分子链的构象)。因构象变化获得各种不同蜷曲程度的特性，称为大分子链的柔顺性。聚合物所独具的结构特点，是其许多基本性能不同于低分子物质，也不同于其他固体材料的根本原因。

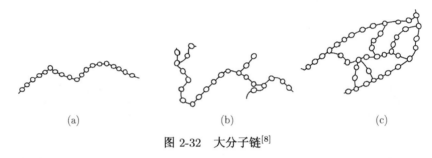

(a)   (b)   (c)

图 2-32　大分子链[8]

　　按照大分子链几何排列的特点，固体聚合物聚集态结构主要有三种，即非晶态结构、折叠链结构与伸直链 (取向态) 结构 (图 2-33)。图中 "A" 为非晶态结构示意图，线型结构高聚物为无规线团非晶态结构，同液态结构相似，呈近程有序的结构，另外体型高聚物，由于分子链间存在大量交联，不可能作有序排列，所以也具这种非晶态结构；图中 "B" 系折叠链结构，分子链呈横向有序排列，大量片晶 (由完全伸展的大分子链平行规整排列而成) 长在一起，形成多晶聚集体；图中 "C" 所示系伸直链结构大分子链平行排列呈纵向有序伸直链，聚合物的这种结构特征是在外力作用下分子链沿外力方向平行排列而形成的一种定向结构。取向的聚合物材料有明显的各向异性，而未取向时则是各向同性。大多数聚合物材料所具有的聚集态结构特征，即是由上述 A、B、C 三种聚集态结构单元组成的复合物，只不过不同聚合物中各结构单元的相对量、形状、分布等不同而已。一般用结晶度表示聚合物中结晶区域所占的比例，结晶度变化的范围很宽，为 30%~80%。部分结晶聚合物的组织大小不等 (10nm~1cm)，形状各异 (片晶、球晶、伸直链束等) 的晶区悬浮分散在非晶态结构的基体中。聚合物的聚集态结构影响其性能。大分子链结晶时，链的排列变得规整而紧密，于是分子间力增大，链运动变得困难，导致聚合物的熔点、密度、强度、刚度、耐热性等提高，而弹性、延伸率和韧性下降；结晶度越高，变化越大。串晶：以纤维桩晶为脊纤维，上面附加片晶而成。高分子溶液受到搅拌剪切,以及纺丝或者塑性成型时,高分子所受应力不足以形成伸直链晶体,可生成串晶。球晶:由晶核开始,片晶辐射状生长而成的球状多晶聚合体。一般由结晶性聚合物从浓溶液中析出或者由熔体冷却时形成。

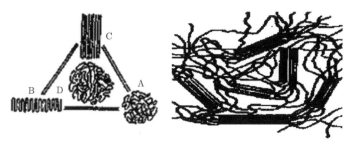

图 2-33 聚合物结构

2.12 无机材料

无机材料 (陶瓷) 是由金属和非金属元素的化合物构成的多晶固体材料。组成无机材料的基本相及其结构要比金属复杂得多,在显微镜下观察,可看到无机材料的显微结构 (组织) 通常由三种不同的相组成,即晶相、玻璃相和气相 (气孔),如图 2-34 所示。晶相是无机材料中最主要的组成相,它决定陶瓷材料性能。玻璃相是非晶态的,分布在晶相之间,其作用是把分散的晶相粘结在一起,填充空隙,抑制晶体长大,晶体连接处部分三角形区域为玻璃相。陶瓷中晶界存在玻璃相,也存在晶相。陶瓷中气孔率达 5%~10%,见图中圆孔。

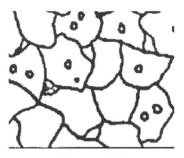

图 2-34 陶瓷

(1) 氧化物结构:是以离子键为主的晶体,通常以 A_mX_n 表示其分子式。大多数氧化物中的氧离子的半径大于阳离子半径。其结构特点是以大直径离子密堆排列组成面心立方或六方晶格,小直径离子排入晶格的间隙处。根据阳离子所占间隙的位置和数量不同,可形成各种形式的氧化物。

(2) 硅酸盐结构：硅酸盐结构属于最复杂的结构之列，它们是由以硅氧四面体 $[SiO_4]$ 为基本结构单元的各种硅氧集团组成。

(3) 碳化物结构：金属和碳形成的化合物，通过金属键与共价键之间的过渡键结合，以共价键为主，如 Fe_3C、TiC。非金属碳化物 SiC 等是共价键化合物。

(4) 氮化物结构：氮化物结构与碳化物类似，有一定的离子键，如 Si_3N_4、BN、AlN 等。

(5) 硼化物与硅化物结构：硼化物和硅化物的结构类似，是共价键结合。硼或硅原子形成链状、网络状和空间骨架形式，金属原子位于间隙中。

玻璃相是一种非晶态低熔点固体相，熔融的陶瓷组分在快速冷却时原子还未来得及自行排列成周期性结构而形成的无定形固态玻璃相。

陶瓷中玻璃相的作用是：黏结分散的晶体相、降低烧结温度、抑制晶体长大和充满孔隙等。玻璃相熔点低、热稳定性差，导致陶瓷在高温下产生蠕变，而且强度也不及晶体相。因此，工业陶瓷中玻璃相含量较多，需控制在 20%～40% 区间；而特种陶瓷中玻璃相含量极少。

气相即气孔，它是陶瓷生产工艺过程中不可避免地残存下来的。陶瓷中有两种气孔：一种是开口气孔，会造成虹吸现象而大大恶化陶瓷性能；另一种是闭口气孔，它常残留在陶瓷中，这两种气孔分布在玻璃相中，也可分布在晶界或晶内，通常约占 5% 以上，气孔会造成应力集中，因而降低陶瓷强度及抗电击穿能力，对光线有散射作用而降低陶瓷的透明度。通常普通陶瓷的气孔率为 5%～10%；特种陶瓷在 5% 以下；金属陶瓷则要求低于 0.5%。

2.13　晶体的投影

为了研究晶体各个晶面、晶向的方位、夹角、对称关系、晶带等，经常需要立体向平面的转换，有效手段就是投影。晶带是指晶体中平行于同一晶向的所有晶面的总称，这时的晶向称为晶带轴。将一个晶体放在球心，从球心位置作各个晶面的法线，与参考的球相交的点称为极点，这样极点和晶面就会一一对应，如图 2-35 所示。

球面投影是立体的，应转换为平面以便于观察，因此，可以进一步采用极射赤面投影的方式，如图 2-36 所示，以球体的南极为视点，将球面上的点与南极点连线，与赤平面的交点即为极射赤面投影。可以利用吴式网测量两极射赤面投影点之间的关系以及确定一些晶面是否在同一个晶带上。

将晶体某一个主要晶向与投影图面向垂直，就构成了晶体的标准投影，图 2-37 所示为 (001) 标准投影。

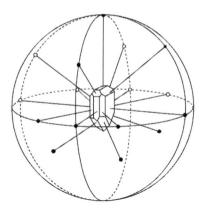

图 2-35 球面投影[9]

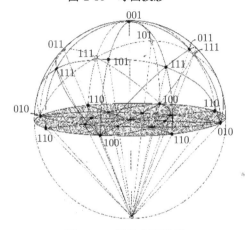

图 2-36 极射赤面投影

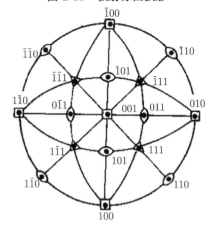

图 2-37 (001) 标准投影

2.14 倒 点 阵

倒点阵 (倒格子) 有两种表示方式。

(1) 如果以 a、b、c 表示正点阵的基矢，则与之对应的倒格子基矢表示为[9]

$$a^* = \frac{b \times c}{a \cdot (b \times c)}$$

$$b^* = \frac{c \times a}{b \cdot (c \times a)} \tag{2-2}$$

$$c^* = \frac{a \times b}{c \cdot (a \times b)}$$

(2) 按照下式确定：

$$a \cdot a^* = b \cdot b^* = c \cdot c^* = 1$$
$$a^* \cdot b = a^* \cdot c = b^* \cdot a = b^* \cdot c = c^* \cdot a = c^* \cdot b = 0 \tag{2-3}$$

第3章　材料的制备与相图

3.1　材料凝固和结晶条件

凝固时形成晶体还是非晶体，主要取决于熔融液体的黏度和凝固时的冷却速度。

1. 熔融液体的黏度

黏度，是材料内部结合键性质和结构情况的宏观表征。

黏度的大小表示液体中发生相对运动的难易程度。黏度大，表示液体黏稠，相对运动困难。例如，大分子链结构的聚合物熔体的黏度很高，凝固时形成晶体是很困难的。而小分子材料，特别是金属，由于其熔体黏度极小，熔点附近原子的扩散能力极强，绝大多数都凝固成晶体。

2. 凝固时的冷却速度

冷却速度是影响凝固过程的最主要外部因素。冷却速度越大，单位时间内逸散的热量越多，熔体温度降得越低。熔体的温度直接关系着其中原子或分子的扩散能力。研究表明，当冷速大于 $10^7\mathrm{°C/s}$ 时，可有效地抑制黏度很小的金属合金熔体中原子的扩散，从而获得一些通常条件下无法得到的产物，如非晶合金、特殊结构的中间相、过饱和固溶体等。

3.2　金属材料的制备

金属材料的一般制备过程大致如图 3-1 所示。

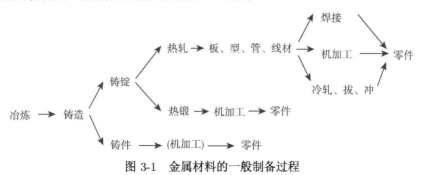

图 3-1　金属材料的一般制备过程

金属冶炼的方法主要包括：

(1) 火法冶炼：指在高温下进行的冶金过程，例如，钢铁和大多数有色金属冶炼时采用的熔炼、吹炼和精炼等。熔炼 (将经预处理的精矿与熔剂一起高温熔化，通过高温化学反应使矿石中金属得以还原，同时产生一定熔渣，使金属或金属化合物与脉石分离，以达到提炼金属的目的)，吹炼 (实质是一氧化熔炼过程，如在钢的冶炼中，向高碳铁水中吹入氧气，使碳氧化并去除而得到钢)，精炼 (熔炼得到的金属往往含一定杂质，需进一步处理以去除杂质，这种对金属进行去除杂质以提高纯度的过程称为精炼。常用的精炼法有加剂法、真空处理法等。加剂法就是向熔融的粗金属中加入某种熔剂，使杂质与熔剂发生作用，生成不溶于金属的稳定化合物，并上浮成渣。真空处理法是在真空条件下使金属液中的气体和杂质上浮与金属分离从而达到净化和提纯的目的)。

(2) 湿法冶炼：是在接近于常温的条件下进行的，利用各种溶剂处理矿石及一些中间产物，通过在溶液中进行的氧化、还原、中和、水解和络合等反应使金属得到分离和提取。

(3) 电冶炼：指利用电能从矿石或其他原料中提取、回收、精炼金属的冶金过程。主要有电热熔炼 (指用各种电加热方法进行金属熔炼的方法，如电弧熔炼法、等离子冶金法和电磁冶金法等)，电解法 (对电解质水溶液或熔盐等通电，使其发生化学变化，以便进行金属与杂质的分离或提取金属的过程) 等。

常用的炼钢方法主要包括：

(1) 氧气顶吹转炉炼钢法：由高炉或化铁炉直接供应高温铁水作为原料，熔炼时利用从炉口顶部吹入的高压纯氧来氧化铁水，同时产生热量维持熔炼所需的高温。其最大特点是吹炼速度快、生产率特别高。氧化过程只需 15~25min，加上放渣、脱氧、出钢水等操作，每炉的生产周期为 30~40min。另外，此法炼钢品种多、质量好，可冶炼全部平炉冶炼和部分电炉的钢种，而且冶炼中原料消耗少、热效率高、成本低。

(2) 电弧炉炼钢法：依靠石墨制成的电极与炉料之间产生的高温电弧来进行加热熔炼的。电弧炉炉顶可开启，以便迅速装入原料，整个炉体可前后倾斜，以便出钢、出渣。其原料主要是废钢，氧化介质采用纯氧和铁矿石，其主要特点是冶炼温度高，炉内气氛可控制，钢水成分容易调节，能有效清除硫、磷等有害杂质，加入的贵重金属元素损失少，但生产率较低，电能成本高，此法主要用于生产合金钢和高质量钢种。

钢液浇注方法主要包括：

(1) 模铸法：虽古老但现仍占有重要地位，它主要用于浇注供锻造用的大型钢锭。

(2) 连续铸钢法：是使钢水在连铸机的结晶器里不断地形成一定断面形状和尺

寸的钢坯, 浇注和出坯是连续不断进行的。此法具有金属收得率高、成本低、生产率高及劳动条件好等优点, 并为炼钢生产的连续化、自动化创造了条件。目前连铸技术还在不断地进步和发展, 例如, 近终形连铸技术的研究开发, 以及连铸–连轧的结合, 都已取得成效。

钢水的炉外精炼即把转炉及电炉初炼过的钢液转移到钢包或其他专用容器中进一步精炼的炼钢过程, 也称 "二次精炼"。实施炉外精炼可提高钢的冶金质量, 缩短冶炼时间, 降低成本, 优化工艺过程。炉外精炼可完成脱碳、脱硫、脱氧、去气、去除夹杂物及成分微调等任务。炉外精炼的方法主要有:

(1) 真空精炼法: 主要是通过降低外界 N_2、H_2 等有害气体的分压, 达到去除钢中有害气体的目的。在真空条件下, 不仅能降低钢中有害气体的浓度, 而且可发生脱氧反应, 使熔池产生搅拌, 有利于有害气体的排出。

(2) 惰性气体稀释法: 向钢液中吹入惰性气体, 这种气体本身不参与冶金反应, 每个气泡中的 N_2、H_2 等有害气体分压为零。当其从钢液中上升时, 钢液中的有害气体就会向气泡内扩散, 并随之带出钢液, 相当于 "气洗" 作用。若此法与其他方法配合, 精炼效果更好。例如, 带钢包盖加合成渣吹炼法, 其优点是吹氩时钢液不与空气接触, 避免二次氧化; 杂质浮出后即被合成渣吸附和溶解, 不会返回钢中。

(3) 喷粉精炼法: 是一种快速精炼手段, 一般是用氩气作载体, 向高温钢水内部喷吹特定的合金粉末或精炼粉剂。此法可较充分地进一步脱硫和去除夹杂物, 并且可改变夹杂物的形态, 在精炼的同时还可对钢的化学成分进行调整。

液态金属的结构特点 (即金属结晶的充分条件): 液态物质结构特点 (结构起伏)。

实验研究表明, 液态金属内部的原子并非是完全无规则的混乱排列, 而是在短距离的微小范围内原子呈现出短程有序排列。由于液态金属内部原子热运动较为强烈, 在某平衡位置呈短程有序排列的时间甚短, 故这种局部的短程有序排列也在不断地变动着, 它们维持短暂的时间后就会很快消失, 同时新的短程有序排列又不断地形成, 出现了 "时起时伏、此起彼伏" 的局面, 人们将这种结构不稳定的现象称为 "结构起伏"(或称 "相起伏"), 但在大的范围内原子仍是无序分布的。不同的结构对应一定的能量状态, 加上原子之间能量的不断传递, 结构起伏伴随着局部能量也在不断变化, 这种能量的变化即称为 "能量起伏"。

液态金属结晶的必要条件: 过冷与过冷度 (ΔT)。

结晶温度一般是用热分析法测定, 测定步骤如下: 先将待测的金属熔化, 然后使其缓慢冷却, 记录下液态金属温度随时间变化的冷却曲线。从图中可看出, 当冷至 T_m 温度时, 液态金属并不能进行结晶, 而必须在 T_m 以下的某一温度 T_n 时才开始结晶, T_n 称为实际结晶温度。在实际结晶过程中, $T_n < T_m$, 这一现象即称为过冷现象。因此过冷是纯金属结晶的必要条件。而平衡结晶温度与实际结晶温度之

差称为过冷度 (ΔT)，即 $\Delta T = T_m - T_n$。但由于结晶过程中放出结晶潜热，补偿了向外界散失的热量，所以在冷却曲线上表现为一段低于 T_m 的恒温的水平线段。当结晶过程完成后，金属继续向周围散失热量，温度才会下降。实验进一步表明，过冷度 (ΔT) 不是一个恒定值，它随纯金属的性质、纯度以及结晶前液体的冷却速度等因素而改变。对于同一种物质，冷却速度越大，T_n 越低，则 ΔT 越大，冷却曲线上水平台阶温度与 T_m 间的温度差越大。在非常缓慢的冷却条件下，过冷度极小，可以把平台温度近似看作是平衡结晶温度 (T_m)。

在 T_m 温度下，固态与液态的自由能相等，这相当于平衡结晶温度，所以纯金属不会结晶。当温度低于 T_m 某一温度时，固态自由能低于液态自由能，就可自发地进行结晶。温度越低，自由能差越大，结晶越易进行。相反，当温度高于 T_m 时，即有一定的过热度，液态的自由能低于固态的自由能，金属会由固态变为液态 (即熔化)。这就解释了为什么纯金属结晶必须过冷。

纯金属结晶的普遍规律: 不断形成晶核与晶核不断长大的连续过程。

当液态金属冷却至 T_m 温度以下时，经过一段时间 (称为孕育期)，出现一些尺寸极小、原子规则排列的小晶体，称为晶核。接着晶核向各个方向生长，同时，又有一些新的晶核出现。就这样不断形核，形成的晶核又不断长大，直到液体消失为止。每一个晶核成长为一个小晶粒，最后获得多晶体结构。

晶核可由短程有序结构液体中规则排列的原子团自发地形成，叫自发形核; 但工程实际中更多的情况是由液体中存在着的固体杂质微粒为现成基底的非自发形核。在晶核开始成长的初期，由于其内部原子规则排列的特点，其外形也大多较规则。但随着晶核的成长，晶体棱角的形成，棱角处的散热条件优于其他部位，因而得到优先成长，如树枝一样，先长出支干，再长出分枝，最后再把晶间填满。这种成长方式叫 "枝晶方式长大"。冷却速度越快，过冷度越大，枝晶方式长大的特点便越明显。

3.3　聚合物的合成

原料经处理后通过一定的化学反应制得单体，在一定温度、压力和催化剂作用下，再将单体通过聚合反应形成聚合物，以其为基本原料，加入添加剂配成各种聚合物材料，通过注射、模压、浇注、吹塑等成型工艺进行成型加工，最后制成塑料、合成橡胶、合成纤维等聚合物材料制品，可概括为图 3-2。

原料 $\xrightarrow{\text{化学反应}}$ 单体 $\xrightarrow{\text{聚合}}$ 聚合物 $\xrightarrow{\text{添加剂}}$ 聚合物材料 $\xrightarrow{\text{成型加工}}$ 聚合物材料制品

图 3-2　聚合物的合成流程

加成聚合反应 (加聚反应): 指含有双键的单体在加热、光照或化学引发剂的作用下, 双键打开, 并通过共价键相互键接, 形成一条很长的大分子链的反应。在加聚反应中若只有一种单体进行聚合, 所得大分子链仅含一种单体链节, 这种聚合物称为均聚物; 如将两种或两种以上单体一起进行聚合, 生成的大分子链中含有两种或两种以上单体链节, 这种聚合物就称为共聚物。通过共聚反应生成共聚物是改善均聚物性能, 创制新品种聚合物材料的重要途径。

缩合聚合反应 (缩聚反应): 指一种或多种单体相互作用形成聚合物, 同时析出低分子化合物 (如水、醇、卤化氢等) 的过程。按参加缩聚反应的单体来分, 可分为均缩聚和共缩聚; 按生成聚合物分子的结构来分, 又可分为线型和体型缩聚反应。

3.4 无机材料制备

大部分无机材料系由黏滞成型或烧结两种普通工艺制成。黏滞成型主要用于玻璃的生产, 包括熔化和黏性液体的成型。烧结则是从细的分散颗粒开始 (原料制备, 即经过配料、提纯、合成、精制、预烧、粉碎、分级而成), 经混合、干燥后压制成型为所需形状, 通常还需随之进行焙烧 (烧成) 以使颗粒间产生结合。黏滞成型属于非晶态凝固, 如果熔体黏度较大, 或冷却速度非常快, 凝固后就只能得到非晶体。工业玻璃就是用此工艺制成的, 最后的成型工艺是压制 (用于结构玻璃块)、热弯成型 (用于许多汽车窗玻璃)、吹制 (用于灯泡) 或拉制 (用于玻璃纤维) 等。现代无机材料 (工业陶瓷) 制品主要采用压制成型, 后经烧结而成。

将已制备好的原料粉末制成浆料, 采用不同方法做各种要求的形状, 这一工艺过程称为成型, 它是陶瓷制备过程中重要一环。常用的成型方法有:

(1) 干压成型: 将微湿的粉料装入金属模, 通过模冲对粉末施加一定压力, 使之被压制成具一定尺寸和形状的密实而较坚硬的坯体。它是陶瓷成型中最常用的方法之一。

(2) 注射成型: 将粉末与有机黏结剂混合后, 加热混炼, 压制成粒状粉料, 用注射成型机在 130～300℃温度下注入金属模, 冷却后黏结剂固化, 取出坯件, 经脱脂即可。此法适用于复杂零件的自动化大规模生产。

(3) 可塑法成型 (真空挤制成型): 在粉料中加 12%～20% 的水, 用真空搅拌机彻底拌和成硬质塑性混合料, 用压力强制通过钢模或碳化物模的模孔, 可制成空心管状制品、长条形制品。主要用于电气绝缘件等材料。

(4) 热压铸成型: 利用蜡类热熔冷固特点, 将粉料与熔化的石蜡黏合剂迅速搅和成具流动性的料浆, 在热压铸机内用压缩空气把热熔料浆铸入金属模, 冷却凝固成型。

(5) 注浆成型 (浇注成型): 将黏稠均匀的悬浮液料浆注入多孔的熟石膏制成的

模具中，石膏从接触面上吸去液体，而在模壁表面形成硬结层，当形成一定壁厚后，将模子翻转，倒出多余料浆，即成型为所需形状与厚度。

（6）等静压成型：将粉末装在适当的模具中，将装压模放在传压介质内，使其各方向均匀受压而成型的方法称为等静压。传递压力的介质有液体、气体和固体。此法广泛用于制造产品要求高度均匀的特种电气元件等。

（7）原位凝固注模成型：利用原位凝固剂催化浆料发生化学反应而产生原位凝固的成型方法。它基本克服了传统成型的缺陷，实现了凝固时间的可控性。

（8）微机控制无模具成型：利用计算机 CAD 设计，将复杂的三维立体构件经计算机软件切片分割处理，形成计算机可执行的像素单元文件，而后通过类似计算机打印输出的外部设备，将要成型的陶瓷粉体快速形成实际的像素单元，逐个单元叠加的结果即可直接成型出所需要的三维立体构件。

成型后的陶瓷坯体，当加热至一定温度后粉体颗粒发生收缩、黏结，经过物质的迁移，在低于熔点温度下导致致密化并产生强度，变成致密、坚硬的烧结体，这种经扩散等机制使坯体内排除气孔，产生致密化的过程称为“烧结”。图 3-3 是烧结过程示意图。开始时陶瓷生坯颗粒之间呈点接触。高温时物质通过不同的扩散途径向颗粒间的颈部和气孔部位填充，颈部逐渐长大，颗粒间接触面扩大，气孔缩小，致密化程度提高，孤立的气孔布于晶粒相交的位置上，此阶段称为烧结前期。烧结过程继续进行，晶界上物质向气孔继续扩散填充，晶粒不断长大，气孔随晶界一起移动，直至最后获得致密化的无机材料制品。

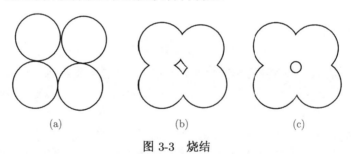

图 3-3　烧结

3.5　二元合金相图

由金属元素与其他元素（这些元素可以是金属元素，也可以是非金属元素）组成的有金属特征的金属材料，称为合金。溶质原子溶入金属熔剂中形成的合金相称为固溶体，具有均一的、保持熔剂金属的晶体结构，同时晶格常数发生一定变化。两组元形成合金时，当超过固溶体的溶解极限时，形成的一种晶体结构不同于任一组元的新相，称为金属间化合物，也称中间相。中间相晶体结构不同于任一组元，金属性能不同于任一组元金属，一般具有较高的熔点、硬度，较大的脆性。相图是表明合金系中各种合金相的平衡条件和相与相之间关系的一种简明示图，也称为平衡图或状态图，是合金体系中材料的状态与温度、成分间关系的简明图解。平衡是指在一定条件下合金系中参与相变过程的各相的成分和质量分数不再变化所达到的一种状态。此时合金系的状态稳定，不随时间而改变。合金在极其缓慢冷却的条件下的结晶过程，一般可以认为是平衡的结晶过程。相图是反映合金系中任意合金成分、温度和结构三者关系的简明图解，测定方法主要包括热分析法、膨胀法、磁性法、电阻测量法、X 射线法等，其测定步骤包括：

(1) 配制合金系的数种合金；

(2) 测定各种合金的冷却曲线；

(3) 综合冷却曲线，建立相图。

建立的 Cu-Ni 合金相图如图 3-4 所示。

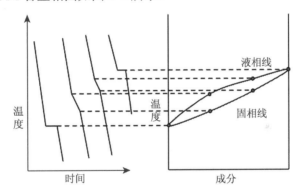

图 3-4　热分析法建立 Cu-Ni 合金相图

Cu-Ni 合金相图包含液相区、固相区和固液两相区，如图 3-5 所示。

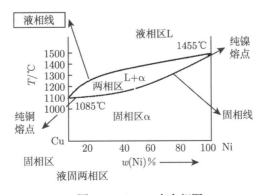

图 3-5　Cu-Ni 合金相图

　　测定相图某成分合金在某温度时的两个平衡相的成分和相对质量可以采用杠杆定律，如图 3-6 所示。

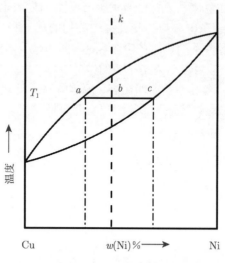

图 3-6　杠杆定律

　　设合金的质量为 Q，其中 Ni 质量分数为 $b\%$，在 T_1 温度时，L 相中的 Ni 质量分数为 $a\%$，α 相中的 Ni 质量分数为 $c\%$。合金中含 Ni 的总质量 =L 相中含 Ni 的质量 + α 相中含 Ni 的质量

$$Q \times b\% = Q_L \times a\% + Q_\alpha \times c\%$$

由于

$$Q = Q_L + Q_\alpha$$

所以

$$(Q_L + Q_\alpha) \times b\% = Q_L \times a\% + Q_\alpha \times c\%$$

得到

$$\frac{Q_L}{Q_\alpha} = \frac{c - b}{b - a} = \frac{l_{bc}}{l_{ab}}$$

同时，质量分数计算为

$$\frac{Q_L}{Q} = \frac{l_{bc}}{l_{ac}} \tag{3-1}$$

$$\frac{Q_\alpha}{Q} = \frac{l_{ab}}{l_{ac}} \tag{3-2}$$

如图 3-7 所示。

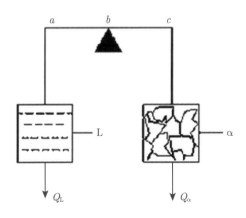

图 3-7 杠杆定律示意图

3.6 几种典型的相图

1. 匀晶相图

两组元在液态和固态下均可以任意比例相互溶解，即在固态下形成无限固溶体的合金相图称为匀晶相图。如 Cu-Ni, Fe-Cr 等合金相图均属于此类相图。在这类合金中，结晶时都是从液相结晶出单相固溶体，这种结晶过程称为匀晶转变。应该指出，几乎所有的二元合金相图都包含匀晶转变部分，因此掌握这一类相图是学习二元合金相图的基础。如图 3-8(a) 所示，特征点包括纯铜的熔点 A 为 1083℃，纯镍的熔点 B 为 1455℃。特征线包括液相线、固相线。其与冷却曲线的对应关系如图 3-8(b) 所示，匀晶合金与纯金属不同，它没有一个恒定的熔点，而是在液、固相线划定的温区内进行结晶。如图 3-9 所示，当 K 成分合金从高温液态缓慢冷却至 t_1 温度时，开始从液相中结晶出固溶体 α，此时的 α 成分为 α_1(其含镍量高于合金的镍含量)。随温度下降，结晶出来的 α 固溶体量逐渐增多，剩余的液相 L 量逐渐减少。当温度冷至 t_2 时，固溶体的成分为 α_2，液相的成分为 l_2(镍含量低于合金的镍含量)。为保持相平衡，在 t_1 温度结晶出来的 α_1 相，必须改变为与 α_2 相一致的成分，液相成分也必须由 l_1 向 l_2 变化。一直冷到 t_4 温度，最后的相平衡，必然使从液相中结晶出来的全部 α 相都具有 α_4 的成分，并使最后一滴液相的成分达到 l_4 的成分。

液态金属在无限缓慢冷却条件下，冷却到一定温度范围内进行结晶，而且在结晶过程中固溶体的成分沿着固相线变化 (即 $\alpha_1 \rightarrow \alpha_2 \rightarrow \alpha_3 \rightarrow \alpha_4$)，而液相的成分

沿液相线变化 (即 $l_1 \to l_2 \to l_3 \to l_4$)。这就是固溶体合金的平衡结晶规律。

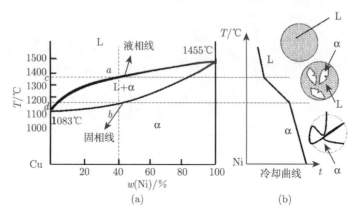

图 3-8　相图–冷却曲线对应关系

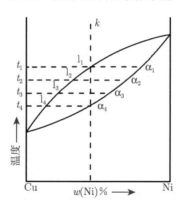

图 3-9　K 成分合金结晶过程

　　工业生产中合金溶液浇注后的冷却速度较快，在每一温度下不能保持足够的扩散时间使凝固过程偏离平衡条件，这一过程称为非平衡凝固 (结晶)，非平衡凝固 (结晶) 得到的组织称为不平衡组织。

　　固溶体结晶时成分是变化的 (固相线和液相线)，如冷却较快，原子扩散不能充分进行，则会形成成分不均匀的固溶体。固溶体一般都以枝晶状方式结晶，使得一个晶粒中先结晶的树枝晶晶枝含高熔点组元较多，后结晶的树枝晶晶枝含低熔点组元较多，结果造成在一个晶粒内化学成分的分布不均，这种现象称为枝晶偏析。枝晶偏析的合金对合金的力学性能影响较大，容易导致合金塑性韧性下降；易引起晶间腐蚀，降低合金的抗蚀性能。消除枝晶偏析的方法采用扩散退火。

　　固相、液相的平均成分分别与固相线、液相线不同，有一定的偏离 (固相成分按平均成分线变化)，其偏离程度与冷却速度有关。冷却速度越大，其偏离程度越严重；冷却速度越小，偏离程度越小，越接近于平衡条件。先结晶部分含有较多的高熔点组元 (Ni)，后结晶部分含有较多的低熔点组元 (Cu)。非平衡结晶条件下，凝固的终结温度低于平衡结晶时的终止温度。

2. 共晶相图

共晶相图如图 3-10 所示，共晶点表示 E 点成分的合金冷却到此温度上发生完全的共晶转变。共晶反应线表示从 M 点到 N 点范围的合金，在该温度上都要发生不同程度的共晶反应。共晶转变在恒温下进行，转变结果是从一种液相中结晶出两个不同的固相，存在一个确定的共晶点。在该点凝固温度最低，成分在共晶线范围的合金都要经历共晶转变。

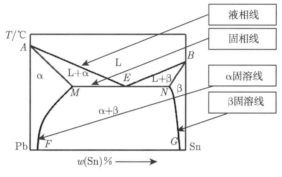

图 3-10 共晶相图

共晶相图与冷却曲线的对应关系如图 3-11 所示，以 x_1 成分的合金凝固为例，由液相开始，没有共晶反应过程，而是经过匀晶反应形成单相固相，经过二次析出反应，室温组织组成物为 $\alpha + \beta_{II}$，结晶过程变化的示意图如图 3-12 所示。

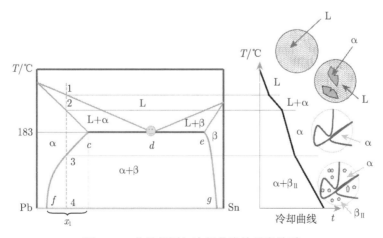

图 3-11 共晶相图与冷却曲线的对应关系

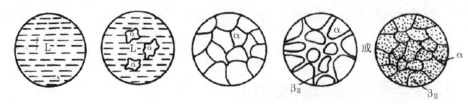

图 3-12 x_1 成分的合金凝固

而共晶成分的合金，其冷却曲线如图 3-13 所示，其凝固过程如图 3-14 所示。

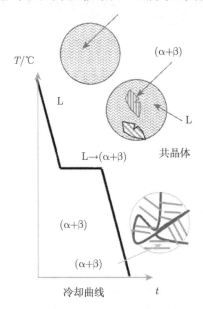

图 3-13   共晶成分合金冷却曲线

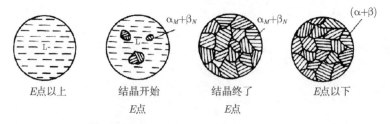

图 3-14   共晶成分合金凝固

x_3 成分合金冷却曲线和凝固结晶过程如图 3-15 和图 3-16 所示。

相图的表示方法有两种，以相组分 (相组成物) 形式填写的相图和以组织组分 (组织组成物) 形式填写的相图，如图 3-17 和图 3-18 所示。

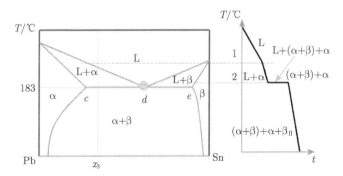

图 3-15 x_3 成分合金冷却曲线

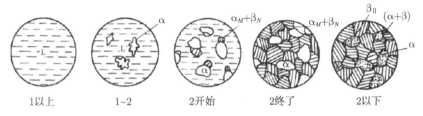

图 3-16 x_3 成分合金凝固结晶

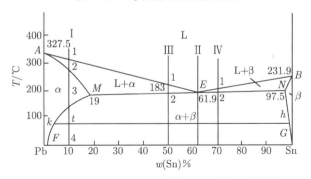

图 3-17 以相组分 (相组成物) 形式填写的相图

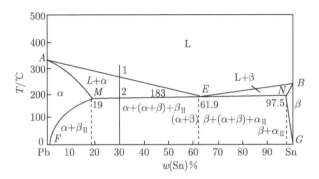

图 3-18 以组织组分 (组织组成物) 形式填写相图

3. 包晶相图

液相组元无限互溶，固相组元有限溶解的合金系，当溶质超出固溶体溶解极限时，冷却过程中发生包晶转变，这类合金构成的相图称为包晶相图。

一种液相与一种固相反应生成另一种固相的转变过程称为包晶转变，即

$$L + \alpha \longrightarrow \beta \tag{3-3}$$

包晶相图与前述共晶相图的共同点是，液态时两组元均可无限互溶，固态时则只有有限固溶度，因而也形成有限固溶体。但其相图中水平线所代表的结晶过程与共晶水平线却截然不同，如图 3-19 所示，D 点为包晶点，该点发生包晶反应的示意图如图 3-20 所示。

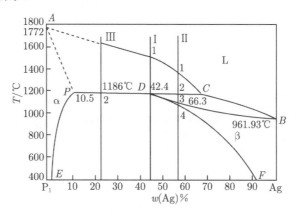

图 3-19　包晶相图

1以上　　　　　1~D　　　　　D点开始　　　　　D点终了　　　　　D以下

图 3-20　包晶反应示意图

4. 共析相图

共析反应属于共晶型反应，其与共晶反应的区别在于，在恒温下不是由液相而是由一个成分一定的固相同时析出另外两种成分各自一定的新固相，即如图 3-21 所示的铁碳合金相图中 PSK 水平线上的共析反应：$\gamma_S \xrightarrow{727℃} \alpha_P + Fe_3C$，其反应产物为共析体 (共析组织)，由于共析反应系固相分解，其原子扩散较困难，易产生较大的过冷，所以共析组织远比共晶组织细密。共析转变对合金的热处理强化有重大意义，钢铁和钛合金的热处理就是建立在共析转变的基础之上。

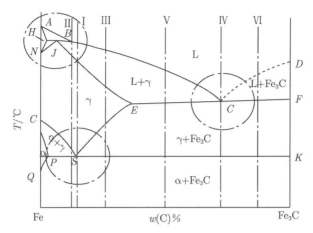

图 3-21　以相组分表示的铁碳合金相图

3.7　铁碳合金相图

纯铁强度低、硬度低、塑性好，很少做结构材料，由于其高的磁导率，可作为电工材料用于各种铁芯。铁与碳形成具有复杂斜方晶格的稳定间隙化合物 Fe_3C，硬度很高，脆性大，塑性和韧性极低。碳溶解在 α-Fe 中形成的间隙固溶体构成了铁素体，强度、硬度低，塑性、韧性好。奥氏体是碳溶解在 γ-Fe 中形成的间隙固溶体，有一定的强度和硬度，塑性也很好。图 3-22 为铁碳合金相图，包含特征点、特征线、相区以及按照含碳量和室温组织进行的分类。J 为包晶点：1495℃时，B 点成分的 L 与 H 点成分的 δ 发生包晶反应，生成 J 点成分的 γ。C 点为共晶点：1148℃时，C 点成分的 L 发生共晶反应，生成 E 点成分的 $\gamma+Fe_3C$(莱氏体)。S 点为共析点：727℃时，S 点成分的 γ 发生共析反应，生成 P 点成分的 α 和 $Fe_3C(K)$。存在 5 个单相区：L、α、γ、δ、Fe_3C，包含包晶反应：L+δ=γ；共晶反应：L=Ld($Fe_3C+\gamma$)；共析反应：γ=P ($Fe_3C+\alpha$)。Ld 代表莱氏体，莱氏体的命名源自德国冶金学家 Adolf Ledebur。莱氏体常温下是珠光体、渗碳体和共晶渗碳体的混合物。当温度高于 727℃时，莱氏体由奥氏体和渗碳体组成，用符号 Ld 表示。在低于 727℃时，莱氏体由珠光体和渗碳体组成，用符号 Ld′ 表示，称为变态莱氏体。因莱氏体的基体是硬而脆的渗碳体，所以硬度高，塑性很差。其由共晶奥氏体和共晶渗碳体机械混合组成，为铁碳相图共晶转变的产物。

根据含碳量的不同，其命名如图 3-23 所示。铁碳合金的组元主要包括 Fe 和 Fe_3C，Fe 是过渡族元素，熔点为 1538℃，密度是 7870kg/m³，纯铁从液态结晶为固态后，继续冷却，在 1394℃和 912℃发生两次同素异构转变。Fe_3C 是 Fe 和 C 形成的具有复杂结构的间隙化合物，称为渗碳体，可用 Cm 表示，其硬度为 800HB，抗

拉强度约为 30MPa,延伸率 δ=0。铁碳合金相图中存在五种相:L、δ、α、γ、Fe₃C。δ
相是 C 在 δ-Fe 中的间隙固溶体,呈体心立方晶格,在 1394℃以上存在,溶碳量最
大为 0.09%。δ 相是 C 在 δ-Fe 中的间隙固溶体,呈体心立方晶格,铁素体中室温下
的 C 的质量分数最大为 0.0008%,600℃时为 0.0057%,在 727℃时最大为 0.0218%,
机械性能与纯铁大致相同。γ 相是 C 在 γ-Fe 中的间隙固溶体,又称为奥氏体 (A),
呈面心立方晶格,最大溶碳量为 2.11%(1148℃),硬度不高,易于塑性变性。Fe₃C
是化合物,呈现条状、网状、片状、球状等形态,对力学性能影响很大。

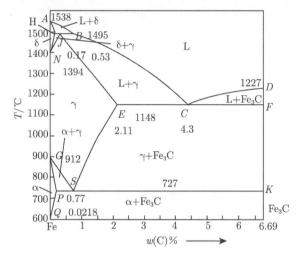

图 3-22   铁碳合金相图

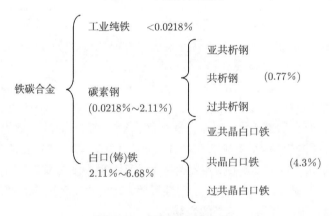

图 3-23   根据碳含量命名

    铁碳合金相图中除了三个重要的点 J、C、S 外,还包含几条重要的线,其中
ABCD 为液相线,AHJECF 为固相线。水平线 HJB 为包晶反应线,含碳量在
0.09%~0.53%的铁碳合金在平衡结晶过程中会发生包晶反应。水平线 ECF 为共

晶反应线，含碳量在 2.11%~6.69%的铁碳合金在平衡结晶过程中会发生共晶反应。水平线 PSK 为共析反应线，含碳量在 0.0218%~6.69%的铁碳合金在平衡结晶过程中会发生共析反应。PSK 线也称为 A_1 线，GS 线是铁碳合金冷却时由 A 析出 F 的临界温度线，称为 A_3 线，ES 是 C 在 A 中的固溶线，称为 Ac_m 线。ES 线的两端，分别对应 C 在 A 中的最大溶碳量 2.11%和共析点 0.77%，说明在降温过程中，A 中析出 Fe_3C，称为二次渗碳体，表示为 Fe_3C_{II}。PQ 线为 C 在 F 中的固溶线，727℃时溶碳量最大，为 0.0218%，室温时仅为 0.0008%，因此，在降温过程中，将从 F 中析出 Fe_3C，称为三次渗碳体，表示为 Fe_3C_{III}，所以 PQ 线是从 F 中析出 Fe_3C_{III} 的临界温度线，三次渗碳体数量较少，可以忽略。

选择图 3-24 所示成分纯铁进行冷却降温凝固，冷却过程中发生匀晶反应：L 相 → δ 相 → γ 相 → α 相 → α 相中沿晶界析出片状 Fe_3C，最终晶粒形貌如图 3-25 所示。

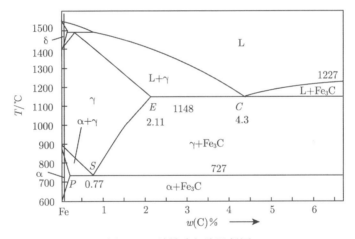

图 3-24 纯铁冷却降温凝固

图 3-25 纯铁晶粒形貌

选择共析成分的钢进行降温凝固，首先发生匀晶反应，由 L 相中析出 γ 相 (奥氏体 (A))，γ 单相固溶体的冷却，随后在共析点 γ 相发生共析反应生成珠光体，其示意图如图 3-26 所示。

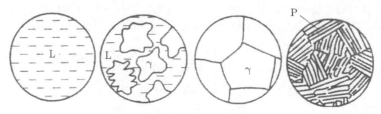

图 3-26　共析反应结晶过程[8]

计算共析钢中 α-Fe 和 Fe$_3$C 的质量分数可以采用杠杆定律，如图 3-27 所示。

$$w(\alpha)\% = \frac{6.69 - 0.77}{6.69 - 0.0008} \times 100\% = 88.5\%$$

$$w(\mathrm{Fe_3C})\% = \frac{0.77 - 0.0008}{6.69 - 0.0008} \times 100\% = 11.5\%$$

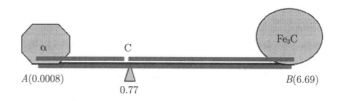

图 3-27　共析钢杠杆定律示意图

选择亚共析成分的钢进行冷却降温，如图 3-28 所示，其冷却凝固结晶过程如图 3-29 所示，首先由液相中析出 δ 相，L 相 + δ 相 → γ 相，并且 L 相有剩余，剩余 L 相 → γ 相，γ 单相的冷却，γ 相 → α 相，但 γ 相有剩余，共析反应：剩余 γ 相 →P(α+Fe$_3$C)，存在先析 α 相，其晶粒形貌如图 3-30 所示。

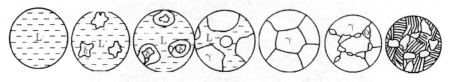

图 3-28　亚共析成分钢冷却凝固结晶过程[8]

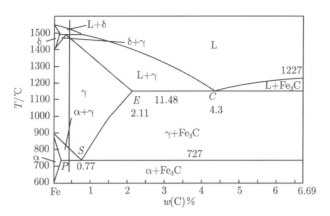

图 3-29 亚共析成分钢冷却凝固结晶

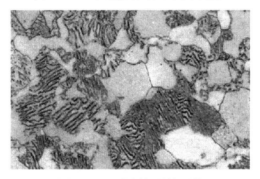

图 3-30 亚共析钢晶粒形貌

先析铁素体 (α 相)，在随后的冷却过程中会析出 Fe_3C_{III}，但量很少可忽略。亚共析钢室温平衡组织是先析铁素体+珠光体 (P)，利用杠杆定律计算先析铁素体与珠光体的质量分数，计算铁素体 (先析铁素体+珠光体中的铁素体) 与渗碳体的质量分数，如图 3-31 所示。

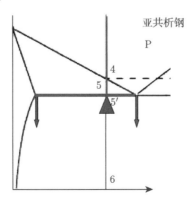

图 3-31 亚共析钢质量分数计算的杠杆定律

$$w(\alpha)\% = \frac{0.77 - 0.6}{0.77 - 0.0218} \times 100\% = 22.72\%$$

$$w(P)\% = \frac{0.6 - 0.0218}{0.77 - 0.0218} \times 100\% = 77.28\%$$

过共析钢的冷却凝固结晶过程如图 3-32 所示，L 相 → γ 相，γ 单相固溶体 (奥氏体) 的冷却，γ 相中析出二次渗碳体 (Fe_3C_{II})，共析转变：γ 相 →(α+Fe_3C)，存在 Fe_3C_{II}，其晶粒形貌如图 3-33 所示。从奥氏体中析出的 Fe_3C 称为二次渗碳体，Fe_3C_{II} 沿奥氏体晶界呈网状析出，使材料的整体脆性加大，过共析钢室温平衡组织：P+ Fe_3C_{II}，利用杠杆定律计算珠光体与二次渗碳体的质量分数。二次渗碳体与共析渗碳体的相同点：都是渗碳体，成分、结构、性能都相同。二次渗碳体与共析渗碳体的不同点：来源不同，二次渗碳体由奥氏体析出，共析渗碳体是共析转变得到的；形态不同，二次渗碳体呈网状，共析渗碳体呈片状；对性能的影响不同，片状渗碳体强化基体，提高强度，网状渗碳体降低强度。

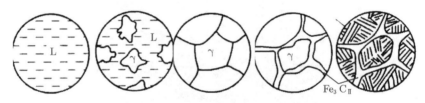

图 3-32　过共析钢的冷却凝固结晶过程[8]

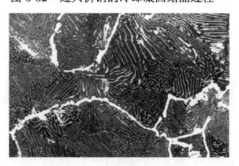

图 3-33　过共析钢晶粒形貌

共晶白口铁的冷却凝固结晶过程如图 3-34 所示，单相液体的冷却，在共晶点发生共晶反应：L→Ld(γ+Fe_3C)，共晶中的 γ 相不断析出 Fe_3C_{II}，发生共析反应：Ld(γ+Fe_3C) 转变为低温莱氏体 (变态莱氏体)Ld′(P+Fe_3C)，冷却过程中莱氏体中的奥氏体相析出 Fe_3C_{II}，但其依附于莱氏体中的 Fe_3C 长大，因此，不可见，共晶白口铁室温组织是变态莱氏体 Ld′(珠光体呈粒状分布在 Fe_3C 基体上)，共晶白口铁的基体相是 Fe_3C 脆性相，材料整体脆性较大，硬度较高，其晶粒形貌如图 3-35 所示。

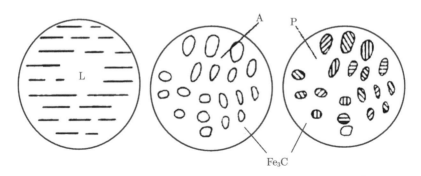

图 3-34　共晶白口铁的冷却凝固结晶过程[8]

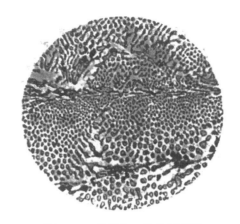

图 3-35　共晶白口铁晶粒形貌

亚共晶白口铁的冷却凝固结晶过程如图 3-36 所示，单相液体的冷却发生匀晶反应：L→γ相，然后发生共晶反应：剩余 L→Ld(γ+Fe$_3$C)，先共晶γ相不断析出 Fe$_3$C$_{\rm II}$，共晶γ相析出 Fe$_3$C$_{\rm II}$ 不可见，共析反应：Ld(γ+Fe$_3$C) → Ld′(P+Fe$_3$C)，先共晶γ相 → P，室温组织：Ld′(P+Fe$_3$C)+ P，其晶粒形貌如图 3-37 所示。

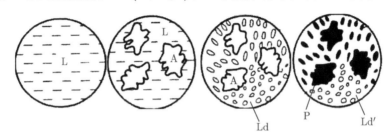

图 3-36　亚共晶白口铁的冷却凝固结晶过程[8]

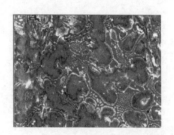

图 3-37　亚共晶白口铁晶粒形貌

过共晶白口铁在冷却凝固结晶过程中,单相液体的冷却发生匀晶反应: L→Fe$_3$C,然后发生共晶反应: 剩余 L→Ld(γ+Fe$_3$C), 先共晶 γ 相不断析出 Fe$_{3}$C$_{II}$, 不可见,继续冷却, 发生共析反应: Ld(γ+Fe$_3$C) → Ld′(P+Fe$_3$C), 室温组织: Ld′(P+Fe$_3$C)+Fe$_3$C, 其晶粒形貌如图 3-38 所示。

图 3-38　过共晶白口铁晶粒形貌

3.8　含碳量影响

硬度主要决定于组织中组成相或组织组成物的硬度和质量分数, 随含碳量的增加而增大, 由于硬度高的 Fe$_3$C 增多, 硬度低的铁素体 (F) 减少, 合金的硬度呈直线关系增大, 由全部为 F 的硬度约 80 HB 增大到全部为 Fe$_3$C 时的约 800 HB, HB 为布氏硬度。含碳量增加, 亚共析钢中珠光体 (P) 增多而铁素体 (F) 减少。P 的强度越高, 组织越细密, 则强度值越高。F 的强度较低, 所以亚共析钢的强度随含碳量增加而增大。共析成分之上, 由于强度很低的 Fe$_{3}$C$_{II}$ 沿晶界出现, 合金强度的增高变慢, 到含碳量约 0.9% 时, Fe$_{3}$C$_{II}$ 沿晶界形成完整的网, 强度迅速降低, 随着碳质量分数的进一步增加, 强度不断下降, 到 2.11% 后, 合金中出现 Ld 时, 强度已降到很低的值。再增加含碳量时, 由于合金基体都为脆性很高的 Fe$_3$C, 强度变化不大且值很低, 趋于 Fe$_3$C 的强度 (20~30 MPa)。铁碳合金中 Fe$_3$C 是极脆的相, 没有塑性。合金的塑性变形全部由 F 提供。所以随含碳量的增大, F 量不断减少时, 合金的塑性连续下降。到合金成为白口铸铁时, 塑性就降到近于零值了, 如图 3-39

所示。

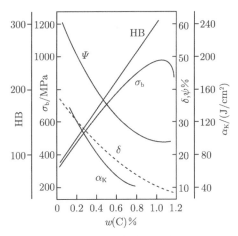

图 3-39　含碳量影响

3.9　钢中的元素

Si 为脱氧剂 (且能强化 F, 提高淬透性), 但 SiO_2 易成为非金属夹杂, 因此 $w(Si)\% < 0.5\%$, 其反应式为

$$Si + O_2 \longrightarrow SiO_2$$

Mn 为脱氧剂, 除硫剂 (且能强化 F, 提高淬透性), 但 MnO、MnS 易成为非金属夹杂物, 因此 $w(Mn)\% < 0.8\%$, 反应式为

$$Mn + O \longrightarrow MnO$$

$$Mn + S \longrightarrow MnS$$

S 的不利作用: 引起热脆, $w(S)\% < 0.050\%$。其原因为: $FeS(T_m = 1190℃)$; $(Fe + FeS)(T_m = 989℃)$; $(Fe + FeS + FeO)(T_m = 940℃)$; 锻造温度: $1150 \sim 1250℃$; 其有利作用为: 提高切削加工性。

P 的不利作用: 引起冷脆 $w(P)\% < 0.045\%$ (原因: 固溶于 F 使钢强硬度提高, 塑韧性降低)。有利作用为: 提高切削加工性, 使弹片易碎等。

一般情况下 N、H、O 均是有害元素, N 会通过时效形成氮化物, 导致脆化, H 会导致氢脆, 出现白点会使塑韧性降低, O 会形成氧化物, 属于非金属夹杂, 控制 N 含量可以加入 Al, 形成 AlN, 控制 H 可以去氢退火, 控制 O 可以使用脱氧剂如 Si、Mn 等。

3.10   铸   铁

凝固后在铸造状态 (或还要经过热处理) 下使用的金属件称为铸件, 凝固后还要经历塑性变形的金属件称为铸锭。铸锭实际上是一个形状简单的铸件, 具有很典型的铸态组织。铸锭剖面大致存在三个不同特征的区, 称铸锭三晶区, 分别为表面细晶粒区、柱状晶粒区、中心等轴区, 如图 3-40 所示。柱状晶粒区分枝少, 晶质细密, 晶粒粗大, 呈现各向异性, 横向性能差, 柱状晶交界处有夹杂和气体, 热加工时易开裂。等轴区晶界面积大, 杂质分布分散, 各晶粒位向不同, 性能均匀, 没有方向性, 枝晶彼此嵌入, 没有脆弱面。缺点是枝晶发达, 树枝晶间液相凝固收缩留下很多分散孔洞 (显微缩松), 因此凝固后金属组织不够致密。可以采取较低的浇注温度、孕育处理、机械振动、电磁搅拌等方式获得。

图 3-40   铸锭组织形貌

晶粒的大小称为晶粒度, 通常用晶粒的平均面积或平均直径来表示。晶粒大小对金属力学性能有很大影响。在常温下, 金属的晶粒越细小, 强度、硬度越高, 同时塑性、韧性也越好。细化晶粒对于提高金属材料常温力学性能作用很大, 这种用细化晶粒来提高材料强度的方法称为细晶强化。对于在高温下工作的材料, 晶粒过大或过小都不好, 而对于制造电动机和变压器的硅钢片等, 则希望晶粒越大越好。因为晶粒越大其磁滞损耗越小, 磁效应越高。

金属结晶时, 每个晶粒都由一个晶核长大而成。晶粒大小取决于形核的数目和长大速度。单位时间、单位体积内形成晶核的数目叫形核率 (N), 晶核单位时间生长的平均线长度叫长大速度 (G)。其比值 N/G 越大, 晶粒越细小。

在工业生产中, 常采用以下几种方法来控制晶粒度:

(1) 控制过冷度。N 和 G 都与 ΔT 有关, 增大结晶时 ΔT, N 和 G 均随之增

加，但两者增大的速率不同，N 增长率 > G 增长率。在一般金属结晶时，在过冷范围内，ΔT 越大，N/G 越大，因而晶粒越细小。但此法仅适用于小型薄壁件；

(2) 化学变质处理。变质处理又叫孕育处理，它是在浇注前往液态金属中加入变质剂，促进非自发形核，抑制晶粒长大，从而得到细化晶粒的目的；

(3) 增强液体流动法。对即将结晶的金属，采用振动、搅拌、超声波处理等增强金属液体流动的方法，一方面是依靠从外面输入能量促使晶核提前形成，另一方面是使成长中的枝晶破碎，使晶核数目增加，这已成为一种有效的细化晶粒组织的重要手段。

定向凝固是通过控制冷却方式，使铸件从一端开始凝固，按一定方向逐步向另一端发展的结晶过程。目前已用这种定向凝固法生产出整个制件都是由同一方向的柱状晶所构成的零件，如蜗轮叶片等。由于沿柱状晶轴向的性能比其他方向性能好，而叶片工作条件恰好要求沿这个方向上受最大的负荷，所以这样的叶片具有良好的使用性能。为了获得单向的柱状晶，必须采用定向凝固技术。金属液体注入铸型后，保持数分钟以达到热稳定，在这段时间内沿铸件轴向造成一定的温度梯度，在用水激冷的铜板表面开始凝固，然后把水冷铜板连同铸型以一定的速度从加热区退出，直至铸件完全凝固为止。用这种方法获得的柱状晶比较细小，性能优良。

铸铁成分：含碳量大于 2.11% 的铁碳合金称为铸铁，特点是含有较高的 C 和 Si，同时也含有一定的 Mn、P、S 等杂质元素。组织：铸铁中 C、Si 含量较高，C 大部分甚至全部以游离状态石墨 (G) 形式存在。缺点：强度、塑性及韧性较差，不能锻造。优点：具有良好的铸造性，具有高的减摩性、切削加工性和低的缺口敏感性。

根据 C 的存在形式，可以将铸铁分为：白口铸铁渗碳体，莱氏体组织，其断口呈银白色；灰口铸铁石墨，断口呈暗灰色；麻口铸铁渗碳体 + 石墨，断口为灰白相间。

根据石墨形态，灰口铸铁可以分为：普通灰口铸铁，G 呈片状；孕育铸铁，G 呈细片状；可锻铸铁，G 呈团絮状；蠕墨铸铁，G 呈蠕虫状；球墨铸铁，G 呈球状。其显微组织如表 3-1 所示。

表 3-1 铸铁显微组织

名称	石墨化程度	显微组织
灰口铸铁	按 Fe-G 相图结晶、转变	F+G
	较高	F+P+G
	中等	P+G
麻口铸铁	较低	Le′+P+G
白口铸铁	按 Fe-Fe$_3$C 相图结晶、转变	Le′+P+Fe$_3$C

灰口铸铁的组织为钢基体 + 石墨 (G)，具体如图 3-41 所示。

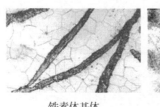

铁素体基体　　　　　铁素体–珠光体基体　　　　　珠光体基体

图 3-41　灰口铸铁的组织

图 3-42 所示为 Fe-C(G) 合金相图，虚线为稳定的 Fe-G 平衡相图，实线为亚稳定 Fe-C(Fe$_3$C) 平衡相图，不同的结晶过程可以分别按照这两种相图结晶，Fe$_3$C 是亚稳相，在长时间加热条件下，会分解成 Fe 和石墨。

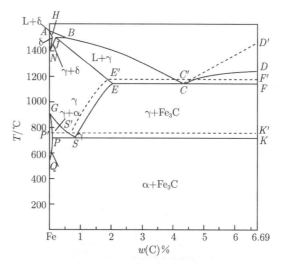

图 3-42　Fe-C(G) 合金相图

实线为铁碳相图，虚线为铁石墨相图

石墨的晶格结构如图 3-43 所示，其矿石如图 3-44 所示，石墨是元素碳的一种同素异形体，每个碳原子的周边连接着另外三个碳原子 (排列方式是呈蜂巢式的多个六边形)，以共价键结合，构成共价分子。由于每个碳原子均会放出一个电子，那些电子能够自由移动，所以石墨属于导电体。石墨是其中一种最软的矿物，它的用途包括制造铅笔芯和润滑剂。拉丁语为 "Carbonium"，意为 "煤，木炭"，汉字 "碳" 字由木炭的 "炭" 字加石字旁构成，从 "炭" 字音。石墨为六方晶格，基面上原子以共价键结合，基面之间原子以范德瓦耳斯键结合，易形成层片状特点，石墨的强度、硬度、塑性及韧性极低。

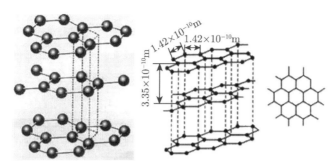

图 3-43　石墨晶体结构

图 3-44　石墨矿石

铸铁的石墨化过程主要包括：① G 结晶，过共晶成分 L → L + G_I，共晶转变 $L_{4.26}$ →$A_{2.08}$+G(共晶) (1154℃)；② G 析出，A→A+G_{II} (1154~738℃)，共析转变 $A_{0.68}$ →F+G(共析)(738℃)，F→G_{III}(738℃以下)。高温下，原子扩散能力强，前两个阶段石墨化过程进行得比较完全。影响铸铁石墨化因素主要包括：① 化学成分，合金元素可以分为促进石墨化元素 (C、Si) 和阻碍石墨化元素 (S、Mn、Cr、W、V、Mo)；② 冷却速度，缓慢冷却有利于石墨化的进行。

图 3-45 所示为铸铁壁厚、化学成分与铸铁组织的关系。

铸铁强度、塑韧性比钢低，主要原因在于 G 的强度、韧性极低，能减小钢基体的有效截面，并引起应力集中，但耐磨性好，主要原因在于石墨有利于润滑、储油。铸铁的其他性能包括以下几方面：

(1) 缺口敏感性低：表面粗糙对疲劳极限的影响不明显；

(2) 消震性好：为钢的十倍，G 组织松软；

(3) 铸造性好：接近共晶成分、熔点低、流动性好、凝固收缩小；

(4) 切削加工性好：G 使切屑易断，还可润滑刀具。

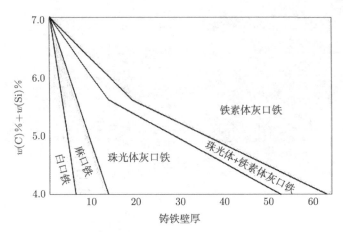

图 3-45   铸铁壁厚、化学成分与铸铁组织的关系

灰口铸铁的牌号、成分与组织。牌号：新标准 GB 5612—85，HT(灰铁)+三位数字 (数字表示 ϕ30mm 试棒的最小抗拉强度，MPa。其中，HT100 为 F 基，HT150 为 F+P 基，HT200～250 为 P 基，HT250～350 为孕育铸铁。成分：C 的含量 2.5%～3.6%，Si 的含量 1.1%～2.5%，Mn 的含量 0.6%～1.2% 及少量 S 和 P。组织：G 呈片状，按基体分为 F、F+P 及 P 灰口铸铁，分别适用于低、中、较高负荷。

灰口铸铁与普通碳钢相比，机械性能低，耐磨性与消震性好，工艺性能好，主要用于机床床身、导轨、缸体、机座等。

灰口铸铁的孕育处理：浇注前在铁水中加 Si-Fe，Si-Ca 等孕育剂，使 P 细化、G 细而均匀，强度、塑韧性明显提高。

灰口铸铁的热处理：① 去应力退火，500～550℃，防止机加工、使用时变形或开裂；② 高温退火，850～900℃，表面、薄壁等白口处 Cm→G(Cm 表示渗碳体 Fe_3C)，硬度降低，切削加工性增加；③ 表面淬火，提高导轨表面、汽缸体内壁等的耐磨性，包括高频淬火、火焰淬火、激光淬火等。

可锻铸铁白口铸铁是通过石墨化退火处理后得到的一种高强韧铸铁。有较高的强度、塑性和冲击韧度，可以部分代替碳钢。与灰口铸铁相比，可锻铸铁有较好的强度和塑性，特别是低温冲击性能较好，耐磨性和减震性优于普通碳素钢。因这种铸铁具有一定的塑性和韧性，所以俗称玛钢、马铁，又叫展性铸铁或韧性铸铁。黑心可锻铸铁用于冲击或震动和扭转载荷的零件，常用于制造汽车后桥、弹簧支架、低压阀门、管接头、工具扳手等。珠光体可锻铸铁常用来制造动力机械和农业机械的耐磨零件，国际上有用于制造汽车凸轮轴的例子。白心可锻铸铁由于可锻化退火时间长而较少应用 (见铁素体可锻铸铁、珠光体可锻铸铁和白心可锻铸铁)。

黑心可锻铸铁和珠光体可锻铸铁见图 3-46。

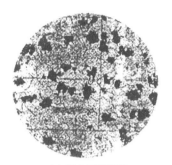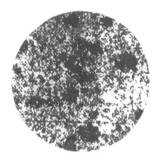

(a) 黑心可锻铸铁　　　　　　　　　　(b) 珠光体可锻铸铁

图 3-46　黑心可锻铸铁和珠光体可锻铸铁

可锻铸铁牌号：按 GB 978—67，KT(可铁)+H、Z、B(黑心、珠光体、白心)+三位数字 (表示最低的强度极限 σ_b)+二位数字 (表示最低的延展率 δ)。

可锻铸铁成分：含 C 量为 2.2%～2.8%，含 Si 量为 1.0%～2.0%，含 Mn 量为 0.4%～1.2% 及少量 S 和 P。

可锻铸铁组织：钢基体 (F 和 P)+团絮状 G。

将白口铁加热至 900～980℃，保温约 30h，渗碳体发生分解得到团絮状 G，此为第一阶段石墨化。在随后的缓冷过程中，A 中过饱和碳析出附在已形成的团絮状的石墨上，G 长大，完成第二阶段石墨化 (760～720℃)，形成 F+G，在 650℃下出炉空冷，如图 3-47 所示，得到铁素体可锻铸铁，即黑心可锻铸铁。P 可锻铸铁：第一阶段石墨化后，以较快的速度冷却通过共析温度转变区，使第二阶段石墨化不能进行，得到 P+G，为珠光体可锻铸铁。可锻铸铁主要用于制造管接头、低压阀门等。可锻铸铁并不能通过锻造来制造零件，"可锻" 只表示其强度、塑性较高。法国的雷奥姆尔 (Reaumur) 于 1722 年制成了白心可锻铸铁。后来美国的塞斯·包伊登 (Seth Boyden) 于 1826 年发明了黑心可锻铸铁。铸铁是含 C 量大于 2.11% 的铁碳合金，由工业生铁、废钢等钢铁及其合金材料经过高温熔融和铸造成型而得到，除 Fe 外，还含有其他铸铁中的碳，以石墨形态析出，当析出的石墨呈条片状时叫灰口铸铁或灰铸铁，呈蠕虫状时叫蠕墨铸铁，呈团絮状时叫白口铸铁或码铁，而呈球状时就叫球墨铸铁。

球墨铸铁除铁外的化学成分通常为：含 C 量为 3.0%～4.0%，含 Si 量为 1.8%～3.2%，含 Mn、P、S 总量不超过 3.0% 和适量的稀土、镁等球化元素。在铁水浇注前加球化剂 (稀土 Mg) 使 G 球化得到，如图 3-48 所示。牌号：按 GB 1348—78，QT(球铁)+ 三位数字 (最低 σ_b)+两位数字 (最低 δ)。例如，QT700-2 表示 σ_b ≥700，δ ≥2%。成分：C、Si 质量分数较高，Mn 质量分数较低。组织：钢基体

(F 、F + P 、P、回火 S、下 B)+球状 G。性能：较高的抗拉强度和弯曲疲劳极限，也具有相当良好的塑性及韧性。稀土能使石墨球化。自从 H. Morrogh 最先使用铈得到球墨铸铁以来，先后有很多人研究了各种稀土元素的球化行为，发现铈是最有效的球化元素，其他元素也均具有程度不等的球化能力。中国对稀土的球化作用进行了大量研制工作，发现稀土元素对常用的球墨铸铁成分 (含 C 量 3.6%～3.8%，含 Si 量 2.0%～2.5%) 来说，很难获得同镁球墨铸铁那样完整均匀的球状石墨；而且，当稀土量过高时，还会出现各种变态形的石墨，白口倾向也增大，但是，如果是高碳过共晶成分 (含 C 量 >4.0%)，稀土残留量为 0.12%～0.15%时，可获得良好的球状石墨。含铈的孕育剂可使铁液在整个保持期中增加球数，使最终的组织中含有更多的石墨球和更小的白口倾向。含稀土的孕育剂可改善球墨铸铁的孕育效果并显著提高抗衰退的能力。加入稀土可使石墨球数增多的原因可归结为：稀土可提供更多的晶核，但它与 FeSi 孕育相比所提供的晶核成分有所不同，稀土可使原来 (存在于铁液中的) 不活化的晶核得以长大，结果使铁液中总的晶核数量增多。

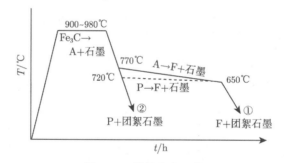

图 3-47　铸铁生产工艺

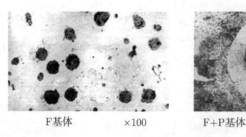

F基体　　　　　　×100　　　　　F+P基体　　　　　　×500

图 3-48　球墨铸铁

球墨铸铁退火包括：

去应力退火，500～600℃，保温 2～8h 缓冷。

低温石墨化退火，当铸态基体组织中含有 F 和 P 而没有自由 Cm 时，适用低温石墨化退火工艺，720～760℃，保温 2～8h，P(Cm)→G+F，随炉缓冷到 600℃出炉空冷，使塑韧性、切削加工性增加。

高温石墨化退火,当铸态基体组织中存在自由 Cm 时,适用高温石墨化退火,900~950℃,保温 2~5h,Cm→G+F,随炉缓冷到 600℃出炉空冷,使塑韧性、切削加工性增加。

球墨铸铁正火的目的是使珠光体 (P) 数量增加,细化晶粒,提高球墨铸铁的强度和耐磨性,常用的正火方法包括低温正火、高温正火、调质和等温淬火:

低温正火,820~860℃,保温 1~4h,使基体部分转变为 A,保留部分破碎的铁素体 (F),出炉空冷,得到 P+少量 F,塑韧性较好。

高温正火,880~920℃,保温 1~3h,使基体全部奥氏体化,出炉空冷,得到珠光体球磨铸铁,强度相对较高。为了增加基体中 P 的数量,可以采用风冷、喷雾冷却等方法。

正火冷却速度较快,一般会存在较大的应力,一般还要在正火后进行回火。

调质:860~920℃,使基体转变为奥氏体 (A),油淬得到马氏体,550~600℃回火保温 4~6h,得到回火索氏体 (S),强度较高,塑韧性较好。

等温淬火:860~900℃,保温后放入 250~300℃盐浴中等温 30~90min,出炉空冷,得到下 B+球状 G,强度较高,塑韧性较好。适用于形状复杂,热处理易变形开裂的构件。

调质、等温淬火后综合机械性能好,但仅适于小尺寸零件。

RuT 表示"蠕铁",如 RuT420,表示 $\sigma_b \geqslant 420MPa$。组织:钢基体 + 蠕虫状 G,如图 3-49 所示;性能:强度、塑韧性优于灰铸铁。主要用于高压热交换器、汽缸盖、液压阀等。蠕墨铸铁作为一种新型铸铁材料出现在 20 世纪 60 年代。通常蠕墨铸铁是铸造以前加蠕化剂 (镁或稀土),随后凝固而制得的,迄今为止,国内外研究结果一致认为,稀土是制取蠕墨铸铁的主导元素。我国稀土资源丰富,这为发展我国蠕墨铸铁提供了极其有利的条件和物质基础。蠕虫状石墨的形态介于片状与球状之间,所以蠕墨铸铁的力学性能介于灰铸铁和球墨铸铁之间,其铸造性能、减振性和导热性都优于球墨铸铁,与灰铸铁相近。我国制作蠕墨铸铁所用的蠕化剂中均含有稀土元素,如稀土硅铁镁合金、稀土硅铁合金、稀土硅钙合金、稀土锌镁硅铁合金等。由此,形成了适合国情的蠕化剂系列。

我国在蠕墨铸铁形成机制方面的研究处于领先地位。

特殊性能铸铁是在铸铁中加入合金元素,以提高其耐磨、耐蚀、耐热性,主要包括以下铸铁。

耐磨铸铁:主要做机床的导轨、托板,发动机的缸套,球磨机的衬板、磨球等;

耐热铸铁:是高温下具有良好的抗氧化和抗生长能力的铸铁,热生长是指氧化性气氛沿石墨片边界和裂纹渗入铸铁内部,形成内氧化以及因渗碳体分解成石墨而引起体积的不可逆膨胀;

耐蚀铸铁:在铸铁中加入硅、铝、铬等合金元素,在其表面形成一层连续致密的保护膜，可有效提高铸铁的抗蚀性；而在铸铁中加入铬、硅、钼、铜、镍、磷等合金元素，可提高铁素体的电极电位，以提高抗蚀性；另外，通过合金化，还可获得单相金属基体组织，减少铸铁中的微电池，从而提高其抗蚀性。

图 3-49   蠕虫铸铁

第4章 材料的力学性能

4.1 高温下的力学性能

当温度高于室温时，材料的各种力学性能变化比较复杂。大多数材料随着温度的升高，$\sigma_{0.2}$ 和 σ_s 降低，到 400℃ 时，屈服现象消失，弹性模量 E 也减小，而塑性指标 δ、ψ 则显著增加，温度升高，σ_b 先上升后下降。在低温情况下，碳钢的弹性极限和强度极限都会提高，但伸长率则相应减小。这表明在低温下，碳钢倾向于变脆，如图 4-1 所示。

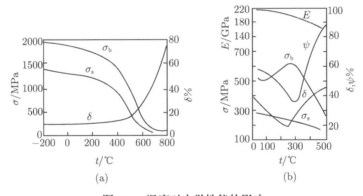

图 4-1 温度对力学性能的影响

当超过某一温度界限时，材料在确定的高应力和温度下，随着时间的延续，变形将缓慢增大，这种现象称为蠕变。蠕变主体是塑性变形。一般金属材料在温度超过界限时会发生较明显的蠕变变形。某些低熔点的有色金属 (如铅等)，一些非金属材料 (如混凝土、岩土、高分子聚合物及以树脂为基体的复合材料等) 在常温下就会发生蠕变变形。蠕变曲线如图 4-2 所示，分为四个阶段。AB 段蠕变速度开始较快，后来逐渐降低，称为不稳定蠕变阶段；BC 段蠕变速度比较稳定，接近常数，称为稳定阶段；CD 段蠕变速度又逐渐增加，称为加速阶段；DE 段蠕变速度急剧增加，使拉伸试件在较短时间内断裂，称为破坏阶段。通常规定构件工作时不允许进入加速阶段。各种金属的蠕变曲线决定于材质，但温度和应力的大小也影响蠕变，如图 4-3 所示。对给定材料，当应力较小或温度较低时，蠕变匀速阶段较长，蠕变速度也较低，当应力大或温度高时，蠕变只有第一阶段和第三阶段。

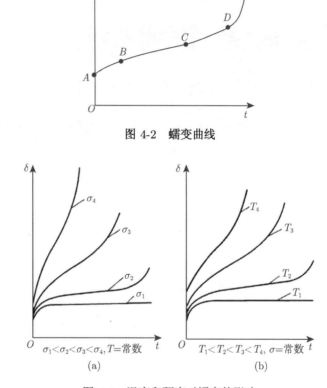

图 4-2　蠕变曲线

图 4-3　温度和硬度对蠕变的影响

蠕变极限是衡量材料抵抗蠕变变形能力的指标,有两种表示方法:

(1) 在规定温度 T 和恒定载荷下,试样在规定时间 t 内的蠕变伸长率 δ(总伸长率 δ_x 或延伸率 δ_s) 不超过某一规定值的最大应力 $\sigma_{\delta/t}^{T}$。

(2) 在规定温度 T 和恒拉力负荷下,试样在匀速蠕变阶段的蠕变速度 v 不超过某一规定值的最大应力 σ_v^{T}。

蠕变的持久强度极限是指在指定温度 T 和规定时间 t 内,材料因蠕变而不发生断裂的最大应力称为持久极限应力 σ_t^{T}。对在高温下长期承受静载的构件进行安全计算时,考虑设备对蠕变变形限制量的具体要求,一般应使工作应力小于相应的蠕变极限。

如果试件的总变形量在固定温度下维持不变,则材料随时间延续产生越来越大的蠕变逐渐取代其初始弹性变形,从而使试件中的应力逐渐降低,这种现象称为应力松弛,简称松弛。连接高温蒸汽管道的螺栓,拧紧后产生伸长变形,因螺栓蠕变,其弹性变形量减小,塑性变形增加,螺栓的应力降低,因此出现应力松弛。

4.2 冲击吸收功

当加载速度很慢时，金属材料的力学性能是稳定的，因此可以按静载处理。当加载速度较快时，随着加载速度的增加，强度指标升高，塑性指标下降，材料脆性增加。工程设备中，采掘机、锻压机等承受加速度很快的冲击载荷，一般设备也会受到启动、急刹车或超载等引起的冲击载荷作用，这时材料的脆性破坏倾向增加。材料处于低温时，受到冲击载荷作用，脆性破坏的危险性更大。由于材料脆性增大，破坏的危险性更大，所以评定脆性破坏倾向十分必要。

为了评定材料在冲击载荷下脆性破坏的倾向，在工程中广泛采用一次摆锤冲击试验，如图 4-4 所示，测定标准试样 (图 4-5) 在一次冲击载荷作用下折断时试样所吸收的冲击功，冲击试验遵循国家标准《金属夏比缺口冲击试验方法》(GB/T 229—1994)。

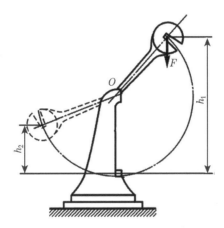

图 4-4　摆锤冲击

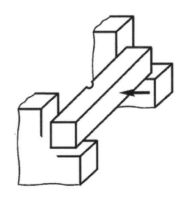

图 4-5　冲击标准试样

"U" 形口试件的冲击韧性

$$\alpha = \frac{W}{A} \tag{4-1}$$

"V" 形口试件的冲击韧性

$$\alpha = W \tag{4-2}$$

式中，W 为冲击吸收功，A 为缺口面积。

当温度降低到某一温度时，材料在发生塑性变形之前就因拉断而破坏，这就是材料的冷脆，而上述温度则称为脆性转变温度或简称转变温度。

由于冲击吸收功值不仅与材料有关，而且随试样的形状、尺寸不同而显著改变，所以由标准试样测得的冲击吸收功值不能直接换算到实际构件上。冲击吸收功值只适用于评定承受一次冲击或较大能量多次冲击材料的抗断能力。冲击试验对材料品质、内部缺陷、脆性转化趋势和工艺质量等方面较其他试验方法敏感，能显示材料内部组织结构的微小差异，所以广泛应用于材料的品质和控制热处理工艺质量等方面。

4.3　疲劳理论及机车疲劳和随机振动

构件经过长期随时间变化的重复载荷作用而断裂的现象称为疲劳。工程中某些构件工作时产生的应力随时间做周期性的变化，这种应力称为交变应力。例如，齿轮、火车轮轴等在运行中均会承受交变应力 (图 4-6，图 4-7)。应力周而复始地重现一次称为一个应力循环，完成一个应力循环所用的时间 T 称为循环周期。用 $\sigma_{\max}$ 和 $\sigma_{\min}$ 分别表示一个应力循环中应力达到的最大值和最小值 (均指代数值)，其平均值记为 σ_{m}，称为平均应力

$$\sigma_{\mathrm{m}} = \frac{\sigma_{\max} + \sigma_{\min}}{2} \tag{4-3}$$

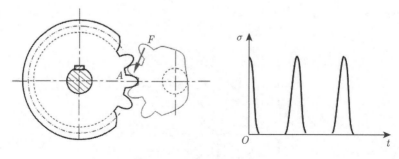

图 4-6　齿轮及其交变应力

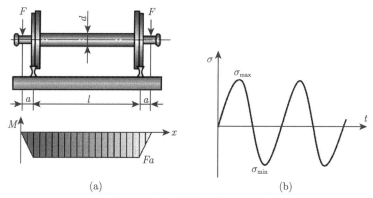

图 4-7　火车轮轴及其交变应力

定义 $\sigma_{\max}$ 与 $\sigma_{\min}$ 代数差的一半为应力幅，记为 σ_a

$$\sigma_a = \frac{\sigma_{\max} - \sigma_{\min}}{2} \tag{4-4}$$

$\sigma_{\min}$ 和 $\sigma_{\max}$ 的比值称为交变应力的应力比或循环特征，记为 r

$$r = \frac{\sigma_{\min}}{\sigma_{\max}} \tag{4-5}$$

若 $r = -1$，则称为对称循环；若 $r = 0$ 或 $r \to \infty$，则称为脉动循环；静应力可以看成交变应力的特例，其循环特征 $r = 1$；$r \neq -1$ 时称为非对称循环，非对称循环可以看成平均应力 σ_m 上叠加一个应力幅为 σ_a 的对称循环。

例题 4-1　发动机连杆大头螺钉工作时拉力 $P_{\max} = 58.3 \text{kN}$，$P_{\min} = 55.8 \text{kN}$，螺纹内径 $d = 11.5 \text{mm}$，试求 σ_a、σ_m 和 r。

解

$$\sigma_{\max} = \frac{P_{\max}}{A} = \frac{4 \times 58300 \text{N}}{\pi \times 0.0115^2 \text{m}^2} = 561 \text{MPa}$$

$$\sigma_{\min} = \frac{P_{\min}}{A} = \frac{4 \times 55800 \text{N}}{\pi \times 0.0115^2 \text{m}^2} \approx 537 \text{MPa}$$

$$\sigma_a = \frac{\sigma_{\max} - \sigma_{\min}}{2} = \frac{561 - 537}{2} \text{MPa} = 12 \text{MPa}$$

$$\sigma_m = \frac{\sigma_{\max} + \sigma_{\min}}{2} = \frac{561 + 537}{2} \text{MPa} = 549 \text{MPa}$$

$$r = \frac{\sigma_{\min}}{\sigma_{\max}} = \frac{537}{561} \approx 0.957$$

弹簧疲劳破坏的典型断口如图 4-8 所示，疲劳破坏是一个长期发展的过程，这个过程一般分为三个阶段。第一阶段为微裂纹形成阶段，在交变应力作用下，最高应力区 (往往在构件几何突变处的应力集中区或材料缺陷处) 金属晶体滑移带开裂成微观裂纹，形成断口处的疲劳源区。疲劳源区的尺寸很小，需放大 500 倍才能看到明显的疲劳裂纹，它可以用于分析裂纹产生的原因。第二阶段为裂纹扩展阶段，在应力循环作用下，裂纹尖端因应力集中而逐渐扩展，裂纹的两个表面在漫长的扩展中不断地张开、闭合，相互摩擦，使得这部分区域较为平整、光滑，称为断口的裂纹扩展区 (光滑区)。第三阶段为瞬时断裂，随着裂纹的不断扩展，截面削弱至强度不足而突然脆性断裂，标志着疲劳过程的终结。在微观上此阶段形成了断口的粗糙区，塑性材料表现为纤维状，脆性材料表现为结晶状，如图 4-9 所示。

图 4-8　弹簧疲劳断裂

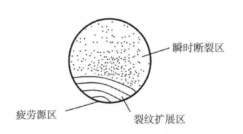

图 4-9　疲劳断口特征

疲劳试验是在疲劳试验机上进行的，被试材料要制成光滑小试件，试件的尺寸、表面质量应符合相应的国家标准。用一组标准试件，在给定应力比的情况下，施加不同的应力幅，进行疲劳试验，最常见的试验是对称循环纯弯曲疲劳试验。记录疲劳断裂时试件经历过的应力循环数 N，N 称为应力为 σ_{max} 时的疲劳寿命。控制最大交变应力从某个较高值 σ_{max} 时开始进行试验，记录下疲劳断裂时试件经历过的应力循环数 N，就得到第一个数据点。依次适当降低 σ_{max} 的数值，重复进行试验，可以得到代表同一材料的一组数据，经拟合处理后即得到材料的 S-N 曲线，如图 4-10 所示。常温下钢的疲劳试验结果表明，若试件经历 10^7 次应力循环后尚未疲劳，则再增加循环次数也不会疲劳。因此可把循环次数为 10^7 时仍未疲劳的最大应力规定为持久极限，$N_0 = 10^7$ 称为循环基数。铝合金等有色金属的 S-N 曲线无明显的渐近线，一般可规定一个循环基数 $N_0 = 10^7 \sim 10^8$，对应的持久极限称为条件持久极限。

影响构件的持久极限的主要因素包括以下几方面。

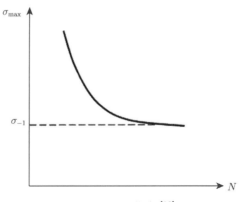

图 4-10 S-N 曲线[10]

1. 构件外形

构件上的槽、孔、轴肩等尺寸突变处都存在应力集中，因而易形成疲劳裂纹源，会降低构件的持久极限。构件外形对持久极限的这种影响可用有效应力集中因数 k_σ 表示，在对称循环下，k_σ 定义为在尺寸相同的条件下测得的材料的持久极限 σ_{-1} 与包含应力集中因素构件的持久极限 $(\sigma_{-1})_k$ 之比，具体如图 4-11 所示。

$$k_\sigma = \frac{\sigma_{-1}}{(\sigma_{-1})_k} \tag{4-6}$$

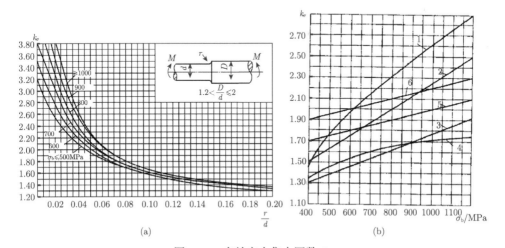

图 4-11 有效应力集中因数 k_σ

1. 螺纹; 2. 键槽(端铣加工)   ; 3. 键槽(盘铣加工)   ; 4. 花键;

5. 横孔 $\left(\dfrac{d_n}{d}=0.15\sim0.25\right)$; 6. 横孔 $\left(\dfrac{d_n}{d}=0.05\sim0.15\right)$

2. 构件尺寸

材料的持久极限通常采用直径小于 10mm 的小试件测定。弯曲与扭转疲劳试验表明，随着试件横截面尺寸的增大，持久极限相应地降低，对于高强度材料，这种尺寸效应更为显著。这种尺寸效应的影响可用尺寸因数 ε_σ 表示。在对称循环条件下，ε_σ 是光滑大尺寸试件与光滑小尺寸试件的持久极限之比

$$\varepsilon_\sigma = \frac{(\sigma_{-1})_\text{d}}{\sigma_{-1}} \tag{4-7}$$

ε_σ 数值小于 1，可在相关工程设计手册中查到，如图 4-12 所示。

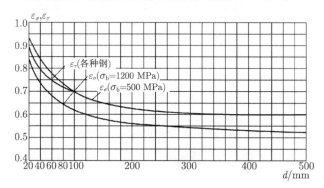

图 4-12　尺寸因数 ε_σ

3. 构件表面质量

弯曲、扭转变形时，最大应力发生于构件的表层。由于加工条件所限，构件表层常常存在各种缺陷，如粗糙不平、擦伤、划痕等，使疲劳裂纹易于在表层形成，因而降低持久极限。相反，若构件表面质量优于光滑小试件，持久极限则会增高。表面质量对持久极限的影响可用表面质量因数 β 表示，它是某种加工条件下构件的持久极限与光滑小试件的持久极限之比

$$\beta = \frac{(\sigma_{-1})_\beta}{\sigma_{-1}} \tag{4-8}$$

表面加工质量越差，持久极限降低越多；对于高强度材料，这一效应越加显著，具体如图 4-13 所示。

综合考虑以上各因素，对称循环构件的持久极限 σ_{-1}^0 可表达为

$$\sigma_{-1}^0 = \frac{\varepsilon_\sigma \beta}{k_\sigma} \sigma_{-1} \tag{4-9}$$

对于对称循环的切应力，则改写为

$$\tau_{-1}^0 = \frac{\varepsilon_\tau \beta}{k_\tau} \tau_{-1} \tag{4-10}$$

定义疲劳的工作安全因数 n_σ 为

$$n_\sigma = \frac{\sigma_{-1}^0}{\sigma_{\max}} \tag{4-11}$$

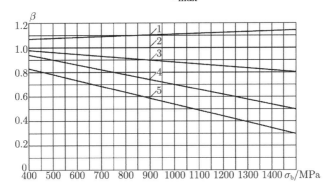

图 4-13　表面质量因数 β

1. 抛光 (R_a 为 0.05 以上); 2. 磨削 (R_a 为 $0.2 \sim 0.1$); 3. 精车 (R_a 为 $1.6 \sim 0.4$);

4. 粗车 (R_a 为 $2.5 \sim 3.2$); 5. 轧制

对称循环条件下的疲劳强度条件为

$$n_\sigma = \frac{\sigma_{-1}^0}{\sigma_{\max}} = \frac{\sigma_{-1}}{\dfrac{k_\sigma}{\varepsilon_\sigma \beta} \sigma_{\max}} \geqslant n \tag{4-12}$$

式中，n 为规定的安全因数。

例题 4-2　如图 4-14 所示，45 号钢车轴，$\sigma_b = 600\text{MPa}$，对称循环疲劳极限 $\sigma_{-1} = 275\text{MPa}$，表面光洁度 R_a 为 1.6，计算构件的疲劳极限。

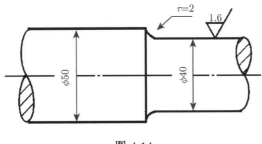

图 4-14

解　(1) 确定有关系数

$D/d = 1.25$，$r/d = 0.05$，$\sigma_b = 600\text{MPa}$，查图 4-11(a) 得到 $k_\sigma = 1.95$；

图 4-12 中仅存在 $\sigma_b = 500\text{MPa}$ 和 $\sigma_b = 1200\text{MPa}$ 的曲线，因此，需要插值得到 $\sigma_b = 600\text{MPa}$ 对应的 ε_σ。

由 $d=40\text{mm}$，$\sigma_b=500\text{MPa}$，查图 4-12 可得，$\varepsilon_\sigma=0.84$。

由 $d=40\text{mm}$，$\sigma_b=1200\text{MPa}$，查图 4-12 可得，$\varepsilon_\sigma=0.73$。

利用插值，计算得到 $\sigma_b=600\text{MPa}$ 时对应的 ε_σ，为

$$\varepsilon_\sigma=0.82$$

由 $d=40\text{mm}$，$R_a=1.6$，查图 4-13，可得 $\beta=0.94$。

(2) 计算疲劳极限

$$(\sigma_{-1})_{构件}=\frac{\varepsilon_\sigma\beta}{k_\sigma}\sigma_{-1}=\frac{0.82\times0.94}{1.95}\times275\text{MPa}=109\text{MPa}$$

例题 4-3 如图 4-15 所示，旋转碳钢轴上，作用一不变的力偶 $M=0.8\text{kN·m}$，轴表面经过精车，$\sigma_b=600\text{MPa}$，$\sigma_{-1}=250\text{MPa}$，规定 $n=1.9$，试校核轴的强度。

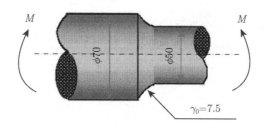

图 4-15

解 (1) 计算应力及循环特征

$$\sigma_{\max}=\frac{M}{W}=-\sigma_{\min}=\frac{800\text{N·m}}{0.1\times0.05^3\text{m}^3}=65.2\text{MPa}$$

应力比 $r=-1$

(2) 求各影响系数，计算构件持久限

$D/d=1.4, r/d=0.15, \sigma_b=600\text{MPa}$，查图 4-11～图 4-13 得到 $k_\sigma=1.4$；$\varepsilon_\sigma=0.79$，表面精车 $\beta=0.94$，

$$[\sigma_{-1}]=\frac{[\sigma_{-1}]_{构件}}{n}=\frac{\varepsilon_\sigma\beta}{nk_\sigma}\sigma_{-1}=\frac{0.79\times0.94}{1.9\times1.4}\times250\text{MPa}=69.8\text{MPa}$$

(3) 强度校核

$$\sigma_{\max}=65.2\text{MPa}<[\sigma_{-1}]=69.8\text{MPa}$$

安全。

工程中常用的计算损伤的理论主要有线性累积损伤和修正线性累积损伤理论。两者区别在于是否考虑了相互作用的应力,修正线性累积损伤理论存在相互之间作用的应力,所以寿命估算精度较高,但其适应范围存在局限性;应用最常见的是线性累积损伤理论,其理论形式简单,且也有一定的精度,能够满足工程实际需要。

线性累积损伤亦简称为 Miner 理论,每一次循环载荷所产生的疲劳损伤是独立的,与载荷的顺序无关,总损伤是每次损伤的线性叠加。该理论为:在某一应力范围下循环 n_i 次造成的损伤,其值为

$$D = \frac{n_i}{N_i} \tag{4-13}$$

在一系列 (k 个) 应力范围下,总累积损伤为

$$D = \sum_1^k D_i = \sum \frac{n_i}{N_i} \quad (i = 1, 2, \cdots, k) \tag{4-14}$$

破坏准则为

$$D = \sum \frac{n_i}{N_i} = 1 \tag{4-15}$$

式中,N_i 是在应力范围下使构件发生破坏的循环次数,由材料自身性质的 S-N 曲线确定;n_i 是在应力范围 S_i 作用下的循环次数。

当累积损伤相加不等于 1 时,是修正的 Miner 准则

$$D = \sum_{i=1}^l \frac{n_i}{N_i} = a \tag{4-16}$$

式中,a 为常数。

相对 Miner 法则的公式如下,

$$D = \sum_{i=1}^l \frac{n_i}{N_i} = D_f \tag{4-17}$$

式中,D_f 为同类构件在同类应力范围下的损伤值。

存在多种单轴和多轴的疲劳损伤模型 [11]:

单轴应力–寿命模型

$$\frac{\Delta\sigma}{2} = \sigma_f' (2N_f)^b \tag{4-18}$$

单轴应力的应变–寿命

$$\frac{\Delta\varepsilon}{2} = \frac{\sigma_f'}{E} (2N_f)^b + \varepsilon_f' (2N_f)^c \tag{4-19}$$

正应变

$$\frac{\Delta\varepsilon_1}{2} = \frac{\sigma_f'}{E} (2N_f)^b + \varepsilon_f' (2N_f)^c \tag{4-20}$$

最大剪切应变

$$\frac{\Delta\gamma_{\max}}{2} = 1.3\frac{\sigma_{\mathrm{f}}'}{E}\left(2N_{\mathrm{f}}\right)^{b} + 1.5\varepsilon_{\mathrm{f}}'\left(2N_{\mathrm{f}}\right)^{c} \tag{4-21}$$

Von-Miller 模型

$$\frac{\Delta\varepsilon_{\mathrm{eff}}}{2} = \frac{\sigma_{\mathrm{f}}'}{E}\left(2N_{\mathrm{f}}\right)^{b} + \varepsilon_{\mathrm{f}}'\left(2N_{\mathrm{f}}\right)^{c} \tag{4-22}$$

Brown-Miller 模型

$$\frac{\Delta\gamma_{\max}}{2} + \frac{\Delta\varepsilon_{\mathrm{n}}}{2} = 1.65\frac{\sigma_{\mathrm{f}}'}{E}\left(2N_{\mathrm{f}}\right)^{b} + 1.75\varepsilon_{\mathrm{f}}'\left(2N_{\mathrm{f}}\right)^{c} \tag{4-23}$$

式中，σ_{f}' 为疲劳强度系数；b 为疲劳强度指数；c 为疲劳延展指数；$\Delta\varepsilon$ 为计算应变；$\varepsilon_{\mathrm{f}}'$ 为疲劳延展系数；$\Delta\varepsilon_{\mathrm{n}}$ 为正应变；$\Delta\gamma_{\max}$ 为最大剪切应变增量；$\Delta\varepsilon_{\mathrm{eff}}$ 为有效应变增量。

机车车体在常幅试验疲劳载荷作用下的对数疲劳寿命分布 (若对数寿命为 x，则 10^{x} 即为实际疲劳寿命) 云图如图 4-16(a) 所示，车体最短疲劳寿命为 $10^{4.792}$ 次，出现在司机室和侧墙焊接处，该部位都是焊接密集区且几何不规则，从静强度分析结构中可得到该处的应力较为集中。车体绝大部分部件的疲劳寿命均超过 10^{7} 次 (图中超过 10^{7} 次的部位均显示 10^{7} 次)。车体应力集中部位的疲劳寿命分布情况如图 4-16(b) 所示，车体结构的安全因子云图如 4-17 所示 (图中安全因子大于 2 的部位均显示为 2)。由于压缩载荷工况在内从板座上加载 2000kN 的分布力，该部位承受的应力较大，其加载部位的疲劳寿命云图和安全因子云图如图 4-18 所示。

在同样加载部位施加不同载荷，车体的疲劳寿命发生变化如图 4-19 所示。车体疲劳寿命和载荷呈现非线性的关系，当施加载荷逐渐增大时，疲劳寿命下降的梯度明显减小，原因是随着载荷的增加，车体破坏程度逐渐加大，车体经受疲劳载荷的循环次数也将逐渐降低。当施加载荷为 500kN 时，车体破坏程度很小，即为疲劳载荷循环次数最大。车体承受载荷的大小对其疲劳寿命的影响较大。

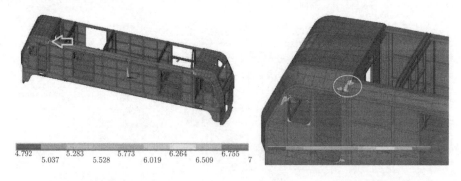

| 4.792 | 5.037 | 5.283 | 5.528 | 5.773 | 6.019 | 6.264 | 6.509 | 6.755 | 7 |

(a) 疲劳寿命分布云图   (b) 疲劳寿命放大云图

图 4-16　整车疲劳寿命分布云图

(a) 疲劳安全因子分布云图   (b) 疲劳安全因子放大分布云图

图 4-17　整车疲劳安全因子分布云图

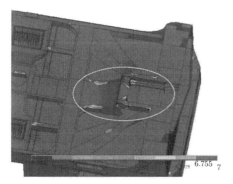
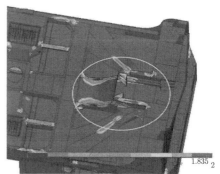

(a) 疲劳寿命分布云图   (b) 疲劳安全因子分布云图

图 4-18　承力部件疲劳寿命分布云图

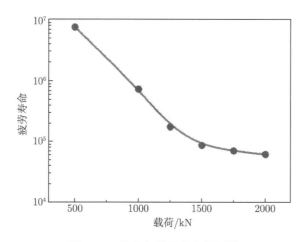

图 4-19　载荷与疲劳寿命曲线图

参考标准 BS "EN12663-1—2010 铁路应用–铁路车辆车体的结构要求" 规定，在车体 (含附属设备) 施加三向加速度：横向加速度为 $\pm 1g$，纵向加速度为 $\pm 3g$，垂向加速度为 $\pm 1.5g$，再对其进行组合得到 8 种计算工况，表 4-1 给出了静载加速度值列表。依据 BS 7608:1993 标准，可知全熔透的 T 形焊接接头的疲劳等级为 F 级，其疲劳应力为 40MPa。依据标准确定疲劳载荷工况和静强度载荷工况，计算出各工况最大应力部位的三个主应力及 X、Y、Z 方向的应力值，应力幅值由最大与最小值获得，从而找出疲劳破坏的危险部位。

表 4-1   燃油箱吊座静载计算工况列表

	工况一	工况二	工况三	工况四	工况五	工况六	工况七	工况八
纵向 (X)	$3g$	$-3g$	$3g$	$-3g$	$3g$	$-3g$	$3g$	$-3g$
垂向 (Y)	$1.5g$	$1.5g$	$1.5g$	$1.5g$	$-1.5g$	$-1.5g$	$-1.5g$	$-1.5g$
横向 (Z)	$1g$	$1g$	$-1g$	$-1g$	$1g$	$1g$	$-1g$	$-1g$

随机振动计算分析是基于概率统计规律的功率谱密度分析。无约束自由度和有约束自由度两部分构成了完整的动力学方程，公式如下：

$$\begin{bmatrix} [M_{\text{ff}}] & [M_{\text{fr}}] \\ [M_{\text{rf}}] & [M_{\text{rr}}] \end{bmatrix} \left\{ \begin{array}{c} \{\ddot{u}_{\text{f}}\} \\ \{\ddot{u}_{\text{r}}\} \end{array} \right\} + \begin{bmatrix} [C_{\text{ff}}] & [C_{\text{fr}}] \\ [C_{\text{rf}}] & [C_{\text{rr}}] \end{bmatrix} \left\{ \begin{array}{c} \{\dot{u}_{\text{f}}\} \\ \{\dot{u}_{\text{r}}\} \end{array} \right\}$$
$$+ \begin{bmatrix} [K_{\text{ff}}] & [K_{\text{fr}}] \\ [K_{\text{rf}}] & [K_{\text{rr}}] \end{bmatrix} \left\{ \begin{array}{c} \{u_{\text{f}}\} \\ \{u_{\text{r}}\} \end{array} \right\} = \left\{ \begin{array}{c} \{F\} \\ \{0\} \end{array} \right\} \tag{4-24}$$

式中，$\{u_{\text{f}}\}$ 为无约束的自由度；$\{u_{\text{r}}\}$ 为有约束的自由度；$\{F\}$ 为节点激励的载荷。

无约束的节点位移由准静态位移和动态位移构成：

$$\{u_{\text{f}}\} = \{u_{\text{s}}\} + \{u_{\text{d}}\} \tag{4-25}$$

用 $\{u_{\text{s}}\}$ 取代 $\{u_{\text{f}}\}$

$$\{u_{\text{s}}\} = -[K_{\text{ff}}]^{-1}[K_{\text{fr}}]\{u_{\text{r}}\} = [A]\{u_{\text{r}}\} \tag{4-26}$$

进一步得到

$$[M_{\text{ff}}]\{\ddot{u}_{\text{d}}\} + [C_{\text{ff}}]\{\dot{u}_{\text{d}}\} + [K_{\text{ff}}]\{u_{\text{d}}\} \approx \{F\} - ([M_{\text{ff}}][A] + [M_{\text{fr}}]\{\ddot{u}_{\text{r}}\}) \tag{4-27}$$

式右边第二项为由于支撑激励产生的等效力。

通过模态叠加法，$\{u_{\text{d}}\}$ 写成

$$\{u_{\text{d}}(t)\} = [\phi]\{y(t)\} \tag{4-28}$$

则式 (4-27) 的解耦形式为

$$\ddot{y}_j + 2\xi_j\omega_j\dot{y}_j + \omega_j^2 y_j = G_j \quad (j = 1, 2, 3, \cdots, n) \tag{4-29}$$

式中，n 为模态扩展阶数；y_j 为广义位移；ω_j 为第 j 阶的固有频率；ξ_j 为第 j 模态的阻尼比。

模态载荷 G_j 的表达式为

$$G_j = \{\Gamma_j\}^{\mathrm{T}} \{\ddot{u}_{\mathrm{r}}\} + r_j \tag{4-30}$$

与支撑激励相关的模态参与参数为

$$\{\Gamma_j\} = - \left([M_{\mathrm{ff}}][A] + [M_{\mathrm{fr}}]\right)^{\mathrm{T}} \{\phi_j\} \tag{4-31}$$

对于节点激励

$$r_j = \{\phi_j\}^{\mathrm{T}} \{F\} \tag{4-32}$$

采用美国轨道载荷谱中第三级载荷谱，其中三向轨道不平顺的函数公式如下（单位：$\mathrm{cm^2/(rad/m)}$）：

高低不平顺

$$S_{\mathrm{v}}(\Omega) = \frac{kA_{\mathrm{v}}\Omega_{\mathrm{c}}^2}{\Omega^2\left(\Omega^2 + \Omega_{\mathrm{c}}^2\right)} \tag{4-33}$$

方向不平顺

$$S_{\mathrm{a}}(\Omega) = \frac{kA_{\mathrm{a}}\Omega_{\mathrm{c}}^2}{\Omega^2\left(\Omega^2 + \Omega_{\mathrm{c}}^2\right)} \tag{4-34}$$

水平不平顺

$$S_{\mathrm{c}}(\Omega) = \frac{4kA_{\mathrm{v}}\Omega_{\mathrm{c}}^2}{\left(\Omega^2 + \Omega_{\mathrm{s}}^2\right)\left(\Omega^2 + \Omega_{\mathrm{c}}^2\right)} \tag{4-35}$$

式中，$S(\Omega)$ 为功率谱密度 $[\mathrm{cm^2/(rad/m)}]$；Ω 为轨道不平顺的空间频率 $(\mathrm{rad/s})$；A_{v} 和 A_{a} 是粗糙度常数 $(\mathrm{cm^2 \cdot rad/m})$；$\Omega_{\mathrm{c}}$ 和 Ω_{s} 是截断频率 $(\mathrm{rad/m})$；k 是安全系数，可根据要求在 $0.25\sim1.0$ 选取，一般取为 0.25。

表 4-2 给出了各个线路等级的参数值和允许的最高速度。本书以图 4-20～图 4-22 所示用 MATLAB 软件绘制美国三级轨道谱作为随机激励，对机车进行随机振动分析。由于该型号内燃机车设计的最快速度为 80km/h，选择最高速度为 64km/h 的美国线路三级的相关参数。随机振动三向载荷谱的加载部位为车体弹簧约束处，如图 4-23 所示。

图 4-24 显示的是最大应力部位的垂向 (Y 向) 位移、速度和加速度响应谱。在频率 13.130Hz 时，位移功率谱达到最大值，该频率对应车体结构的第二阶固有频率，车体振型为一阶垂向弯曲振型，位移功率谱的次最大值发生在 19.097Hz，在接近上述两个频率时，机车极易发生共振破坏；在频率 19.097Hz 时，速度和加速度功率谱达到最大值，对应车体结构的第六阶固有频率，车体振型为二阶垂向弯曲振型；为了防止内燃机车车体在实际运行中发生共振破坏，应该在整车设计时尽量避

免其他部件的振动频率和车体结构的第二阶固有频率和第六阶固有频率发生相互耦合。

表 4-2 美国轨道谱等级参数值

参数		线路等级					
		一级	二级	三级	四级	五级	六级
$A_v/(\text{cm}^2\cdot\text{rad/m})$		1.2107	1.0181	0.6816	0.5376	0.2095	0.0339
$A_a/(\text{cm}^2\cdot\text{rad/m})$		3.3634	1.2107	0.4128	0.3027	0.0762	0.0339
$\Omega_s/(\text{rad/m})$		0.6046	0.9308	0.8520	1.1312	0.8209	0.4380
$\Omega_c/(\text{rad/m})$		0.8245	0.8245	0.8245	0.8245	0.8245	0.8245
允许最高速度/(km/h)	货车	16	40	64	96	128	176
	客车	24	48	96	128	144	176

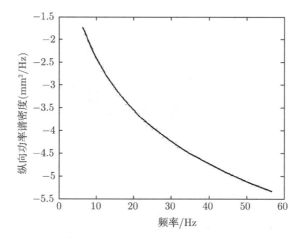

图 4-20 轨道高低不平顺功率谱

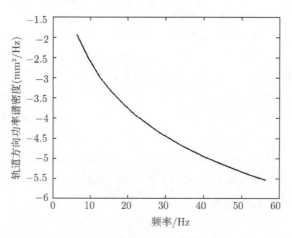

图 4-21 轨道方向不平顺功率谱

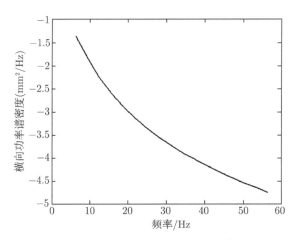

图 4-22 轨道水平不平顺功率谱

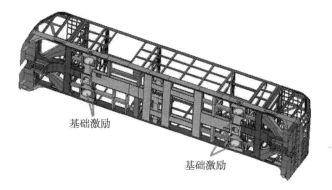

图 4-23 随机振动分析基础激励部位

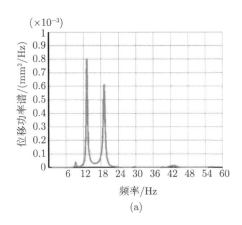

(a)

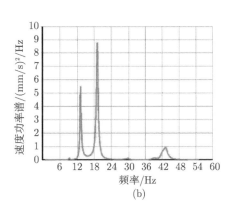

(b)

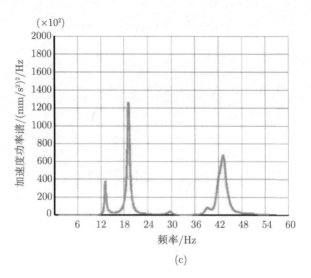

图 4-24   最大应力部位的 Y 方向功率谱

4.4   断 裂 韧 度

裂纹在构件中出现的位置具有随机性，可以发生在构件材料的内部和表面，也有可能裂纹从构件的一面贯穿到另一面，所以根据裂纹在构件中产生的位置可以将裂纹分为埋藏裂纹、表面裂纹和穿透型裂纹，而按照裂纹在外力作用下的扩展方式，又可以将裂纹抽象化为张开型、滑移型和撕开型三种断裂模式，三种裂纹全部属于穿透型裂纹，如图 4-25 所示，在实际工程中，复杂的几何构件载体以及多重载荷的作用，使得裂纹往往伴随着多种断裂模式的同时进行，这种两种或多种裂纹模型的组合形式，称为复合型裂纹形式。张开型裂纹在工程中最常见，危害也最大。

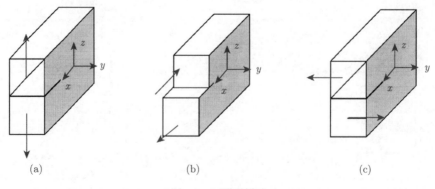

图 4-25   断裂模式

根据线弹性断裂力学理论，距离裂纹尖端 r 处节点的应力场可以表示为

$$\sigma_x = \sigma\sqrt{\frac{a}{2r}}\left[\cos\frac{\theta}{2}\left(1 - \sin\frac{\theta}{2}\sin\frac{3\theta}{2}\right)\right] \tag{4-36}$$

$$\sigma_y = \sigma\sqrt{\frac{a}{2r}}\left[\cos\frac{\theta}{2}\left(1 + \sin\frac{\theta}{2}\sin\frac{3\theta}{2}\right)\right] \tag{4-37}$$

$$\tau_{xy} = \sigma\sqrt{\frac{a}{2r}}\left[\sin\frac{\theta}{2}\cos\frac{\theta}{2}\cos\frac{3\theta}{2}\right] \tag{4-38}$$

对于平面应力问题

$$\sigma_z = 0 \tag{4-39}$$

对于平面应变问题

$$\sigma_z = \sigma\sqrt{\frac{a}{\pi r}}2\nu\cos\left(\frac{\theta}{2}\right) \tag{4-40}$$

针对三种裂纹断裂模式，应力强度因子分别被标记为 K_{I}、K_{II} 和 K_{III}，K_{I} 定义如下：

$$K_{\mathrm{I}} = \alpha\sigma\sqrt{\pi a} \tag{4-41}$$

其中，a 为裂纹尺寸；α 为形状系数，与裂纹的位置、大小等有关。

应力强度因子的定义是建立在线弹性力学基础上的，因此叠加原理可用于求解应力强度因子。在边界条件相同的情况下，可应用已知的一种载荷条件下的应力强度因子的解，求得另一种载荷条件下的解。

图 4-26(a) 为无裂纹受拉平板，故其应力强度因子为零，即 $K_{\mathrm{I(a)}}=0$。图 4-26(b) 的边界条件与无裂纹板相同，但中心有一个 $2a$ 长的贯穿型裂纹，如果在裂纹处加上未切开前该处的内应力，使裂纹完全闭合，则图 4-26(b) 与 (a) 相当，裂纹尖端应力强度因子为零，$K_{\mathrm{I(b)}} = K_{\mathrm{I(a)}}=0$。根据叠加原理，图 4-26(b) 可表示为 4-26(c) 和 4-26(d) 的和，其应力强度因子表示为

$$K_{\mathrm{I(c)}} + K_{\mathrm{I(d)}} = K_{\mathrm{I(b)}} = K_{\mathrm{I(a)}} = 0 \tag{4-42}$$

所以有

$$K_{\mathrm{I(d)}} = -K_{\mathrm{I(c)}} = -\sigma\sqrt{\pi a} \tag{4-43}$$

因此裂纹尖端的应力强度因子为

$$K_{\mathrm{I}} = \sigma\sqrt{\pi a} \tag{4-44}$$

随着应力 σ(或裂纹尺寸 a) 的增大，裂纹尖端的 K_{I} 值将增大。当实际构件中裂纹前端附近区域的 K_{I} 值达到其临界值 K_{Ic} 时，裂纹开始失稳扩展，最终构件

发生断裂。K_I 的临界值 K_{Ic} 称为材料的断裂韧性，它是材料在平面应变状态下抵抗裂纹失稳扩展能力的度量，是材料的一个韧性指标，它与外力及裂纹几何形状无关。K_{Ic} 是材料固有的断裂韧性，可通过试验测定。应力强度因子及断裂韧性的量纲为 [力]/[长度]$^{3/2}$，工程单位为 $kg/mm^{3/2}$，国际单位为 $MN/m^{3/2}$ 或 $MPa·m^{1/2}$。

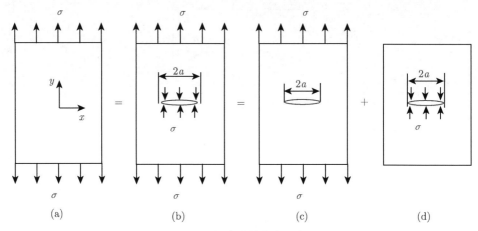

图 4-26　叠加法计算应力强度因子

例题 4-4　如图 4-27 所示，承受内压的薄壁圆筒，工作应力 $\sigma = 1200MPa$，沿容器纵向焊缝热影响区存在未穿透的表面裂纹，裂纹深度 $a=1.5mm$，裂纹尖端应力强度因子按 $K_I = 1.5\sigma\sqrt{a}$ 计算，试在下面两种钢材中选择一种作为薄壁圆筒的材料。

A：$\sigma_s = 1800MPa$；　$K_{Ic} = 62MN·m^{-3/2}$；

B：$\sigma_s = 1320MPa$；　$K_{Ic} = 93MN·m^{-3/2}$。

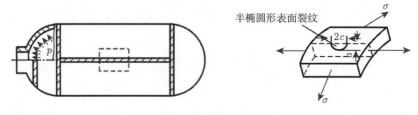

图 4-27

解　$K_I = 1.5 \times 1200 \times 10^6 N/m^2 · \sqrt{0.0015}m^{1/2} = 69.7MN·m^{-3/2}$

A：$K_I > K_{Ic} = 62MN·m^{-3/2}$

B：$K_I < K_{Ic} = 93MN·m^{-3/2}$

所以选 B。

例题 4-5　如图 4-28 所示，两端受拉厚平板，断裂韧度 $K_{Ic} = 45MPa·m^{1/2}$，

裂纹尖端应力强度因子按 $K_{\mathrm{I}} = 1.5\sigma\sqrt{a}$ 计算，裂纹尺寸 $2a$，试求：

(1) $a=20\text{mm}$ 时平板脆断临界拉应力 σ_{c}；

(2) 工作应力 $\sigma = 150\text{MPa}$ 时平板脆断的临界裂纹尺寸 a_{c}。

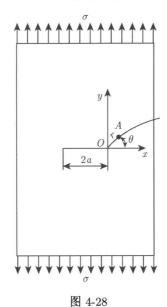

图 4-28

解　(1)

$$\sigma_{\mathrm{c}} = \frac{K_{\mathrm{I\,c}}}{\sqrt{\pi a}} = \frac{45\text{MN}\cdot\text{m}^{-3/2}}{\sqrt{3.14 \times 0.02\text{m}}} \approx 180\text{MPa}$$

(2)

$$a_{\mathrm{c}} = \frac{K_{\mathrm{I\,c}}^2}{\pi\sigma^2} = \frac{45^2\left(\text{MN}\cdot\text{m}^{-3/2}\right)^2}{3.14 \times 150^2\left(\text{MN}/\text{m}^2\right)^2} \approx 0.0286\text{m} = 28.6\text{mm}$$

4.5　硬　度

硬度是表示材料软硬程度的性能指标。以一定的载荷，将具有特殊形状的较硬物体压入被测材料的表面，使材料表面产生局部塑性变形而形成压痕，压痕的深度和表面积的不同表示材料的软硬程度不同。压痕法硬度是材料的强度、塑性等综合性能指标，硬度试验用于估计材料的强度、检验材质、热处理工艺及研究材料金相组织的力学性能。

1. 布氏硬度

布氏硬度 (Brinell hardness) 的测定原理是用一定大小的试验力 F(N) 把直径

为 $D(\mathrm{mm})$ 的淬火钢球或硬质合金球压入被测金属的表面, 保持规定时间后卸除试验力, 用读数显微镜测出压痕平均直径 $d(\mathrm{mm})$, 然后按公式求出布氏硬度 HB 值, 或者根据 d 从已备好的布氏硬度表中查出 HB 值, 如图 4-29 所示。

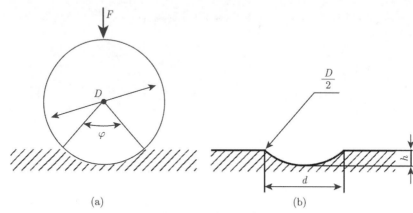

图 4-29　布氏硬度

HBS 和 HBW 都是布氏硬度符号, 布氏硬度试验用钢球压头进行试验的用 HBS 表示, 用硬质合金球头试验的用 HBW 表示。同样的试块, 在其他试验条件完全相同的情况下, 两种试验结果不同, HBW 值往往大于 HBS 值, 而且并无定量的规律所循, 目前我国使用的是 HBW(GB/T 231.1—2002)

$$\begin{aligned}\mathrm{HBW} &= 0.102 \frac{F}{(\pi D/2)\left(D - \sqrt{D^2 - d^2}\right)} \\ &= 0.102 \frac{F}{D^2} \frac{2}{\pi \left(1 - \sqrt{1 - \sin^2\left(\dfrac{\phi}{2}\right)}\right)}\end{aligned} \tag{4-45}$$

布氏硬度精度高, 数据较稳定; 布氏硬度与强度极限应力有一定的关系; 由于压痕较大, 所以能反映较大体积内的综合平均性能, 其缺点主要是试验操作较慢, 只能测试 650HBW 以下硬度值的材料, 当材料的硬度更大时, 应改用洛氏硬度或其他硬度试验。

2. 维氏硬度

维氏硬度是英国史密斯 (Robert L. Smith) 和塞德兰德 (George E. Sandland) 于 1921 年在维克斯公司 (Vickers Ltd) 提出的。以 49.03~980.7N 的负荷, 将相对面夹角为 136° 的方锥形金刚石压入器压材料表面, 保持规定时间后, 测量压痕对角线长度, 再按公式来计算硬度的大小, 如图 4-30 所示。

$$\mathrm{HV} = 0.102 \frac{F}{S} = 0.102 \frac{2F \sin\dfrac{\alpha}{2}}{d^2} = 0.189 \frac{F}{d^2} \tag{4-46}$$

式中，d 为两对角线压痕长度的平均值。

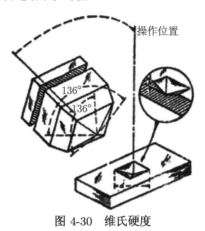

图 4-30　维氏硬度

3. 洛氏硬度

在初始压力 F_0 及 $F_0 + F_1$ 的先后作用下，将金刚石圆锥或钢球压入试样表面，经保持规定时间后卸除主压力 F_1，测量由 F_1 引起的残余压痕 h，用残余压痕深度 h 计算硬度，如图 4-31 所示。洛氏硬度值为

$$\mathrm{HR} = N - \frac{h}{s} \tag{4-47}$$

式中，N 为给定标尺的硬度数；h 为主压力压痕深度；s 为给定标尺单位。

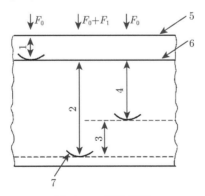

图 4-31　洛氏硬度

1. 在初始试验力 F_0 下的压入深度；2. 在总试验力 $F_0 + F_1$ 下的压入深度；3. 去除主试验力 F_1 后的弹
性回复深度；4. 残余压入深度 h；5. 试样表面；6. 测量基准面

洛氏硬度试验方法是用一个顶角为 120° 的金刚石圆锥体或直径为 1.59mm/3.18mm 的钢球，在一定载荷下压入被测材料表面，由压痕深度求出材料的硬度。

洛氏硬度试验采用三种试验力, 三种压头, 它们共有 9 种组合, 对应于洛氏硬度的 9 个标尺。这 9 个标尺的应用涵盖了几乎所有常用的金属材料。HRA 是采用 60kg 载荷和钻石锥压入器求得的硬度, 用于硬度很高的材料。HRB 是采用 100kg 载荷和直径 1.58mm 淬硬的钢球求得的硬度, 用于硬度较低的材料。HRC 是采用 150kg 载荷和钻石锥压入器求得的硬度, 用于硬度较高的材料。洛氏硬度中常用的 HRA、HRB、HRC 等中的 A、B、C 为三种不同的标准, 称为标尺 A、标尺 B、标尺 C。当预先不知道试样是软钢还是硬钢时, 绝不可使用 HRB 标尺做测试, 因为用钢球压头误测了淬火钢, 钢球就可能会变形, 钢球压头就会损坏, 这是钢球压头损坏的主要原因。遇到这种情况时应先用金刚石压头, 用 HRA 标尺测试一下, 再决定是用 HRB 还是用 HRC。

洛氏硬度试验操作快, 适用于大量成品的检验, 可测量各种软硬不同的材料, 压痕小, 同时, 其缺点主要在于各种硬度级别之间不能比较; 由于压痕小, 对于粗晶粒材料 (灰铸铁、轴承合金等), 试验结果往往不相一致。

4.6 提高材料力学性能的方法

不同材料具有不同的力学性能, 同一材料在不同的工作条件下所表现的力学性能也不同, 这些差别是由材料的化学成分和微观组织结构所决定的。

1. 化学成分影响

正火状态的碳钢, 随含碳量增加, 抗拉强度、布氏硬度上升, 塑性和冲击韧度下降, 碳钢含碳量大于 1% 时, σ_b 随含碳量的增加而不断减小。

2. 微观组织影响

面心立方晶格的金属较体心立方晶格的金属塑性更好。固溶体偏多, 其强度硬度相对低些, 塑性韧度较好, 碳化物偏多, 其强度硬度相对高些, 塑性韧度较差。

基于以上两点, 可以明确提高材料力学性能的方法主要包括:

(1) 调整、控制材料的化学成分和合金元素含量。在钢中加入合金元素含量与铁形成固溶体以强化材料。

(2) 进行热处理。如图 4-32 所示, 进行热处理, 通过不同的加热、保温和冷却过程, 提高和改善材料的力学性能。

(3) 进行冷热变形。金属在冷压力加工时, 硬度和强度提高, 塑性下降称为冷作硬化, 适合于纯金属和不能用热处理强化的合金, 加工硬化是提高金属强度的一种重要方法。卸载后如果立即重新加载, σ 与 ε 将大致沿 nm 上升, 到达 m 点后基本遵循原来的 σ-ε 关系, 如图 4-33 所示。与没有卸载过程的试件相比, 经强化阶段卸载后的材料，比例极限有所提高，塑性有所降低。这种不经热处理，通过冷拉以提高材料弹性极限的方法，称为冷作硬化。冷作硬化有其有利的一面，也有不利的一面。起重钢索和钢筋经过冷作硬化可提高其弹性阶段的承载力，而经过初加工的零件由于冷作硬化会给后续加工造成困难。材料经冷作硬化后塑性降低，这可以通过退火处理的工艺来消除。若在第一次卸载后，经过一段较长的时间再重新加载，应力–应变曲线将沿 $nfgh$ 发展，如图 4-33 所示，获得了更高的强度指标。这种现象称为冷作时效。建筑工程中对钢筋的冷拉，就是利用了这个原理。但钢筋冷拉后其抗压强度指标并未提高，所以在钢筋混凝土构件中，受压钢筋不需要经过冷拉处理。锻造是热加工，也可以提高材料力学性能。

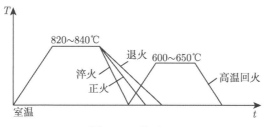

图 4-32 热处理

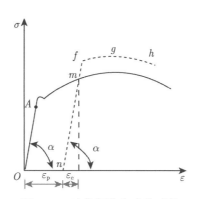

图 4-33 冷作硬化和冷作时效

第5章 塑性变形与再结晶

材料在加工制备过程中或是制成零部件后的工作运行中都要受到外力的作用。材料受力后要发生变形,外力较小时产生弹性变形;外力较大时产生塑性变形,而当外力过大时就会发生断裂。材料经变形后,不仅其外形和尺寸发生变化,其内部组织和有关性能也会发生变化,使之处于自由能较高的状态。这种状态是不稳定的,经变形后的材料在重新加热时会发生回复再结晶现象。因此,研究材料的变形规律及其微观机制,分析了解各种内外因素对变形的影响,以及研究讨论冷变形材料在回复再结晶过程中组织、结构和性能的变化规律,具有十分重要的理论和实际意义。

金属进行塑性变形的主要方式是滑移和孪生,如图 5-1 所示,孪生变形时,孪生带中相邻原子的相对位移为原子间距的分数值,且晶体位向发生变化;滑移时,滑移的距离为原子间距的整数倍,晶体位向不发生变化。对于晶体尺度结构,只有在切应力作用下,才能产生塑性变形,滑移总是沿着滑移面及其上的滑移方向进行。沿晶体中原子排布最紧密的晶面和该晶面原子排布最紧密的晶向进行。一个滑移面和其上的一个滑移方向构成了一个滑移系。滑移系越多,发生滑移的可能性就越大,塑性越好。相对来说,滑移方向影响更大,所以通常面心立方晶格塑性大于体心立方,如表 5-1 所示。晶体在发生滑移时同时发生两种转动,一种是晶体发生滑移后,外力发生错动而不在同一轴线上,其产生的力矩迫使滑移面转动;另一种是以滑移面的法线为轴发生转动,滑移的结果使滑移方向趋于最大切应力的方向。

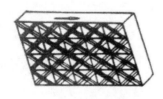 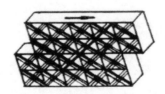 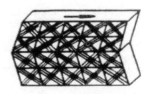

(a) 晶体模型   (b) 滑移   (c) 孪生

图 5-1 金属塑性变形的主要方式

表 5-1 BCC、FCC、HCP 滑移系

晶格	体心立方晶格		面心立方晶格		密排六方晶格	
滑移面	{110}×6	{110}	{111}×4	{111}	{0001}×1	六方面
滑移方向	⟨111⟩×2	⟨111⟩	⟨110⟩×3		⟨11$\bar{2}$0⟩×3	对角线
滑移系	6×2=12		4×3=12		1×3=3	

5.1　单晶体塑性变形微观机制

1. 刚性滑移理论

该理论，认为原子整排刚性移动，如图 5-2 所示，导致实验值与理论值差别巨大。1926 年，苏联物理学家雅科夫·弗仑克尔 (Jacov Frenkel) 从理想完整晶体模型出发，假定材料发生塑性切变时，微观上对应着切变面两侧的两个最密排晶面 (即相邻间距最大的晶面) 发生整体同步滑移。根据该模型计算出理论临界分剪应力，而在塑性变形试验中，测得的这些金属的屈服强度比理论强度低了整整 3 个数量级。因此，单晶的塑性变形绝不是原子整排刚性移动。

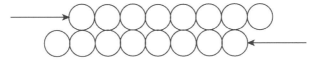

图 5-2　刚性滑移模型

2. 位错运动机制

1934 年，埃贡·奥罗万 (Egon Orowan)，迈克尔·波拉尼 (Michael Polanyi) 和 G.I. 泰勒 (G. I. Taylor) 三位科学家几乎同时提出了塑性变形的位错机制理论，解决了上述理论预测与实际测试结果相矛盾的问题。位错理论认为，之所以存在上述矛盾，是因为晶体的切变在微观上并非一侧相对于另一侧的整体刚性滑移，而是通过位错的运动来实现的。一个位错从材料内部运动到了材料表面，就相当于其位错线扫过的区域整体沿着该位错伯格斯矢量方向滑移了一个单位距离 (相邻两晶面间的距离)。这样，随着位错不断地从材料内部发生并运动到表面，就可以提供连续塑性形变所需的晶面间滑移了。与整体滑移所需的打断一个晶面上所有原子与相邻晶面原子的键合相比，位错滑移仅需打断位错线附近少数原子的键合，因此所需的外加剪应力将大大降低。位错运动与蠕虫爬动类似，如图 5-3 所示。

在对材料进行 "冷加工" (一般指在绝对温度低于 $0.3\,T_\mathrm{m}$ 时对材料进行的机械加工, T_m 为材料熔点的绝对温度) 时, 其内部的位错密度会因为位错的萌生与增殖机制的激活而升高。随着不同滑移系位错的启动以及位错密度的增大, 位错之间的相互交截的情况亦将增加, 这将显著提高滑移的阻力, 在力学行为上表现为材料 "越变形越硬" 的现象, 该现象称为加工硬化 (work hardening) 或应变硬化 (strain hardening)。

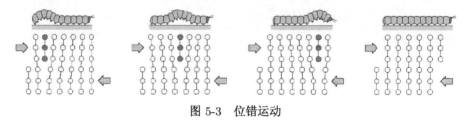

图 5-3 位错运动

5.2 孪 生

孪生是指在切应力作用下, 晶体的一部分相对于另一部分沿一定晶面 (孪生面) 和晶向 (孪生方向) 产生剪切变形 (切变), 产生切变的部分称为孪生带或孪晶, 如图 5-4 所示。孪生与滑移的区别: 孪生变形时, 孪生带中相邻原子面的相对位移为原子间距的分数值, 且晶体位向发生变化; 滑移变形时, 滑移的距离是原子间距的整数倍, 晶体位向不发生变化。

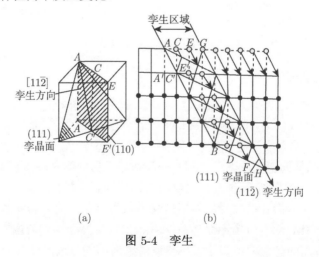

图 5-4 孪生

孪晶界可分为两类, 共格孪晶界和非共格孪晶界, 共格孪晶界就是孪晶面和孪晶面上的原子同时位于两个晶体点阵的结点上, 为两个晶体所共有, 属于自然的完全匹配是无畸变的完全共格晶面, 它的界面能很低, 约为普通晶界界面能的 1/10, 很稳定, 在显微镜下呈直线, 这种孪晶界较为常见。如果孪晶界相对于孪晶面旋转一角度, 即可得到另一种孪晶界——非共格孪晶界。此时, 孪晶界上只有部分原子为两部分晶体所共有, 因而原子错排较严重, 这种孪晶界的能量相对较高, 约为普通晶界的 1/2。孪晶形成后, 孪生界会降低位错的平均自由程, 起到硬化作用, 降低塑性。

5.3 多晶体的塑性变形

金属晶粒越细小, 晶界面积越大, 每个晶粒周围具有不同取向的晶粒数目也越多, 其塑性变形的抗力 (即强度、硬度) 就越高。细晶粒金属不仅强度、硬度高, 而且塑性、韧性也好。因为晶粒越细, 在一定体积内的晶粒数目越多, 则在同样变形量下, 变形分散在更多晶粒内进行, 同时每个晶粒内的变形也比较均匀, 而不会产生应力过分集中现象。同时, 由于此时晶界的影响较大, 晶粒内部与晶界附近的变形量差减小, 晶粒的变形也会比较均匀, 所以减少了应力集中, 推迟了裂纹的形成与扩展, 金属在断裂之前可发生较大的塑性变形。由于细晶粒金属的强度、硬度较高, 塑性较好, 所以断裂时需消耗较大的功, 即冲击韧度 (韧性) 也较好。因此细化晶粒是金属的一种非常重要的强韧化手段。

多晶体中首先发生滑移的是滑移系与外力夹角等于或接近于 45° 的晶粒。当塞积位错前端的应力达到一定程度时, 加上相邻晶粒的转动, 相邻晶粒中原来处于不利位向滑移系上的位错开动, 从而使滑移由一批晶粒传递到另一批晶粒, 当有大量晶粒发生滑移后, 金属便显示出明显的塑性变形。

合金可根据组织分为单相固溶体和多相混合物两种合金元素的存在, 使合金的变形与纯金属显著不同。多相合金的塑性变形特点 (以两相合金为例): 两相晶粒尺寸相近、变形性能相近时

$$\sigma_b = V_\alpha \sigma_\alpha + V_\beta \sigma_\beta \tag{5-1}$$

两相性能相差很大时:

(1) 硬、脆的第二相, 呈网状分布在晶界 (如 Fe_3C);

(2) 硬、脆的第二相呈片层状, 分布在塑、韧性相基体中 (如 P 片状);

(3) 硬、脆第二相呈颗粒状, 分布在塑性相基体中: 粗粒状分布; 弥散分布 (弥散强化)。

融入固溶体中的溶质原子会造成晶格畸变, 晶格畸变增大了位错运动的阻力, 使滑移难以进行, 从而使合金固溶体的强度与硬度增加。这种通过融入某种溶质元素来形成固溶体而使金属强化的现象称为固溶强化。当溶质原子浓度适当时, 可提

高材料的强度和硬度，而其韧性和塑性却有所下降。

两相合金的变形：如果两相都具有较好塑性，则合金变形阻力取决于两相的体积分数。可按等应变理论或等应力理论计算平均流变应力或平均应变。

等应变理论假定塑性变形过程中两相应变相等，合金产生一定应变的流变应力为

$$\sigma = \varphi_1\sigma_1 + \varphi_2\sigma_2 \tag{5-2}$$

式中，φ_1 和 φ_2 为两相的体积分数。

当第二相流变应力高于基相 $(\sigma_2 = \sigma_1 + \Delta\sigma)$ 时，

$$\sigma = \varphi_1\sigma_1 + \varphi_2(\sigma_1 + \Delta\sigma) = \sigma_1 + \varphi_2\Delta\sigma \tag{5-3}$$

材料得以强化。

等应力理论假定两相所受的流变应力相等，平均应变为

$$\varepsilon = \varepsilon_1\varphi_1 + \varepsilon_2\varphi_2 \tag{5-4}$$

当第二相的应变小于基相应变 $(\varepsilon_2 = \varepsilon_1\varphi - \Delta\varepsilon)$ 时，

$$\varepsilon = \varepsilon_1\varphi_1 + (\varepsilon_1\varphi - \Delta\varepsilon) = \varepsilon_1 - \Delta\varepsilon \tag{5-5}$$

材料得以强化。

如果第二相为硬脆相，则合金性能除与两相相对含量有关外，很大程度上还取决于硬脆相的形状与分布。如果硬脆相呈连续网状分布于基相晶界上，如图 5-5 所示，则基相受限不能变形，应力过大即沿晶界断裂。塑性变差，甚至强度也随之下降。如果硬脆相成片状分布于基相，因变形主要集中在基相，而位错受片层厚度限制，移动距离很短，继续变形阻力加大，强度得以提高。片层越薄，强度越高；变形越均匀，塑性也越好，类似于细晶强化。如果硬脆相呈较粗颗粒分布于基相，则因基体连续，硬脆相颗粒对基体变形的影响大大减弱，强度下降，塑性、韧性得以提高。

(a) 连续网状分布　　　(b) 片状分布　　　(c) 较粗颗粒状分布

图 5-5　硬脆相分布

弥散型多相合金的塑性变形中存在位错切过机制和位错绕过机制，如图 5-6 所示。弥散型两相合金的塑性变形：当第二相以细小颗粒弥散分布于基相时，将产生显著的强化作用。不变形微粒的强化作用：当移动的位错与微粒相遇时，将因奥罗

万 (Orowan) 位错绕过机制而产生位错增殖。位错绕过时，既要克服第二相粒子的阻碍作用，又要克服位错环对位错源的反向应力，而且每一个位错绕过后都要增加一个位错环。因此继续变形必须增大外应力，从而使流变应力迅速提高。

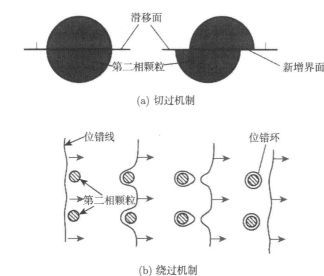

(a) 切过机制

(b) 绕过机制

图 5-6 位错切过和绕过机制

位错绕过间距为 λ 的第二相微粒所需要的切应力为

$$\tau = Gb/\lambda \tag{5-6}$$

式中，G 为切变弹性模量；b 为柏氏矢量。可以看出：这种强化作用与第二相粒子的间距成反比。λ 越小，强化效果越好。因此，减小粒子尺寸 (增大粒子数) 或提高粒子体积分数 (减小粒子间距)，都能使合金的强度提高。

第二相为可变形微粒时，位错将切过粒子使其与基相一起变形。在此情况下，强化作用取决于粒子本身的性质和与基相的联系，主要作用有：

(1) 由于粒子结构与基相不同，当位错切过粒子时，必然造成滑移面上原子错排，需要补充错排能；

(2) 如果粒子是有序相，则位错切过粒子时会产生反向畴界，需要反向畴界能；

(3) 每个位错切过粒子时，使其生成宽为 b 的台阶，需要增加表面能；

(4) 粒子周围的弹性力场与位错产生交互作用，产生运动阻力；

(5) 粒子的弹性模量与基相不同，引起位错能量与线张力变化。

上述因素的综合作用使合金强度得以提高。此外，加大粒子尺寸和增加体积分数也有利于提高强度。

5.4   冷变形加工对金属组织与性能的影响

金属发生塑性变形时, 不仅外形发生变化, 而且其内部的晶粒也相应地被拉长或压扁。当变形量很大时, 晶粒将被拉长为纤维状, 晶界变得模糊不清。塑性变形还使晶粒破碎为亚晶粒。塑性变形后的晶粒呈扁平或纤维状。变形过程中, 位错在应力作用下增殖运动。随变形量增加, 位错密度大量增加且呈不均匀分布, 组织内形成许多位错包, 包壁上有大量位错, 包内位错密度较低, 也称为变形亚结构或变形亚晶。位错包也随变形量增大而伸长, 数量增多, 尺寸减小。随变形度的增加, 多晶材料中的晶粒会趋于一致, 形成择优取向, 也称变形织构, 如图 5-7 所示。最主要的织构有以下两种。

(1) 丝织构: 拉拔时形成。特征是各晶粒同一指数的晶向与拉力轴平行或接近平行, 用与轴线平行的晶向 $<uvw>$ 表示;

(2) 板织构: 轧制时形成。各晶粒的某一同指数晶面平行于轧制平面 (垂直于压力轴向), 而某一同指数晶向平行于滚轧方向。用 $\{hkl\}, <uvw>$ 表示。

织构会造成材料各向异性, 而且退火也不能完全消除。用有织构的板材冷冲工件时, 会因板材的各向异性造成工件边沿不齐, 壁厚不均。这种现象称为 “制耳”。硅钢片是利用织构的一个典范。冷碾轧后的硅钢片沿晶粒 $<100>$ 晶向 (碾压方向) 的磁化率 μ_m 最高。尽可能地使铁芯中的磁力线与晶粒的 $<100>$ 取向相同, 可节省材料和降低铁损。形变织构很难消除, 生产中为了避免织构的产生, 常将零件的较大变形量分几次完成, 并进行中间退火。

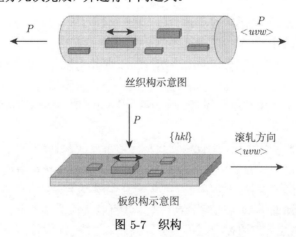

丝织构示意图

板织构示意图

图 5-7   织构

加工变形中会出现加工硬化, 加工硬化过程是一个应力和应变均匀分布的过程, 结果使塑性变形能均匀分布于整个工件。但是, 变形抗力也会不断加大, 增加动力及设备消耗。而且，随冷变形量的增加，材料屈服强度往往比抗拉强度增加更快，导致两者的差值减小，塑性变形阶段缩短，材料超载容易断裂。因此深度冷加工必须严格控制载荷，或者增加中间退火工序。图 5-8 所示是金属单晶体的典型加工硬化曲线。可分为三个阶段：

(1) 当 $\tau \geqslant \tau_c$ 时开始进入塑性变形的初始阶段，此阶段曲线接近于直线，斜率 (称为加工硬化速率) $\theta_1 = d\tau/d\gamma$ 或 $\theta = d\sigma/d\varepsilon$ 很小，约 $10^{-4}G$ 数量级，其中 G 为切变模量，称为易滑移阶段；

(2) 应力急剧增加，θ_2 在 $G/100 \sim G/300$ 范围，几乎为一恒定值，称为线性硬化阶段；

(3) 加工硬化速率随应变增加而不断下降，曲线呈抛物线状，称为抛物线硬化阶段。

第一阶段应力较低，只有一组取向有利的滑移系开动，所以滑移位错很少受到其他位错干扰，可以移动很长距离并可能达到表面，因此晶体可以产生较大应变，加工硬化率也低。第二阶段发生了多滑移，位错之间相互作用，产生大量位错缠结或位错塞积，使位错难以进一步运动，造成应力急剧上升，加工硬化速率提高。第三阶段，在足够高的应力下，螺型位错可以通过交滑移绕过障碍，异号位错还可以相互抵消，降低位错密度，加工硬化趋势减缓。

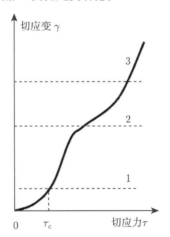

图 5-8 单晶体典型加工硬化曲线

金属的流变应力与位错密度 ρ 的关系为

$$\sigma_b = \alpha G b \sqrt{\rho} \tag{5-7}$$

式中，α 为常数，在 0.1~1.0；G 为切变模量。

实际的晶体加工硬化曲线因晶体结构类型、晶体位向、杂质含量及实验温度不同而有所变化。面心立方有明显的三阶段加工特征；密排六方的滑移系少，位错交割机会少，因此一阶段很长而二阶段未充分发展就发生试样断裂；高纯体心立方的曲线与面心立方相似，但如果有微量杂质就可产生屈服现象使曲线变化。

对多晶体材料而言，因变形中晶界的阻碍和晶粒之间的协调配合要求，各晶粒不可能由共同的单一滑移系开动，而只能是多组滑移系同时开动。因此多晶材料的加工硬化曲线没有单晶体硬化曲线的第一阶段，而且加工硬化曲线通常更陡，加工硬化速率更高，晶粒越细，硬化效果越明显。其他物理、化学性能的变化：除力学性能外，凡与结构相关的物理、化学性能也都随变形发生比较明显的变化。如磁导率、电导率和温度系数都有一定程度的下降。由于塑性变形增加了结构缺陷，金属自由能升高，有助于金属中的扩散过程，所以其化学活性增加，腐蚀速度加快。

5.5　残余应力

残余应力是指平衡于金属内部的应力，是金属受力时，内部变形不均匀而引起的。塑性变形时，外力所做的功只有 10% 转化为内应力残留于金属中。内应力分为三类：

第一类内应力：平衡于表面与心部之间 (宏观内应力)。

第二类内应力：平衡于晶粒之间或晶粒内不同区域之间 (微观内应力)。

第三类内应力：是由晶格缺陷引起的畸变应力。第三类内应力是形变金属中的主要内应力，也是金属强化的主要原因。

残余应力的主要危害：①降低工件的承载能力：当残余应力与工作应力一致时会降低工件承受的实际应力；当残余应力很大时，在随后的加工过程中，会使工件产生宏观或微观破坏。②改变工件的尺寸及形状：工件在加工或使用过程中，通常其内存的残余应力的平衡状态会受到破坏，致使工件的应力状态重新分布，从而引起工件形状和尺寸的改变。③ 降低工件的耐蚀性。残余应力的存在，使金属晶体处于高能量状态，且易与周围介质发生化学反应，而导致金属耐蚀性降低。因此，金属在塑性变形后，通常要进行退火处理，以消除或降低内应力。

焊接也会导致结构出现残余应力，属于宏观应力，对焊接结构服役寿命和服役安全形成影响。以叶轮为例，焊接叶轮制造过程中产生的上述焊接拉伸残余应力对其实际服役是极其不利的，不仅极大地影响叶轮实际工作中的承载能力，而且因叶轮结构长期处于周期载荷作用下，焊接拉伸残余应力将严重地降低叶轮构件的疲劳寿命。工程中为了降低焊接制造中产生的拉伸残余应力对结构的影响，常在制造后对其进行二次加工。其中，焊后热处理过程对焊接残余应力的松弛作用尤为突出。选取如图 5-9 所示的叶轮，得到的残余应力如图 5-10 所示。

将焊接叶轮残余应力场导入热处理计算模型，对构件进行二次升温与降温，二次加热温度工况如图 5-11 所示。以不同的温升速度在 1h 内对焊后叶轮进行二次加热，使得构件在温升的作用下均匀膨胀。因不同工况下的温升速率及最终升温温度不同，叶轮结构将在同一时间段内出现不同程度的膨胀变形，随后在相同的散热环境下对其进行降温，保证结构发生均匀收缩，直至冷却至室温。

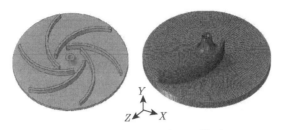

图 5-9 叶轮几何及有限元模型

(a) 沿焊缝方向

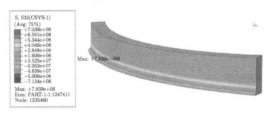

(b) 垂直焊缝方向

图 5-10 残余应力

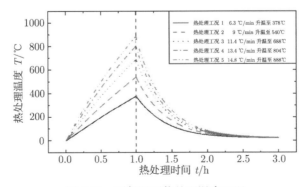

图 5-11 无保温下热处理温度工况

　　在焊后热处理的作用下，叶轮结构重新进行均匀的膨胀再收缩过程，使得因焊接过程的局部加热带来的不均匀膨胀现象得到缓解，结构内残余应力得到松弛，全部热处理工况下叶轮残余应力场分布如图 5-12 所示，叶片中部外表面截面上的残余应力如图 5-13 和图 5-14 所示。在热处理过程中，轮盘结构刚度较大，且焊后残余应力较小，二次加热的热处理工艺对轮盘内的残余应力影响较小。叶片内的焊后残余应力则在热处理过程的作用下出现了显著的降低，叶片根部拉伸残余应力区域的范围随热处理温度的增大而缩小。在 804℃ 的热处理温度作用下，叶片内较大的拉伸残余应力已基本降低 600MPa，此后随着热处理温度的继续升高，叶片中部的焊后残余应力继续降低，但应发现此时的叶片受力并不理想，在叶片两端根部位置出现了较高的应力集中现象，并且在对不同热处理温度下叶片中部截面上残余应力对比中同时发现，在热处理温度提高的过程中，截面上沿焊缝方向及垂直于焊缝方向的焊接残余应力均出现显著的降低，但当温度达到 804℃ 后，叶片顶部将因温度过高而出现压应力增大的现象。这些现象与叶片的弯曲形式及与轮盘的连接方式是密不可分的。过高的热处理温度将使叶片在几何形状的影响下出现不理想的变形，导致叶片局部出现峰值较大的应力集中。因此，工程中对叶轮结构进行焊后热处理过程中，应综合考虑叶轮结构等重要影响因素，选择合适的热处理温度对焊接叶轮内的残余应力进行松弛，才能有效地提高叶片的受力性能及疲劳响度。

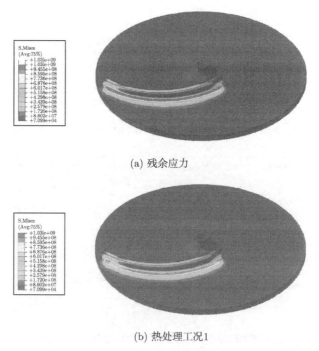

(a) 残余应力

(b) 热处理工况1

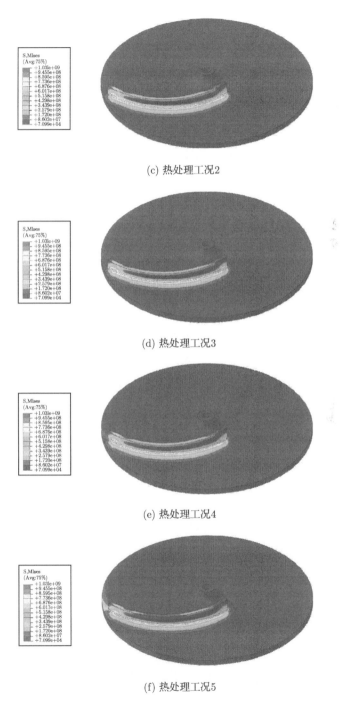

(c) 热处理工况2

(d) 热处理工况3

(e) 热处理工况4

(f) 热处理工况5

图 5-12　热处理对叶轮焊接残余应力的影响

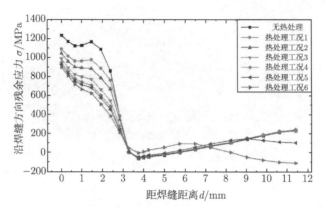

图 5-13　叶片截面热处理前后沿焊缝方向残余应力

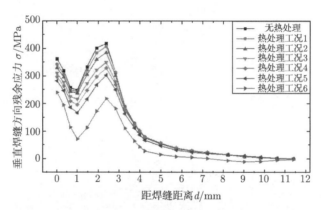

图 5-14　叶片截面热处理前后垂直焊缝方向残余应力

　　选用 378℃ 下的 5 种不同保温时间工况，对不同热处理温度对焊后残余应力的影响进行计算，温度工况如图 5-15 所示。在不同的热处理保温工况下，结构在保温时间段内因蠕变作用产生的蠕变应变将出现明显的变化，焊后残余应力也将在蠕变的作用下得到松弛，可以采用蠕变方程模拟这一过程

$$\dot{\varepsilon} = A\sigma^n \tag{5-8}$$

式中，A、n 为常数。

　　叶轮及叶片残余应力在热处理前后分布云图如图 5-16 所示。焊接叶轮内的残余应力在热处理过程的作用下快速减小，在 378℃保温 0.5h 工况下就已基本得到明显改善，若延长保温时间，则叶轮内焊接残余应力的降低效果更加明显，若进行 5h 保温处理，则叶轮内焊后拉伸残余应力基本消除，仅在局部仍存在数值较低的拉伸残余应力。为了更好地研究热处理过程对叶片内残余应力的影响，

提取不同保温时间下焊后叶轮叶片截面内沿焊缝方向及垂直于焊接方向残余应力如图 5-17 和图 5-18 所示。在相同的热处理温度下，蠕变过程对叶片内焊接残余应力的松弛效果极其明显，各工况下沿焊接方向峰值拉伸残余应力分别下降为 878MPa(0.5h)、738MPa(1h)、580MPa(2h)、491MPa(3h)、388MPa(5h)，且焊核区及热影响区内拉伸残余应力分布更加均匀平缓。垂直于焊接方向残余应力则分别下降为 355MPa(0.5h)、317MPa(1h)、269MPa(2h)、239MPa(3h)、201MPa(5h)。计算结果表明：热处理保温时间的延长，提高了叶轮在恒温下蠕变效应对结构内残余应力降低的影响，可以有效地改善叶片截面上的焊后残余应力，并使残余应力分布更加均匀。

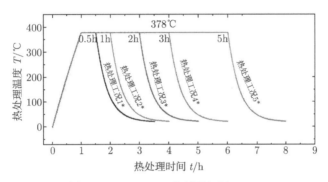

图 5-15 378℃ 下不同保温时间工况

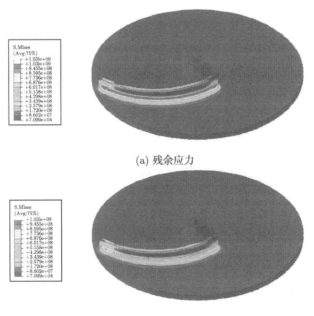

(a) 残余应力

(b) 热处理工况1*

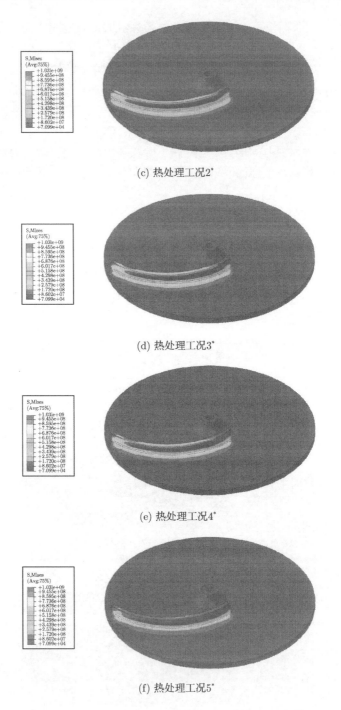

(c) 热处理工况2*

(d) 热处理工况3*

(e) 热处理工况4*

(f) 热处理工况5*

图 5-16　热处理 (考虑保温时间) 对焊后残余应力的影响

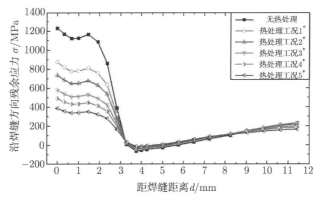

图 5-17 叶片截面热处理 (考虑保温时间) 前后沿焊缝方向残余应力

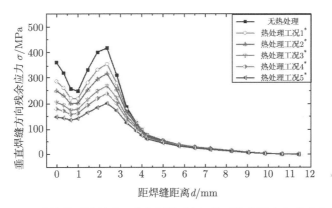

图 5-18 叶片截面热处理 (考虑保温时间) 前后沿焊缝方向残余应力

叶轮结构参数的变化将对焊接叶轮内的残余应力产生重要影响,轮盘厚度及叶片厚度的增大均将使得叶片内的塑性应变减小;轮盘厚度增大,叶片内焊后残余应力增大,但叶片厚度增大,叶片内残余应力将出现较为复杂的变化。为了提高焊接叶轮的性能,降低焊后叶轮内的拉伸残余应力,对叶轮结构进行不同热处理温度及不用热处理保温时间的对比研究。计算发现:焊后热处理过程对焊接残余应力的降低效果是显著的,提高热处理温度、延长热处理保温时间均可有效地对焊接残余应力进行处理。但提高热处理温度以更高地降低构件内的残余应力是有局限性的,更高的热处理温度在提高二次加热带来的均匀膨胀收缩的同时也将因结构形式等来无法控制的应力接种;而无限地延长热处理保温时间也同样无法适用于工程制造实际过程。因此,合理地选择热处理工艺对工程结构中的焊接叶轮进行焊后残余应力松弛是极其必要的。

第 6 章　钢铁的热处理

热处理是指通过对钢件进行加热、保温和冷却的操作方法，来改善其内部组织结构，以获得所需性能的一种加工工艺，如图 6-1 所示，常见的热处理工艺分类如图 6-2 所示，为使金属工件具有所需要的力学性能、物理性能和化学性能，除合理选用材料和各种成型工艺外，热处理工艺往往是必不可少的。钢铁是机械工业中应用最广的材料，钢铁显微组织复杂，可以通过热处理予以控制，所以钢铁的热处理是金属热处理的主要内容。另外，铝、铜、镁、钛等及其合金也都可以通过热处理改变其力学、物理和化学性能，以获得不同的使用性能。加热温度是热处理工艺的重要工艺参数之一，选择和控制加热温度，是保证热处理质量的主要问题。加热温度随被处理的金属材料和热处理的目的不同而不同，但一般都是加热到相变温度以上，以获得高温组织。另外转变需要一定的时间，因此当金属工件表面达到要求的加热温度时，还需在此温度保持一定时间，使内外温度一致，使显微组织转变完全，这段时间称为保温时间。采用高能密度加热和表面热处理时，加热速度极快，一般就没有保温时间，而化学热处理的保温时间往往较长。冷却也是热处理工艺过

图 6-1　热处理

常见热处理工艺
- 普通热处理
  - 退火
  - 正火
  - 淬火
  - 回火
- 表面热处理
  - 表面淬火
  - 化学热处理

图 6-2　热处理工艺分类

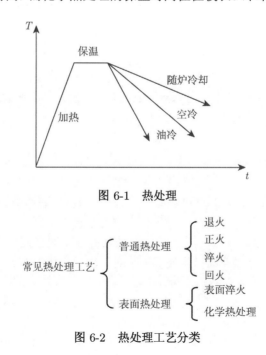

程中不可缺少的步骤，冷却方法因工艺不同而不同，主要是控制冷却速度。一般退火的冷却速度最慢，正火的冷却速度较快，淬火的冷却速度更快，因钢种不同会有不同的要求。

6.1 奥氏体形成过程

由 Fe-Fe$_3$C 相图可知，A_1、A_3、Ac_m 是钢在缓冷条件下得到的相变温度线，而实际上发生组织转变的温度与 A_1、A_3、Ac_m 有一定的偏离，实际加热时相变点用 Ac_1、Ac_3、Ac_m 表示，冷却时各相变点用 Ar_1、Ar_3、Ar_m 表示。以共析碳钢为例，珠光体组织中的铁素体含碳量为 0.0218%，为 BCC，渗碳体为复杂晶格结构，含碳量为 6.69%，当温度加热到 Ac 线以上时，珠光体转变为具有面心立方晶格且含碳量为 0.77% 的奥氏体 (A)。因此，需要晶格改组和铁碳原子扩散。奥氏体晶核优先在铁素体和渗碳体边界形成；形核后，通过铁碳原子扩散使相邻的铁素体 BCC 转变为奥氏体 FCC，同时渗碳体溶入；由于渗碳体的含碳量高，且晶体结构与奥氏体不同，当铁素体消失后会残留渗碳体，并随时间的延长溶入奥氏体；残余奥氏体溶解后，奥氏体中碳浓度不均匀，在原渗碳体区域碳浓度高，在原铁素体区域含碳量低，需延长保温时间，使奥氏体均匀化。

奥氏体形成速度与加热温度、加热速度、钢的成分以及原始组织等有关。加热温度越高，奥氏体形成速度越快，加热速度越快，奥氏体形成速度越快，含碳量增加，有利于奥氏体加速形成，合金元素显著影响奥氏体的形成速度，组织 (珠光体) 越细，奥氏体形成速度越快。

奥氏体起始晶粒度是奥氏体形成刚结束，奥氏体晶粒边界刚刚相互接触时的晶粒大小，奥氏体实际晶粒度是奥氏体在具体加热条件下所获得奥氏体晶粒的大小，奥氏体本质晶粒度是特定条件下钢的奥氏体晶粒长大的倾向性，并不代表具体的晶粒大小，这个特定条件是指 (930±10)℃，保温 8h。温度越高，保温时间越长，奥氏体晶粒长大越明显，晶界上存在未溶的碳化物时，会对晶粒长大起阻碍作用，使奥氏体晶粒长大倾向减小，合金元素也影响奥氏体晶粒长大，除锰、磷外几乎所有合金元素都能阻碍奥氏体晶粒长大。

奥氏体和铁素体的相同点：都是铁与碳形成的间隙固溶体；强度硬度低，塑性韧性高。奥氏体和铁素体的不同点：铁素体为体心立方结构，奥氏体为面心立方结构；铁素体最高含碳量为 0.0218%，奥氏体最高含碳量为 2.11%，铁素体是由奥氏体直接转变或由奥氏体发生共析转变得到，奥氏体是由包晶或由液相直接析出的，存在的温度区间不同。

6.2   钢冷却时的转变

过冷奥氏体是指在临界点以下存在的不稳定的且将要发生转变的奥氏体, 冷却的方式可以是连续冷却也可以是等温冷却, 如图 6-3 所示。

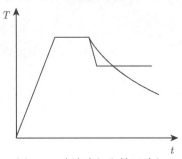

图 6-3   连续冷却和等温冷却

将共析钢加热到 727℃ 以上, 迅速放入 A_1 点温度以下恒温槽中进行等温转变, 测量奥氏体转变开始时间、终止时间和转变物产量, 将其画在温度–时间坐标下, 并将所有转变开始和终止点连接起来, 称为过冷奥氏体等温转变图 (TTT 图), 如图 6-4 所示, 转变产物如图 6-5 所示。高温转变: $A_1 \sim 550℃$ 过冷奥氏体 (A)→ 珠光体 (P); 中温转变: $550℃\sim M_s$, 过冷奥氏体 (A) → 贝氏体 (B); 低温转变: $M_s \sim M_f$, 过冷奥氏体 (A) → 马氏体 (M)。孕育期是指过冷奥氏体等温转变开始所经历的时间, 反映了过冷奥氏体的稳定性。过冷奥氏体向珠光体转变, 是通过形核和长大的过程来完成的, 如图 6-6 所示, 珠光体转变是一个扩散型转变 (Fe、C 原子都进行扩散), Fe 原子的扩散, 完成 γ 相 (面心立方) 向 α 相 (体心立方) 的转变, 原子的

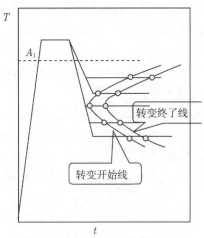

图 6-4   TTT 图形成过程

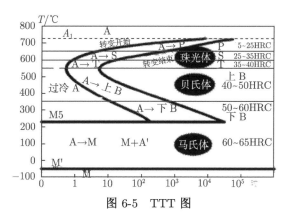

图 6-5 TTT 图

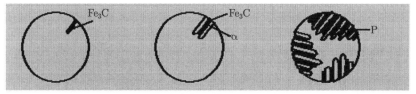

图 6-6 过冷奥氏体向珠光体转变

扩散，γ 相 $\rightarrow$ α 相过程中多余的 C 原子以 Fe_3C 形式析出。马氏体 (Martensite) 是碳在的 α-Fe 中的过饱和固溶体。当奥氏体向马氏体转变时，体积要膨胀，因此会产生组织应力。

一般情况下，珠光体为片状铁素体和片状渗碳体相间分布的层状组织，称为片状珠光体，片间距是指相邻两片渗碳体中心之间的距离，如图 6-7 所示，随着转变温度降低，片间距减小，强硬度提高，塑韧性也有改善，按照片间距的大小，可将片状珠光体分为珠光体 (P)，索氏体 (S) 和托氏体 (T)(屈氏体)，片间距 P>S>T，如图 6-8 和表 6-1 所示，除片状珠光体外，还存在球状 (粒状) 珠光体——渗碳体呈细小的粒状或球状分布在铁素体基体上。相同成分条件下，粒状珠光体的强硬度较低，塑韧性较好。珠光体、索氏体和托氏体均为铁素体与渗碳体的机械混合物，其区别在于铁素体与渗碳体的层片间距不同。

马氏体转变是指钢从奥氏体状态快速冷却，来不及发生扩散分解而产生的无扩散型的相变，转变产物称为马氏体。马氏体是碳在 α-Fe 中的过饱和固溶体，最先由德国冶金学家 Adolf Martens 于 19 世纪 90 年代在一种硬矿物中发现。马氏体转变的特性包括:

(1) 无扩散性。在 M_s 点以下，过冷奥氏体 (A，γ 相)$\rightarrow$ 马氏体 (M，α 相)，Fe 原子通过切变和原子的微小调整来实现结构的转变 (FCC$\rightarrow$BCC)，C 原子不扩散，保留在 α 相中，马氏体转变过程中出现表面浮凸效应。马氏体转变具有瞬时性，转变速度很快。

(2) 不彻底性。马氏体转变在不断的降温过程中形成，至 M_f 温度，马氏体转变终止，但仍保留部分残余奥氏体；一般生产中快速冷却的室温介于 M_s 和 M_f 温度之间，保留更多的残余奥氏体，高碳钢可达 10%～15%；存在残余奥氏体，对材料的稳定性有很大影响。

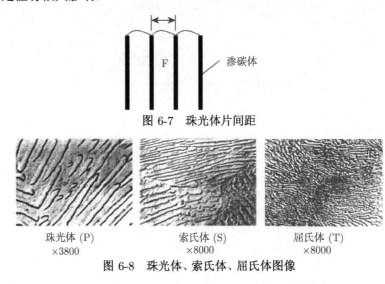

图 6-7　珠光体片间距

珠光体 (P)　　　　　　索氏体 (S)　　　　　　屈氏体 (T)
　×3800　　　　　　　　×8000　　　　　　　　×8000

图 6-8　珠光体、索氏体、屈氏体图像

表 6-1　珠光体、索氏体、屈氏体性质

	转变温度/℃	片间距/nm	硬度 (HRC)
珠光体 (P)	720～680	250～1900	5～25
索氏体 (S)	680～600	80～250	25～35
托氏体 (T)	600～550	30～80	35～40

(3) 马氏体转变具有很大的体积效应，容易造成较大的内应力。

(4) 马氏体转变的可逆性。某些马氏体 (铁或非铁合金) 重新加热时可直接转变成奥氏体或母相，淬火钢加热过程中马氏体会首先发生分解，观察不到可逆性。

马氏体是碳在 α-Fe 中的过饱和间隙固溶体，过饱和的 C 原子处在体心立方的八面体间隙中，面心立方转向体心立方，具有一定的正方度，如图 6-9 所示，钢中马氏体的形态主要为板条状和针片状马氏体，含碳量小于 0.25%，板条马氏体 (位错马氏体)；含碳量大于 1.0%，为针状马氏体 (孪晶马氏体)；含碳量为 0.25%～1.0% 时，为混合马氏体，如图 6-10 所示，板条状马氏体每个单元呈窄而细长的板条，许多板条总是成群地、相互平行地连在一起，针状马氏体空间形态为双凸透镜片状，相邻的马氏体片一般不互相平行，而是呈一定交角分布。除此之外，还有蝶状马氏体：蝴蝶形断面的细长条片；薄片状马氏体为立体组织薄片状，显微组织细长的带状；ε 马氏体具有密排六方结构的马氏体。

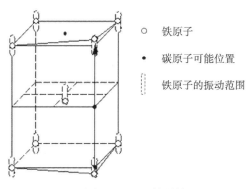

○ 铁原子

● 碳原子可能位置

▯ 铁原子的振动范围

图 6-9 马氏体晶格

图 6-10 板条状和针状马氏体

马氏体的三维组织形态通常有片状 (plate) 或者板条状 (lath)，但是在金相观察中 (二维) 通常表现为针状 (needle-shaped)，这也是为什么在一些地方通常描述为针状。马氏体的晶体结构为体心四方结构 (BCT)，中高碳钢中加速冷却通常能够获得这种组织。高的强度和硬度是钢中马氏体的主要特征之一。将钢加热到一定温度 (形成奥氏体) 后经迅速冷却 (淬火)，得到一种能使钢变硬、增强的淬火组织。1895 年法国人 F.Osmond 为纪念德国冶金学家 A.Martens，把这种组织命名为马氏体。最早只把钢中由奥氏体转变为马氏体的相变称为马氏体相变。20 世纪以来，对钢中马氏体相变的特征累积了较多的知识，又相继发现在某些纯金属和合金中也具有马氏体相变，如 Ce、Co、Hf、Hg、La、Li、Ti、Tl、Pu、V、Zr 和 Ag-Cd、Ag-Zn、Au-Cd、Cu-Al、Cu-Sn、Cu-Zn、In-Tl、Ti-Ni 等。目前广泛地把基本特征属马氏体相变型的相变产物统称为马氏体。常见马氏体组织有两种类型：中低碳钢淬火获得板条状马氏体，板条状马氏体是由许多束尺寸大致相同，近似平行排列的细板条组成的组织，各束板条之间角度比较大；高碳钢淬火获得针状马氏体，针状马氏体呈竹叶或凸透镜状，针叶一般限制在原奥氏体晶粒之内，针叶之间互成 60° 或 120° 角。

马氏体和奥氏体的不同在于，马氏体是体心正方结构，奥氏体是面心立方结构。奥氏体向马氏体转变仅需很少的能量，因为这种转变是无扩散位移型的，仅是迅速和微小的原子重排。马氏体的密度低于奥氏体，所以转变后体积会膨胀。马氏体在 Fe-C 相图中没有出现，因为它不是一种平衡组织。平衡组织的形成需要很慢的冷却速度和足够时间的扩散，而马氏体是在非常快的冷却速度下形成的。由于化学反应 (向平衡态转变) 温度高时会加快反应速度，所以马氏体在加热情况下很容易分解。

马氏体具有较高的强度和硬度，含碳量增加会导致马氏体硬度增加，低碳马氏体塑韧性较好，高碳马氏体塑韧性差，并且存在显微裂纹。尽可能细化奥氏体粒度是细化马氏体晶粒提高马氏体韧性的有效手段。

马氏体具有高硬度和高强度的原因是多方面的，其中主要包括固溶强化、相变强化、时效强化以及晶界强化等。

(1) 首先是碳对马氏体的固溶强化。过饱的间隙原子碳在 α 相晶格中造成晶格的正方畸变，形成一个强烈的应力场。该应力场与位错发生强烈的交换作用，阻碍位错的运动从而提高马氏体的硬度和强度。

(2) 其次是相变强化。马氏体转变时，在晶格内造成晶格缺陷密度很高的亚结构，如板条马氏体中高密度的位错、片状马氏体中的孪晶等，这些缺陷都阻碍位错的运动，使得马氏体强化，这就是所谓的相变强化。实验证明，无碳马氏体的屈服强度约为 284MPa，此值与形变强化铁素体的屈服强度很接近，而退火状态铁素体的屈服强度仅为 98~137MPa，这就说明相变强化使屈服强度提高了 147~186MPa。

(3) 时效强化也是一个重要的强化因素。马氏体形成以后，由于一般钢的 M_s 点大都处在室温以上，所以在淬火过程中及在室温停留时，或在外力作用下，都会发生自回火。即 C 原子和合金元素的原子向位错及其他晶体缺陷处扩散偏聚或碳化物的弥散析出，钉轧位错，使位错难以运动，从而造成马氏体的时效强化。

(4) 原始奥氏体晶粒大小及板条马氏体束大小对马氏体强度的影响。原始奥氏体晶粒大小及板条马氏体束的尺寸对马氏体强度也有一定影响。原始奥氏体晶粒越细小，马氏体板条束越小，马氏体强度越高。这是相界面阻碍位错的运动造成的马氏体强化。

钢的过冷奥氏体在珠光体转变温度以下，马氏体转变温度以上的温度范围内，发生一种半扩散型相变，称为贝氏体转变。转变产物贝氏体，通常用字母 B 表示。奥氏体钢等温淬火后的产物是将钢件奥氏体化，使之快冷到贝氏体转变温度区间 (260~400℃) 等温保持，使奥氏体转变为贝氏体 (α-Fe 和 Fe_3C 的复相组织)。贝氏体具有较高的强韧性配合。在硬度相同的情况下贝氏体组织的耐磨性明显优于马氏体，可以达到马氏体的 1~3 倍。贝氏体转变具有以下特点：

(1) 在珠光体和马氏体转变温度之间，过冷奥氏体 (A，γ 相)→ 贝氏体 (B，α

相 + 碳化物);

(2) 半扩散型转变, 介于珠光体和马氏体转变之间, Fe 原子不扩散, 切变完成晶格改组, C 原子扩散, 析出碳化物;

(3) 贝氏体形成时会产生表面浮凸。

上贝氏体形貌: 羽毛状, 由成束的、大体上平行的板条状铁素体和条间的呈粒状或条状的渗碳体所组成的非片层状组织, 如图 6-11 所示, 强度和韧性差。

下贝氏体: 针片状, 铁素体针片内规则地分布着细片状碳化物, 如图 6-12 所示。下贝氏体强度、硬度、塑性、韧性均高于上贝氏体, 具有良好的综合机械性能。

图 6-11　45 号钢 (上贝氏体 + 下贝氏体)

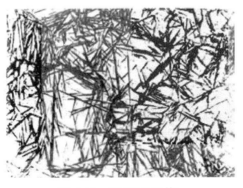

图 6-12　T8(下贝氏体)

亚共析钢的 C 曲线随着含碳量的增加右移, 过共析钢的 C 曲线随着含碳量增加左移, 如图 6-13 所示, 除钴以外所有的合金元素溶入奥氏体中都能增加奥氏体的稳定性, 使 C 曲线右移; 合金碳化物降低奥氏体的稳定性, 使 C 曲线左移, 奥氏体化过程越充分, 奥氏体越稳定, 使 C 曲线右移。

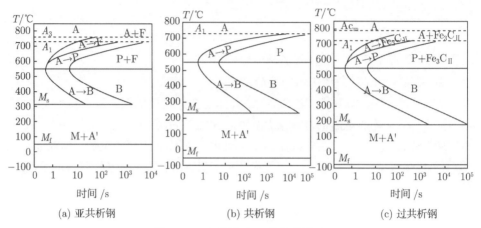

图 6-13 含碳量对 C 曲线的影响

6.3 钢的退火和正火

在钢的实际制造过程中，常见的工艺路线如图 6-14 所示，由此可见退火和正火是应用最为广泛的热处理工艺。

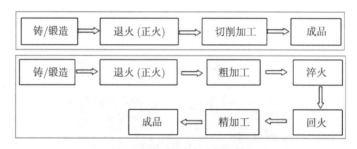

图 6-14 常见的工艺路线

在铸/锻造/焊接之后，钢件中不但残留有铸造或锻造应力，而且还往往存在着成分和组织上的不均匀性，因而机械性能较低，还会导致以后淬火时的变形和开裂，也会存在硬度偏高或偏低的现象，严重影响后续的切削加工性能。经过退火和正火后，便可得到细而均匀的组织，并消除应力，改善钢件的机械性能并为随后的淬火做了准备。经过退火与正火后，钢的组织接近平衡组织，其硬度适中，有利于下一步的切削加工。如果工件的性能要求不高，退火或正火常作为最终热处理。

将组织偏离平衡状态的钢加热到适当温度，保温一定时间，然后缓慢冷却 (炉冷、坑冷、灰冷)，以获得接近平衡状态组织的热处理工艺叫做退火。其目的在于减轻钢的成分及组织的不均匀性，细化晶粒，调整硬度，消除内应力，为淬火做组织准备。进行完全退火时，温度过高，奥氏体晶粒粗大，综合机械性能下降，温度过低时由于存在测温仪器的偏差，应适当顾及热处理效率。所以一般会取 Ac₃ 以上20～30℃，如图 6-15 所示，完全退火不能用于过共析钢，因为加热到 Ac_m 以上再缓慢冷却时会得到平衡组织，即在晶界处析出网状渗碳体，造成钢的脆化。完全退火的缺点：所需时间很长，特别是对于某些奥氏体比较稳定的合金钢，往往需要几十个小时。为了缩短退火时间，可采用等温退火。

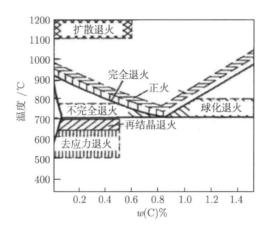

图 6-15　退火和正火

等温退火中，先以较快的速度，将工件加热到 Ac₃ 以上 30～50℃，保温一定时间后，先以较快的冷速冷到珠光体的形成温度等温，使奥氏体转变成珠光体，待等温转变结束再快冷。这样就可大大缩短退火的时间，如图 6-16 所示，可见等温退火所需时间比完全退火缩短很多。等温温度根据要求的组织和性能而定：等温温度越高，珠光体组织越粗大，钢的硬度越低。完全退火不适用于共析钢和过共析钢，而等温退火可适用于共析钢和过共析钢。

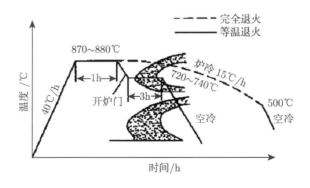

图 6-16　等温退火

球化退火的目的是使 Fe_3C 球化,降低硬度,提高韧性,改善切削加工性,为以后淬火做准备。通过球化退火,使层状渗碳体和网状渗碳体变为球状渗碳体,球化退火后的组织是由铁素体和球状渗碳体组成的球状珠光体。将钢加热到 Ac_1 以上 $20\sim40℃$,保温一段时间,然后缓慢冷却到略低于 Ac_1 的温度,并停留一段时间,使组织转变完成,得到在铁素体基体上均匀分布的球状或颗粒状碳化物的组织。球化退火主要适用于共析钢和过共析钢,如碳素工具钢、合金工具钢、轴承钢等。这些钢经轧制、锻造后空冷,所得组织是片层状珠光体与网状渗碳体,这种组织硬而脆,不仅难以切削加工,且在以后淬火过程中也容易变形和开裂。而经球化退火得到的是球状珠光体组织,其中的渗碳体呈球状颗粒,弥散分布在铁素体基体上,和片状珠光体相比,不但硬度低,便于切削加工,而且在淬火加热时,奥氏体晶粒不易长大,冷却时工件变形和开裂倾向小。另外对于一些需要改善冷塑性变形 (如冲压、冷镦等) 的亚共析钢有时也可采用球化退火。

将工件加热至 Ac_1 以下某一温度,保温一定时间后冷却,使工件发生回复,从而消除残余内应力的工艺称为去应力退火,如图 6-17 所示,是冷形变后的金属在低于再结晶温度加热,以去除内应力,但仍保留冷作硬化效果的热处理工艺。习惯上,把较高温度下的去应力处理叫做去应力退火,而把较低温度下的这种处理,称为去应力回火,其实质都是一样的。

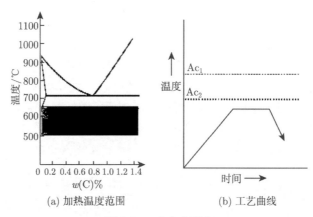

(a) 加热温度范围   (b) 工艺曲线

图 6-17 去应力退火

为减少钢锭、铸件或锻坯的化学成分和组织不均匀性,将其加热到略低于固相线 (固相线以下 $100\sim200℃$) 的温度,长时间保温 ($10\sim15h$),并进行缓慢冷却的热处理工艺,称为扩散退火或均匀化退火。扩散退火后钢的晶粒很粗大,因此一般再进行完全退火或正火处理。

正火,又称常化,如图 6-18 所示,是将工件加热至 Ac_3 或 Ac_m 以上 $30\sim80℃$,保温一段时间后,从炉中取出,在空气中或喷水、喷雾或吹风冷却的金属热处理工艺。其目的在于使晶粒细化和碳化物分布均匀化。正火与退火的不同点是正火冷却速度比退火冷却速度稍快，因而正火组织要比退火组织更细一些，其机械性能也有所提高。对于形状复杂的重要锻件，在正火后还需进行高温回火 (550~650℃) 高温回火的目的在于消除正火冷却时产生的应力，提高韧性和塑性，正火主要用于钢铁工件。一般钢铁正火与退火相似，但冷却速度稍大，组织较细。有些临界冷却速度 (见淬火) 很小的钢，在空气中冷却就可以使奥氏体转变为马氏体，这种处理不属于正火性质，而称为空冷淬火。与此相反，一些用临界冷却速度较大的钢制作的大截面工件，即使在水中淬火也不能得到马氏体，淬火的效果接近正火。钢正火后的硬度比退火高。正火时不必像退火那样使工件随炉冷却，占用炉子时间短，生产效率高，所以在生产中一般尽可能用正火代替退火。对于含碳量低于 0.25% 的低碳钢，正火后达到的硬度适中，比退火更便于切削加工，一般均采用正火为切削加工做准备。对含碳量为 0.25%~0.5% 的中碳钢，正火后也可以满足切削加工的要求。对于用这类钢制作的轻载荷零件，正火还可以作为最终热处理。高碳工具钢和轴承钢正火是为了消除组织中的网状碳化物，为球化退火做组织准备。

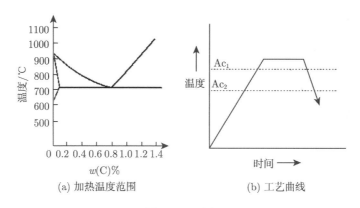

(a) 加热温度范围 (b) 工艺曲线

图 6-18 正火

(1) 从切削加工性上考虑。一般金属的硬度在 170~230HB 范围内，切削性能较好。高则过硬，难加工，刀具磨损快，低则切屑不易断，刀具发热和磨损，加工后零件表面粗糙度大。对于低、中碳结构钢以正火作为预先热处理比较合适，高碳结构钢、工具钢和中碳以上合金钢则以退火为宜。

(2) 从使用性能上考虑。如工件性能要求不太高，随后不再进行淬火和回火，那么往往用正火来提高其机械性能。但若零件的形状比较复杂，正火的冷却速度有形成裂纹的危险，应采用退火。

(3) 从经济上考虑。正火比退火的生产周期短，耗能少，操作简便，故在可能的条件下，应优先考虑正火。

6.4　淬　火

将钢件加热到 Ac_3 或 Ac_1 以上 30~50℃，保温一定时间，然后快速冷却 (一般为油冷或水冷)，从而得马氏体 (或下贝氏体) 的一种操作，叫淬火，目的是：获得马氏体 (或下贝氏体)。通常也将铝合金、铜合金、钛合金、钢化玻璃等材料的固溶处理或带有快速冷却过程的热处理工艺称为淬火。通过淬火与不同温度的回火配合，可以大幅度提高金属的强度、韧性下降及疲劳强度，并可获得这些性能之间的配合 (综合机械性能) 以满足不同的使用要求。另外淬火还可使一些特殊性能的钢获得一定的物理化学性能，如淬火使永磁钢增强其铁磁性、不锈钢提高其耐蚀性等。淬火加热温度是淬火工艺的主要参数。它的选择应以得到均匀细小的奥氏体晶粒为原则，以使淬火后获得细小的马氏体组织。为防止奥氏体晶粒粗化，淬火加热温度一般限制在临界点以上 30~50℃。

亚共析钢的温度为 $Ac_3+(30{\sim}50℃$；组织为均匀细小的马氏体组织。温度过高会导致粗大马氏体组织，严重变形，温度过低会导致组织中出现铁素体，硬度不足，出现软点。共析钢和过共析钢的温度为 $Ac_1+(30{\sim}50℃$；组织为共折钢 (均匀细小 M+ 少量 A′)。

对于亚共析钢、共析钢和过共析钢，温度控制和微观组织如下：

过共析钢淬火后的组织为均匀细小的 M+ 粒状 Fe_3C+ 少量 A′，有利于获得最佳硬度和耐磨性。温度过高会导致粗大的 M+ 较多 A′，降低了钢的硬度和耐磨度性，增大淬火变形和开裂倾向。为得到马氏体组织，淬火冷却速度必须大于临界冷却速度 V_k。但这必然会产生很大的内应力，往往会引起工件变形和开裂，为此人们提出了理想的淬火冷却曲线。

如图 6-19 所示，在 "鼻尖" 温度以上，保证不出现珠光体类型组织的前提下，可以尽量缓冷；在 "鼻尖" 温度附近则必须快冷，以躲开 "鼻尖"，保证不产生非马氏体相变；而在 M_s 点附近又可以缓冷，以减轻马氏体转变时的相变应力。淬火中常见的冷却介质见表 6-2。

淬火分类如下：

(1) 单液淬火：是将奥氏体化后的钢件淬入一种介质中连续冷却以获得马氏体组织的一种淬火方法。

(2) 双液淬火：是先将奥氏体化后的钢件淬入冷却能力较强的介质中冷至接近 M_s 点温度时快速转入冷却能力较弱的介质中冷却，直至完成马氏体转变。

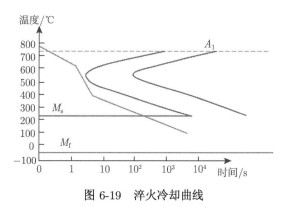

图 6-19 淬火冷却曲线

表 6-2 淬火中常见的冷却介质

	高温区 (550～650℃)	低温区 (200～300℃)
理想介质	快	慢
水	慢	快
盐水	快	快
油	慢	慢
碱/硝盐浴	慢	特慢

(3) 分级淬火：是将奥氏体化后的钢件淬入稍高于 M_s 点温度的盐浴中，保持到工件内外温度接近后取出，使其在缓慢冷却条件下发生马氏体转变。

(4) 等温淬火：是将奥氏体化后的钢件淬入高于 M_s 点温度的盐浴中，等温保持，以获得下贝氏体组织的一种淬火工艺。

亚共析钢和过共析钢连续冷却转变产物如图 6-20 和图 6-21 所示。

$$亚共析钢\ 连续冷却转变 \begin{cases} 炉冷 \rightarrow F+P \\ 空冷 \rightarrow F+S \\ 油冷 \rightarrow T+M \\ 水冷 \rightarrow M \end{cases}$$

图 6-20 亚共析钢连续冷却转变

中国在春秋晚期已掌握冶铁技术。战国时期，冶铁业已逐渐盛行，到了晚期，不仅能炼出高碳钢，而且掌握了淬火技术，于是开始进入以铁兵器代替铜兵器的时代，战国晚期还出现了铁制铠甲。西汉《史记·天官书》中有 "水与火合为淬" 一说，正确地说出了钢铁加热、水冷的淬火热处理工艺要点。《汉书·王褒传》中记载有 "清水淬其锋" 的制剑技术。明代科学家宋应星在《天工开物》一书中对钢铁的退火、淬火、渗碳工艺做了详细的论述。

$$过共析钢连续冷却转变 \begin{cases} 炉冷 \rightarrow P+Fe_3C_{II} \\ 空冷 \rightarrow S+Fe_3C_{II} \\ 油冷 \rightarrow T+M+A' \\ 水冷 \rightarrow M+A' \end{cases}$$

图 6-21   过共析钢连续冷却转变

钢的淬透性是指奥氏体化后的钢在淬火时获得马氏体的能力，其大小可用钢在一定条件下淬火获得淬透层的深度表示。淬透层越深，表明钢的淬透性越好，如图 6-22 所示。淬透性是钢淬火时获得马氏体的能力，淬硬性是钢淬火获得马氏体的硬度。淬透性是钢的一种属性，在相同的奥氏体化温度下淬火时，其淬透性是不变的，具体工件的淬透深度是指在实际生产条件下得到半马氏体区至工件表面的距离，是不确定的，受淬透性、工件尺寸、冷却介质等的影响。影响淬透性的影响因素主要为化学成分，除 Co 外，合金会使淬透性增加，同时奥氏体的均匀性、晶粒大小及是否存在第二相等因素都会影响淬透性。

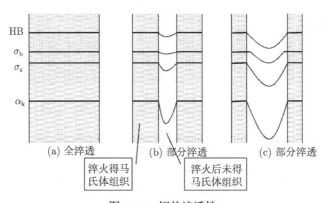

图 6-22   钢的淬透性

HB. 布氏硬度；σ_b. 强速极限；σ_s. 屈服极限；α_k. 冲击韧性

淬透性曲线是用钢试件进行端淬试验测得的硬度——距水冷端距离的关系，也称端淬曲线，根据淬透性曲线可以比较不同钢种的淬透性大小，利用淬透性曲线可以确定钢棒的临界淬火直径，利用淬透性曲线可推导圆钢淬火后横截面上的硬度分布。

6.5   回   火

将经过淬火的工件重新加热到低于下临界温度 Ac_1 的适当温度，保温一段时间后在空气或水、油等介质中冷却的金属热处理工艺。或将淬火后的合金工件加热到适当温度,保温一段时间后冷却。一般用于减小或消除淬火钢件中的内应力,或者降低其硬度和强度,以提高其延性或韧性。淬火后的工件应及时回火,通过淬火和回火相配合,才可以获得所需的力学性能。

淬火钢在回火时的转变: 随回火温度不同,发生以下转变,如图 6-23 所示。

马氏体分解 ➡ 残余奥氏体转变 ➡ 碳化物的转变 ➡ 渗碳体聚集长大和α相再结晶
100~350℃　　　200~300℃　　　250~400℃　　　　　400℃以上

图 6-23　淬火钢回火转变

100℃ 以上回火,中高碳钢马氏体中的 C 以 ε-碳化物的形式析出,到 350 ℃ 左右时 α 相含碳量接近平衡成分,马氏体分解基本结束。此时, α 相仍保持为针状。由过饱和度较低的 α 相和 ε 碳化物组成的组织,称为回火马氏体。

残余奥氏体从 200℃ 开始转变,到 300℃ 左右基本结束。马氏体继续转变,淬火应力减小。

250℃ 以上的 ε-碳化物逐渐向渗碳体转变,到 400℃ 转变为高度弥散的、细小的粒状渗碳体。α 相的含碳量降低到平衡成分,转变为铁素体,但保持为针状。针状铁素体 + 细小粒状渗碳体 = 回火托氏体。

400℃ 以上细小的渗碳体转变为较大的粒状渗碳体,600℃ 以上迅速粗化,450℃以上铁素体发生再结晶,由针状变为块状。多边形铁素体 + 粗大粒状渗碳体 = 回火索氏体。

合金元素硅能推迟碳化物的形核和长大,并有力地阻滞 ε-碳化物转变为渗碳体,钢中加入 2% 左右硅可以使 ε-碳化物保持到 400℃。在碳钢中,马氏体的正方度于 300℃ 基本消失,而含 Cr、Mo、W、V、Ti 和 Si 等元素的钢,在 450℃ 甚至500℃ 回火后仍能保持一定的正方度,说明这些元素能推迟铁碳过饱和固溶体的分解。反之,Mn 和 Ni 促进这个分解过程。

合金元素对淬火后的残留奥氏体量也有很大影响。残留奥氏体围绕马氏体板条呈细网络,经 300℃ 回火后这些奥氏体分解,在板条界产生渗碳体薄膜。残留奥氏体含量高时,这种连续薄膜很可能是造成回火马氏体脆性 (300~350℃) 的原因之一。合金元素,尤其是 Cr、Si、W、Mo 等,进入渗碳体结构内,把渗碳体颗粒粗化温度由 350~400℃ 提高到 500~550℃,从而抑制回火软化过程,同时也阻碍铁素体的晶粒长大。

碳钢的主要回火组织分为三类:回火马氏体、回火托氏体、回火索氏体。淬火钢在回火过程中,回火温度——回火组织——钢的性能之间存在着一一对应关系。回火温度越高,钢的硬度越低,在较低温度 (200~300℃) 回火时,因淬火引起的内应力被消除,钢的屈服强度和抗拉强度都得到提高。

淬火钢回火后的组织和性能决定于回火温度。按回火温度范围的不同，可将钢的回火分为三类。

低温回火：回火温度范围一般为150~250℃，得到回火马氏体组织(58~64HRC)。

中温回火：回火温度范围通常为350~500℃，得到回火托氏体组织(35~45HRC)。

高温回火：回火温度范围通常为500~650℃，得到回火索氏体组织(25~35HRC)。

调质处理是指钢件淬火并高温回火的复合热处理工艺，经调质后硬度与正火后的硬度接近，但塑性韧性显著高于正火。

淬火钢具有回火脆性，回火脆性，是指淬火钢回火后出现韧性下降的现象。淬火钢在回火时，随着回火温度的升高，硬度降低，韧性升高，但是在许多钢的回火温度与冲击韧性的关系曲线中出现了两个低谷，一个在 200~400℃ ，另一个在 450~650℃ 。随回火温度的升高，出现冲击韧性反而下降的现象，回火脆性可分为低温回火脆性和高温回火脆性。

1. 低温回火脆性

淬火钢在 250~400℃ 温度内回火出现的脆性称为低温回火脆性，也叫第一类回火脆性。

几乎所有的钢都会产生第一类回火脆性，无法消除。产生的原因在于马氏体晶界析出薄片碳化物。淬火马氏体在回火时出现的第一类回火脆性，既不能用热处理，也不能用合金化加以消除。

2. 高温回火脆性

淬火钢在 450~650℃ 温度内回火出现的脆性称为高温回火脆性，又叫第二类回火脆性。产生的原因在于某些杂质和合金元素在原奥氏体晶界偏聚，使晶界强度降低。

第一类回火脆性又称不可逆回火脆性，其特征为：①具有不可逆性；②与回火后的冷却速度无关；③断口为沿晶脆性断口。

(1) 产生的原因有三种观点：①残余 A 转变理论；②碳化物析出理论；③杂质偏聚理论。

(2) 防止方法。

无法消除，不在这个温度范围内回火，没有能够有效抑制产生这种回火脆性的合金元素。①降低钢中杂质元素的含量；②用 Al 脱氧或加入 Nb、V、Ti 等合金元素细化 A 晶粒；③加入 Mo、W 等可以减轻；④加入 Cr、Si 调整温度范围 (推向高温)；⑤采用等温淬火代替淬火回火工艺。

第二类回火脆性又称可逆回火脆性，发生的温度在 450~650℃，其特征为：①具有可逆性；②与回火后的冷却速度有关；回火保温后，缓冷出现，快冷不出现，出现脆化后可重新加热后快冷消除；③与组织状态无关，但以 M 的脆化倾向大；④在脆化区内回火，回火后脆化与冷却速度无关；⑤断口为沿晶脆性断口。

(1) 影响第二类回火脆性的因素：①化学成分；②A 晶粒大小；③热处理后的硬度。

(2) 产生的机理：①出现回火脆性时，Ni、Cr、Sb、Sn、P 等都向原 A 晶界偏聚，都集中在 2~3 个原子厚度的晶界上，回火脆性随杂质元素的增多而增大。Ni、Cr 不仅自身偏聚，而且促进杂质元素的偏聚；②淬火未回火或回火未经脆化处理的，均未发现合金元素及杂质元素的偏聚现象；③合金元素 Mo 能抑制杂质元素向 A 晶界的偏聚，而且自身也不偏聚。

以上说明：Sb、Sn、P 等杂质元素向原 A 晶界偏聚是产生第二类回火脆性的主要原因，而 Ni、Cr 不仅促进杂质元素的偏聚，且本身也偏聚，从而降低了晶界的断裂强度，产生回火脆性。

(3) 防止方法：①提高钢材的纯度，尽量减少杂质；②加入适量的 Mo、W 等有益的合金元素；③对尺寸小、形状简单的零件，采用回火后快冷的方法；④采用亚温淬火 ($A_1 \sim A_3$)：细化晶粒，减少偏聚。加热后为 A+F(F 为细条状)，杂质会在 F 中富集，且 F 溶解杂质元素的能力较大，可抑制杂质元素向 A 晶界偏聚；⑤采用高温形变热处理，使晶粒超细化，晶界面积增大，降低杂质元素偏聚的浓度。

6.6　表面淬火

表面淬火是采用快速加热的方法使工件表面奥氏体化，然后快冷获得表层淬火组织，而心部仍保持原来组织的一种热处理工艺。主要用于中低碳钢和中低碳合金钢，特点主要包括：

(1) 加热速度快 (几秒~几十秒)；

(2) 加热时实际晶粒细小，淬火得到极细马氏体；

(3) 残余压应力，提高寿命；

(4) 不易氧化、脱碳、变形小；

(5) 工艺易控制，设备成本高。

表面淬火方法主要包括感应加热表面淬火、火焰加热表面淬火、接触电阻加热表面淬火、电解液加热表面淬火和激光加热表面淬火等。感应加热是利用电磁感应原理，使工件表面产生密度很高的感应电流，将工件表层迅速加热。分为高频感应加热表面淬火、中频感应加热表面淬火、低频感应加热表面淬火。电解液加热表面淬火是将工件淬火部位浸入电解液中，工件接阴极，电解槽接阳极。接较高电压的直流电后，电解液发生电解，在阴极生成氢气，围绕工件表面形成氢气膜，电流流经电阻大的氢气膜时产生大量的热量。迅速将浸入的工件表面层加热到淬火温度；断电后氢气膜消失，电解液变为冷却介质，使工件表面层淬火。

6.7 钢的渗碳和渗氮

钢的化学热处理过程是一个比较复杂的过程。一般将它看成由渗剂的分解、工件表面对活性原子的吸收和渗入工件表面的原子向内部扩散三个基本过程组成。

将低碳钢放入渗碳介质中，在 900~950℃ 加热保温，使活性碳原子渗入钢件表面以获得高碳渗层的化学热处理工艺称为渗碳。主要包括气体渗碳、固体渗碳、液体渗碳，如图 6-24 所示。

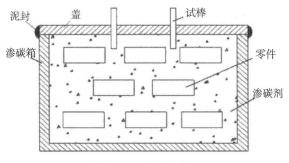

图 6-24 渗碳工艺

低碳钢渗碳后，表层含碳量可达过共析成分，由表往里碳浓度逐渐降低，直至渗碳钢的原始成分渗碳件缓冷后，表层组织为珠光体加二次渗碳体；心部为铁素体加少量珠光体组织；两者之间为过渡层，越靠近表层铁素体越少。一般规定，从表面到过渡层一半处的厚度为渗碳层的厚度。渗碳后的热处理包括一次淬火和直接淬火。

钢的渗氮是指在一定温度（一般在 Ac_1 以下）使活性氮原子渗入工件表面的化学热处理工艺，目的在于提高工件表面硬度、耐磨性、耐蚀性及疲劳强度，分为中温气体碳氮共渗、低温气体碳氮共渗（气体软氮化）。渗氮是在一定温度下一定介质中使氮原子渗入工件表层的化学热处理工艺。常见的有液体渗氮、气体渗氮、离子渗氮。传统的气体渗氮是把工件放入密封容器中，通以流动的氨气并加热，保温较长时间后，氨气热分解产生活性氮原子，不断吸附到工件表面，并扩散渗入工件表层内，从而改变表层的化学成分和组织，获得优良的表面性能。如果在渗氮过程中同时渗入碳以促进氮的扩散，则称为氮碳共渗。常用的是气体渗氮和离子渗氮。渗入钢中的氮一方面由表及里与铁形成不同含氮量的氮化铁，一方面与钢中的合金元素结合形成各种合金氮化物，特别是氮化铝、氮化铬。这些氮化物具有很高的硬度、热稳定性和很高的弥散度，因而可使渗氮后的钢件得到高的表面硬度、耐磨性、疲劳强度、抗咬合性、抗大气和过热蒸汽腐蚀能力、抗回火软化能力，并降低缺口敏感性。与渗碳工艺相比，渗氮温度比较低，因而畸变小，但由于心部硬度较低，渗层也较浅，一般只能满足承受轻、中等载荷的耐磨、耐疲劳要求，或有一定耐热、耐腐蚀要求的机器零件，以及各种切削刀具、冷作和热作模具等。渗氮有多种方法，常用的是气体渗氮和离子渗氮。

低温氮碳共渗又称软氮化，即在铁-氮共析转变温度以下，使工件表面在主要渗入氮的同时也渗入碳。碳渗入后形成的微细碳化物能促进氮的扩散，加快高氮化合物的形成。这些高氮化合物反过来又能提高碳的溶解度。碳氮原子相互促进便加快了渗入速度。此外，碳在氮化物中还能降低脆性。氮碳共渗后得到的化合物层韧性好、硬度高、耐磨、耐蚀、抗咬合。常用的氮碳共渗方法有液体法和气体法。处理温度 530~570℃，保温时间 1~3 小时。氮碳共渗不仅能提高工件的疲劳寿命、耐磨性、抗腐蚀和抗咬合能力，而且使用设备简单、投资少、易操作、时间短和工件畸变小，有时还能给工件以美观的外表。

第7章　碳素钢与合金钢

碳素钢主要由 Fe、C 两元素组成，含其他杂质元素，如 Si、Mn、S、P、N 等，而合金钢是在碳素钢的基础上有目的地添加了其他合金元素，如 Mn、Si、Ni、V 等。为了改善钢的某种性能，有意加入的元素称为合金元素，而在炼钢过程中作为脱氧剂或者由于其他某种原因残留在钢中的称为杂质元素。在碳钢的基础上加上其他合金元素的目的在于获得比碳素钢更好的性能——强硬度、塑韧性、耐腐蚀性、尺寸稳定性、耐摩擦性能、易切削性等。

7.1　碳　素　钢

碳素钢主要元素 C 的含量为：0.0218%～2.11%，有益常存元素是 Si、Mn，产生固溶强化，有害常存元素 P，产生冷脆，S 产生热脆，O、H、N 会使强度、塑性、韧性等降低。碳素钢的分类如图 7-1 所示。

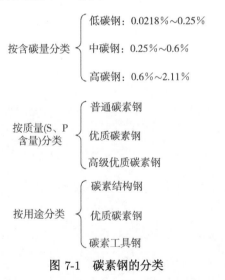

图 7-1　碳素钢的分类

碳素结构钢含碳量在 0.06%～0.38%，非金属夹杂物和有害元素含量较高。牌号表示如 Q235A-F，其中 Q 表示屈服强度，235 为屈服强度最小值，A 为质量等级，F 为脱氧方法。

表 7-1 所示为部分碳素结构钢的牌号和成分，应用范围很广，包括钢板、钢筋、

型钢等，做桥梁建筑构件。机车材料通常采用的是 Q235 钢，如图 7-2 所示。

表 7-1 碳素结构钢的牌号和成分

牌号	等级	化学成分					脱氧方法
		$w(C)\%$	$w(Mn)\%$	$w(Si)\%$	$w(S)\%$	$w(P)\%$	
					不大于		
Q195	–	0.06~0.12	0.25~0.50	0.60	0.050	0.045	F,b,Z
Q215	A/B	0.09~0.15	0.25~0.55	0.60	0.050/0.045	0.045	F,b,Z
Q265	A	0.14~0.22	0.60~0.65	0.60	0.050	0.045	F,b,Z
	B	0.12~0.20	0.60~0.70	0.60	0.045	0.045	F,b,Z
	C	≤0.18	0.65~0.80	0.60	0.040	0.040	Z
	D	≤0.17	0.65~0.80	0.60	0.065	0.065	TZ
Q255	A/B	0.18~0.28	0.40~0.70	0.60	0.050/0.045	0.045	Z
Q275	–	0.28~0.68	0.50~0.80	0.65	0.050	0.045	Z

图 7-2 机车

优质碳素钢含碳量在 0.05%~0.7%，有害元素含量较低。牌号如 45 钢 (0.45%)，60 钢 (0.6%) 等，两位数字表示含碳量，以万分之一为单位。表 7-2 所示为部分优质碳素钢的牌号成分，主要用于制造重要机械零件，如轴、齿轮、弹簧等，如图 7-3 所示，需要进行一定的热处理，如淬火、回火、渗碳等。

表 7-2   优质碳素钢的牌号和成分

钢号	化学成分					σ_s/MPa
	$w(C)$%	$w(Mn)$%	$w(Si)$%	$w(S)$%	$w(P)$%	
08F	0.05~0.11	0.25~0.50	≤0.06	< 0.065	< 0.065	≥ 175
10	0.07~0.16	0.65~0.65	0.17~0.67	< 0.065	< 0.065	≥ 205
20	0.17~0.26	0.65~0.65	0.17~0.67	< 0.065	< 0.065	≥ 245
65	0.62~0.69	0.50~0.80	0.17~0.67	< 0.065	< 0.065	≥ 615
40	0.67~0.44	0.50~0.80	0.17~0.67	< 0.065	< 0.065	≥ 665
45	0.42~0.50	0.50~0.80	0.17~0.67	< 0.065	< 0.065	≥ 655
50	0.47~0.55	0.50~0.80	0.17~0.67	< 0.065	< 0.065	≥ 675
60	0.57~0.65	0.50~0.80	0.17~0.67	< 0.065	< 0.065	≥ 400
65	0.62~0.70	0.50~0.80	0.17~0.67	< 0.065	< 0.065	≥ 420

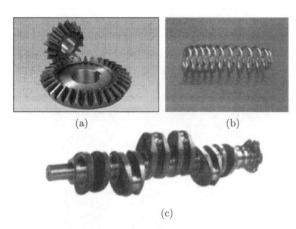

(a)   (b)

(c)

图 7-3   优质碳素钢零件

碳素工具钢含碳量较高，S 和 P 的含量严格控制，牌号表示如 T8(0.8%)，T12(1.2%)，后面的数值表示含碳量，如在数字后出现 A，表示高级优质钢，如 T12A，部分碳素工具钢的牌号和成分见表 7-3，主要用于制造冲头、凿子、钻头、锉刀、量规等，热处理方式主要是淬火 + 低温回火，室温组织主要是回火 M+ 粒状 Fe_3C + A′。

碳素钢品种齐全，冶炼、加工成型比较简单，价格低廉。经过一定的热处理后，其力学性能得到不同程度的改善和提高，可满足工农业生产中许多场合的需求。但是碳素钢的淬透性比较差，强度、屈强比、高温强度、耐磨性、耐腐蚀性、导电性和磁性等也都比较低，它的应用受到了限制。为了提高钢的某些性能，满足现代工业和科学技术迅猛发展的需要，人们在碳素钢的基础上，有目的地加入了锰、硅、镍、钒、钨、钼、铬、钛、硼、铝、铜、氮和稀土等合金元素，形成了合金钢。

表 7-3　碳素工具钢的牌号和成分

钢号	化学成分					退火后 HBS	水冷淬火温度/°C
	$w(C)\%$	$w(Mn)\%$	$w(Si)\%$	$w(S)\%$	$w(P)\%$		
T7	0.65~0.74	≤ 0.40	≤ 0.65	≤ 0.060	≤ 0.065	≤ 187	800~820
T8	0.75~0.84	≤ 0.40	≤ 0.65	≤ 0.060	≤ 0.065	≤ 187	780~800
T8Mn	0.80~0.90	0.40~0.60	≤ 0.65	≤ 0.060	≤ 0.065	≤ 187	780~800
T9	0.85~0.94	≤ 0.40	≤ 0.65	≤ 0.060	≤ 0.065	≤ 192	760~780
T10Mn	0.95~1.04	0.40~0.60	≤ 0.65	≤ 0.060	≤ 0.065	≤ 19	760~780
T10	0.95~1.04	≤ 0.40	≤ 0.65	≤ 0.060	≤ 0.065	≤ 207	760~780
T12	1.15~1.24	≤ 0.40	≤ 0.65	≤ 0.060	≤ 0.065	≤ 207	760~780
T16	1.25~1.64	≤ 0.40	≤ 0.65	≤ 0.060	≤ 0.065	≤ 217	760~780

7.2　合 金 钢

　　合金钢中常加入的合金元素包括 Mn、Si、Ni、V、Mo、Cr、Ti、B、Al 等，有针对性地改善钢的淬透性、强硬度、高温强度、耐磨性、耐腐蚀性、导电性和磁性。在普通碳素钢基础上添加适量的一种或多种合金元素而构成铁碳合金。根据添加元素的不同，并采取适当的加工工艺，可获得高强度、高韧性、耐磨、耐腐蚀、耐低温、耐高温、无磁性等特殊性能。合金钢已有一百多年的历史了。工业上较多地使用合金钢材大约是在 19 世纪后半期。当时由于钢的生产量和使用量不断增大，机械制造业需要解决钢的加工切削问题，1868 年英国人马希特 (R.F.Mushet) 发明了成分为 2.5%(Mn)~7%(W) 的自硬钢，将切削速度提高到 5m/min。随着商业和运输的发展，1870 年在美国用铬钢 (1.5%~2.0%(Cr)) 在密西西比河上建造了跨度为 158.5m 的大桥；由于加工构件时发生困难，稍后一些工业国家改用镍钢 (3.5%(Ni)) 建造大跨度的桥梁。与此同时一些国家还将镍钢用于修造军舰。随着工程技术的发展，要求加快机械的转动速度，1901 年在欧洲西部出现了高碳铬滚动轴承钢。1910 年又发展出了 18W-4Cr-1V 型的高速工具钢，进一步把切削速度提高到 30m/min。可见合金钢的问世和发展，是适应了社会生产力发展的要求，特别是与机械制造、交通运输和军事工业的需要是分不开的。

　　电弧炉炼钢法的推广使用，为合金钢的大量生产创造了有利条件。化学工业和动力工业的发展，又促进了合金钢品种的扩大，于是不锈钢和耐热钢在此期间问世了。1920 年德国人毛雷尔 (E.Maurer) 发明了 18-8 型不锈耐酸钢，1929 年在美国出现了 Fe-Cr-Al 电阻丝，到 1939 年德国在动力工业开始使用奥氏体耐热钢。第二次世界大战以后至 20 世纪 60 年代，主要是发展高强度钢和超高强度钢的时代，由于航空工业和火箭技术发展的需要，许多高强度钢和超高强度钢等新钢种出现了，如沉淀硬化型高强度不锈钢和各种低合金高强度钢等是其代表性的钢种。20 世纪

60 年代以后, 许多冶金新技术, 特别是炉外精炼技术被普遍采用, 合金钢开始向高纯度、高精度和超低碳的方向发展, 又出现了马氏体时效钢、超纯铁素体不锈钢等新钢种。国际上使用的有上千个合金钢钢号, 数万个规格, 合金钢的产量约占钢总产量的 10%, 是国民经济建设和国防建设大量使用的重要金属材料。

合金元素对钢的影响见图 7-4, 溶入 F 中形成合金铁素体, 产生固溶强化效果 (P>Si>Mn>Ni> ⋯), 溶入 A 中形成合金奥氏体, 淬火后形成合金马氏体, 也可以形成合金渗碳体 (Fe，Me)3C 或者特殊碳化物 (如 VC, TiC 等)。

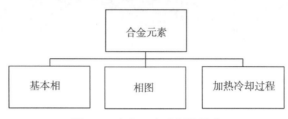

图 7-4   合金元素对钢的影响

合金元素与 C 元素的亲和能力为

$$Ti>Zr>Nb>V>W>Mo>Cr>Mn>Fe$$

强碳化物形成元素 Ti、Zr、Nb、V 等易形成特殊碳化物 (难溶), 中碳化物形成元素 W、Mo、Cr, 两类碳化物都可形成, 弱碳化物形成元素 Mn 形成合金渗碳体 (易溶)。

这是对基本相的影响, 对铁碳合金相图的影响主要是扩大奥氏体相区 (A 形成元素): Ni、Mn、Co, 缩小奥氏体相区 (F 形成元素): Cr、V、Mo、W 等, 扩大奥氏体相区元素使 S 和 E 点向左下方移动, 缩小奥氏体相区元素使 S 和 E 点向左上方移动。对加热冷却过程的影响主要包括强碳化物形成元素延缓奥氏体化进程, 非碳化物形成元素有促进奥氏体转变的作用, 除 Mn 以外大多数合金元素都阻碍奥氏体晶粒长大, 除 Co 以外大多数合金元素在一定程度上使 C 曲线右移, 增大过冷奥氏体的稳定性, 提高淬透性, 部分合金元素会改变 C 曲线的形状, 除 Co 和 Al 外, 大多数合金元素溶入 A 中降低钢的 M_s 点, 增大残余奥氏体的量, 对硬度和尺寸稳定性产生重大影响。

合金钢根据各种元素在钢中形成碳化物的倾向, 可分为三类:

(1) 强碳化物形成元素, 如钒、钛、铌、锆等。这类元素只要有足够的碳, 在适当的条件下, 就形成各自的碳化物; 仅在缺碳或高温的条件下, 才以原子状态进入固溶体中。

(2) 碳化物形成元素, 如锰、铬、钨、钼等。这类元素一部分以原子状态进入固溶体中, 另一部分形成置换式合金渗碳体如 (Fe，Mn)3C、(Fe，Cr)3C 等, 如果含

量超过一定限度 (除锰以外)，又将形成各自的碳化物如 $(Fe, Cr)7C3$、$(Fe, W)6C$ 等。

(3) 不形成碳化物元素，如硅、铝、铜、镍、钴等。这类元素一般以原子状态存在于奥氏体、铁素体等固溶体中。合金元素中一些比较活泼的元素，如铝、锰、硅、钛、锆等，极易和钢中的氧和氮化合，形成稳定的氧化物和氮化物，一般以夹杂物的形态存在于钢中。锰、锆等元素也和硫形成硫化物夹杂。钢中含有足够数量的镍、钛、铝、钼等元素时能形成不同类型的金属间化合物。有的合金元素如铜、铅等，如果含量超过它在钢中的溶解度，则以较纯的金属相存在。

钢的性能取决于钢的相组成，相的成分和结构，各种相在钢中所占的体积组分和彼此相对的分布状态。合金元素是通过影响上述因素而起作用的。对钢的相变点的影响主要是改变钢中相变点的位置，大致可以归纳为以下三个方面：

(1) 改变相变点温度。一般来说，扩大 γ 相 (奥氏体) 区的元素，如锰、镍、碳、氮、铜、锌等使 A_3 点温度降低，A_4 点温度升高。相反，缩小 γ 相区的元素，如锆、硼、硅、磷、钛、钒、钼、钨、铌等，则使 A_3 点温度升高，A_4 点温度降低。唯有 Co 使 A_3 和 A_4 点温度均升高。铬的作用比较特殊，含铬量小于 7% 时使 A_3 点温度降低，大于 7% 时则使 A_3 点温度提高。

(2) 改变共析点 S 的位置。缩小 γ 相区的元素，均使共析点 S 温度升高；扩大 γ 相区的元素，则相反。此外几乎所有合金元素均降低共析点 S 的含碳量，使 S 点向左移。不过碳化物形成元素如钒、钛、铌等 (也包括钨、钼)，在含量高至一定限度以后，则使 S 点向右移。

(3) 改变 γ 相区的形状、大小和位置。这种影响较为复杂，一般在合金元素含量较高时，能使之发生显著改变。例如，镍或锰含量高时，可使 γ 相区扩展至室温以下，使钢成为单相的奥氏体组织；而硅或铬含量高时，则可使 γ 相区缩得很小甚至完全消失，使钢在任何温度下都是铁素体组织。

按合金元素含量多少合金钢分为低合金钢 (含量 <5%)，中合金钢 (含量 5%～10%)，高合金钢 (含量 >10%)；按质量分为优质合金钢、特质合金钢；按特性和用途又分为合金结构钢、不锈钢、耐酸钢、耐磨钢、耐热钢、合金工具钢、滚动轴承钢、合金弹簧钢和特殊性能钢 (如软磁钢、永磁钢、无磁钢) 等。

按用途可以把合金钢分三大类，合金结构钢、合金工具钢、特殊性能用钢。

7.3 合金结构钢

合金结构钢具有合适的淬透性，经适宜的金属热处理后，显微组织为均匀的索氏体、贝氏体或极细的珠光体，因而具有较高的抗拉强度和屈强比 (一般在 0.85 左右)，较高的韧性和疲劳强度和较低的韧性–脆性转变温度，可用于制造截面尺寸较大的机器零件。

合金结构钢一般表示方法: "两位数字 + 元素符号 + 数字", 前两位数字表示含碳量, 万分之一为单位, 后面的数字表示合金含量, 百分之一为单位, 四舍五入取整, 当含碳量低于 1.5% 时, 数字省略。如 60Si2Mn, 表示 $w(C)=0.6\%$, $w(Si)\%=1.5\%\sim2.4\%$, $w(Mn)\%<1.5\%$, 18Cr2Ni4WA 表示 $w(C)\%=0.18\%$, $w(Cr)\%=1.5\%\sim2.4\%$, $w(Ni)\%=3.5\%\sim4.4\%$, $w(W)\%<1.5\%$。

对于滚动轴承钢 (GCr15), G 表示滚动轴承, Cr 是常加元素, 15 表示含铬量千分之一为单位, 对于易切削钢 (Y40Mn), Y 表示易切削钢, 后面部分与一般表示方法相同。普通低合金结构钢 (普低钢): 在低碳碳素结构钢的基础上加入少量合金元素 (<3%) 获得的钢种, 含碳量: <0.2%主加元素: Mn(1.25%~1.5%), 溶入铁素体, 起固溶强化作用, 细化珠光体, 起细晶强化作用, 辅加元素: Nb、V、Ti, 形成稳定碳化物, 起第二相弥散强化作用, 并阻碍 A 晶粒长大, 起细晶强化作用, 强度、韧性高, 焊接、冷成型性能好, 室温组织在热轧空冷下为 F+S。常见的低合金结构钢牌号和成分见表 7-4, 常用于工程机械领域。

表 7-4　常见的低合金结构钢的牌号和成分

钢号	旧钢号	主要化学成分			机械性能		
		$w(C)\%$	$w(Mn)\%$	$w(Si)\%$	σ_s/MPa	σ_b/MPa	δ_5/%
Q295	09MnNb12Mn	$\leqslant 0.16$	0.80~1.50	≤0.55	295	570	23
Q345	16Mn16MnRe	0.18~0.20	1.00~1.60	≤0.55	345	630	21~22
Q390	16MnNb15MnTi	≤0.20	1.00~1.60	≤0.55	390	650	19~20
Q420	14MnVTiRe15MnVN	≤0.20	1.00~1.70	≤0.55	420	680	18~19
Q460	14MnMoV18MnMoNb	≤0.20	1.00~1.70	≤0.55	460	720	17

易切削钢是为了提高钢的切削加工性能而加入一种或几种合金元素, 形成易切削钢。主加元素: S(0.08%~0.30%), 形成夹杂物, 使切屑容易脆断, 具有减摩作用, 降低切削力和切削热, 减低表面粗糙度, 延长刀具使用寿命。过量的 S 容易产生热脆现象。加入 Pb(0.15%~0.25%), 降低摩擦系数、切屑变脆易断, 加入 Ca(0.001%~0.005%), 形成硅酸盐保护膜, 降低磨损, 性能特点是具有良好的切削性能。

渗碳钢是用于制造渗碳零件的钢。性能要求: 表面具有较高的硬度和耐磨性, 心部具有良好的塑性和韧性, 成分: $w(C)\%=(0.1\%\sim0.25\%)$, 保证心部具有良好的塑性和韧性, 加入合金元素 Cr、Mn、B: 提高淬透性, 强化铁素体, 改善表面和心部的组织和性能; 加入 Ni: 提高心部强度, 提高韧性和淬透性; 少量 Mo、W、V、Ti: 稳定的合金碳化物, 细化晶粒, 提高表层硬度和耐磨性; 热处理: 正火处理 (改善锻造的不良组织)+ 渗碳 + 淬火 + 低温回火; 室温组织: 表面是回火马氏体 + 合金碳化物 + 残余奥氏体, 60~62HRC, 心部淬透时: 低碳回火马

氏体 + 铁素体，心部为淬透：索氏体 + 铁素体。常用渗碳钢包括低淬透性渗碳钢，20Cr、15Cr、20Mn2、20Mn2V 等；中淬透性渗碳钢，20CrMnTi、20CrMnMo等高淬透性渗碳钢，18Cr2Ni4WA、20Cr2Ni4A 等，部分渗碳钢牌号及成分见表7-5。低淬透性渗碳钢主要用于活塞销、小齿轮等，中淬透性渗碳钢主要用于汽车变速齿轮、连轴节等，高淬透性渗碳钢主要用内燃机的牵引齿轮、柴油机的曲轴等。

表 7-5　　渗碳钢牌号及成分 GB/T 3077—1999

淬透性	钢号	主要化学成分			预处理温度/°C	淬火介质	机械性能		
		$w(C)\%$	$w(Mn)\%$	$w(Cr,Ni)\%$			σ_b/MPa	σ_s/MPa	a_{KU2}/J
低	20Cr	0.17~0.24	0.50~0.80	0.70~100	800/800	水，油	≥835	≥540	≥47
	20MnV	0.17~0.24	1.30~1.60		880	水，油	≥785	≥590	≥55
中	20CrMn	0.17~0.23	0.90~1.20	0.90~1.20	850	油	≥930	≥735	≥47
	20CrMnTi	0.17~0.23	0.80~1.10	1.00~1.30	880/870	油	≥1080	≥835	≥55
高	18Cr2Ni4WA	0.13~0.19	W0.8~1.2	1.35~1.65 4.0~0.45	950/850	空	≥1180	≥835	≥78
	20Cr2Ni4A	0.17~0.23	0.30~0.60	1.25~1.65 3.25~3.75	800/780	油	≥1180	≥1080	≥63

　　经调质处理后使用的钢称为调质钢。钢的热处理工艺包括退火、正火、淬火、回火和表面热处理等方法。其中回火又包括调质处理和时效处理。钢的回火：按照所希望的机械性能将已经淬火的钢重新加热到（350~650℃）内进行，碳是以细均分布的渗碳体形式析出。随着回火温度的增加，碳化物的颗粒增大，屈服点和拉伸强度下降，降低硬度和脆性，延伸率和收缩率升高。其目的是消除淬火产生的内应力，以取得预期的力学性能。淬火后高温回火的热处理方法称为调质处理。高温回火是指在 500~650℃ 进行回火。调质可以使钢的性能、材质得到很大程度的调整，其强度、塑性和韧性都较好，具有良好的综合机械性能。调质处理后得到回火索氏体。回火索氏体是马氏体于回火时形成的，在光学镜相显微镜下放大 500~600 倍以上才能分辨出来，其为铁素体基体内分布着碳化物 (包括渗碳体) 球粒的复合组织，是铁素体与粒状碳化物的混合物，常温下是一种平衡组织。调质钢有碳素调质钢和合金调质钢两大类，不管是碳钢还是合金钢，其含碳量控制比较严格。如果含碳量过高，调质后工件的强度虽高，但韧性不够，如含碳量过低，韧性提高而强度不足。为使调质件得到好的综合性能，一般含碳量控制在 0.30%~0.50%。调质淬火时，要求工件整个截面淬透，使工件得到以细针状淬火马氏体为主的显微组织。通过高温回火，得到以均匀回火索氏体为主的显微组织。

　　性能要求较高的强度和良好的塑韧性相配合，即具有良好的综合机械性能。成分：含碳量 0.3%～0.50%，中碳钢，保证强硬度和塑韧性的搭配。Zr、Ni、Si、Mn：提高淬透性，强化铁素体；V、Ti、Mo、W：细化晶粒，提高回火稳定性；Mo、W 还能防止第二类回火脆性。热处理工艺为退火或正火 ＋ 淬火 ＋ 高温回火 (快速冷却)。常用的调质钢包括低淬透性合金调质钢：40Cr、40MnB 等，中淬透性合金调质钢：35CrMo 等，高淬透性合金调质钢：40CrNiMoA 等。以 40Cr 做拖拉机连杆螺栓为例，工艺路线：下料 → 锻造 → 退火 (或正火)→ 粗加工 → 调质 → 精加工 → 装配；技术要求：处理后组织为回火索氏体，30～38HRC，如图 7-5 所示。

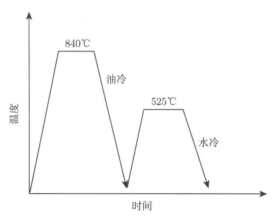

图 7-5　调质处理工艺

弹簧钢是用于制造各种弹性零件的钢。弹簧钢应具有优良的综合性能，如力学性能 (特别是弹性极限、强度极限、屈强比)、抗弹减性能 (即抗弹性减退性能，又称抗松弛性能)、疲劳性能、淬透性、物理化学性能 (耐热、耐低温、抗氧化、耐腐蚀等)。为了满足上述性能要求，弹簧钢具有优良的冶金质量 (高的纯洁度和均匀性)、良好的表面质量 (严格控制表面缺陷和脱碳)、精确的外形和尺寸。成分：含碳量为 0.4%～0.7%的是中碳钢，加入 Si、Mn 提高淬透性和屈强比，但易引起脱碳和过热，加入 Cr、V、W 减小脱碳和过热倾向同时，提高淬透性和强度。合金弹簧钢是在碳素钢的基础上，通过适当加入一种或几种合金元素来提高钢的力学性能、淬透性和其他性能，以满足制造各种弹簧所需性能的钢。合金弹簧钢的基本组成系列有：硅锰弹簧钢、硅铬弹簧钢、铬锰弹簧钢、铬钒弹簧钢、钨铬钒弹簧钢等。在这些系列的基础上，有一些牌号为了提高其某些方面的性能而加入了钼、钒或硼等合金元素。此外，还从其他钢类，如优质碳素结构钢、碳素工具钢、高速工具钢、不锈钢，选择一些牌号作为弹簧用钢。按照生产加工方法分为热轧和冷轧两类：热轧 (锻) 钢材包括热轧圆钢、方钢、扁钢、钢板、锻制圆钢、方钢。冷拉 (轧) 钢材包括钢丝、钢带、冷拉材 (冷拉圆钢)。常用弹簧钢包括 Si、Mn 系列弹簧钢：65Mn、60Si2Mn

等，用于制作大截面的弹簧；Cr、V、W、Mo 系列弹簧钢：50CrVA、60Si2CrVA，制作较高温度下使用的承重弹簧。汽车板簧和火车弹簧均是由弹簧钢制成，如图 7-6 所示。

图 7-6　弹簧钢应用

滚动轴承钢：用于制造各种滚动轴承零件如轴承内外套圈、滚动体的专用钢。性能要求：具有较高的淬透性，具有高而且均匀的硬度和耐磨性，具有良好的韧性、弹性极限和接触疲劳强度，具有良好的耐腐蚀性 (润滑介质条件下)。化学成分：含碳量为 0.95%～1.10%，合金元素 Cr 可以提高淬透性和回火稳定性，形成细小合金渗碳体，Si、Mn、V 可以进一步提高淬透性、强度、耐磨性和回火稳定性。热处理工艺为球化退火 + 淬火 + 低温回火 (61～65HRC)，室温组织为回火马氏体 + 细小碳化物 + 少量残余奥氏体，常用轴承钢包括轴承钢 GCr15、GCr15SiMn、GSiMnV 等，见表 7-6。

表 7-6　滚动轴承钢

钢号	主要化学成分				热处理规范及性能		
	$w(C)$%	$w(Cr)$%	$w(Si)$%	$w(Mn)$%	淬火/℃	回火/℃	回火后 HRC
GCr4	0.95～1.05	0.35～0.60	0.15～0.30	0.15～0.35	800～820	150～170	62～66
GCr15	0.95～1.05	1.40～1.65	0.15～0.35	0.25～0.45	820～840	150～160	62～66
GCr15SiMn	0.95～1.05	1.40～1.65	0.45～0.75	0.95～1.25	820～840	170～200	>62
GMnMoVRE	0.95～1.07	≤0.3	0.15～0.40	1.10～1.40	770～810	170±5	≥62
GSiMoMnV	0.95～1.10	≤0.3	0.45～0.65	0.75～1.05	780～820	175～200	≥62

常用合金结构钢包括普低钢、易切削钢、渗碳钢、调质钢、弹簧钢、滚动轴承钢，高级优质钢在最后加 A 表示，如 60Si2MnWA。

7.4　合金工具钢

在碳素工具钢基础上加入一定种类和数量的合金元素，用来制造各种刃具、模具、量具等的钢就称为合金工具钢。合金工具钢广泛用作刃具、冷、热变形模具和量具，也可用于制作柴油机燃料泵的活塞、阀门、阀座以及燃料阀喷嘴等。合金工具钢的淬硬性、淬透性、耐磨性和韧性均比碳素工具钢高，按用途大致可分为刃具、模具和量具用钢 3 类。其中含碳量高的钢 (碳质量分数大于 0.80%) 多用于制造刃具、量具和冷作模具，这类钢淬火后的硬度在 60HRC 以上，且具有足够的耐磨性；含碳量中等的钢 (碳质量分数 0.35%~0.70%) 多用于制造热作模具，这类钢淬火后的硬度稍低，为 50~55HRC，但韧性良好。

合金元素表示方法与合金结构钢相同，含碳量：含碳量 $\geqslant 1.0\%$，不标；含碳量 $< 1.0\%$，以一位数表示，千分之一为单位，如 W18Cr4V。

刃具用钢用来制造车刀、铣刀、锉刀、丝锥、钻头、板牙等刃具的钢。刃具在工作条件下产生强烈的磨损并发热，还有震动和承受一定的冲击负荷。刃具用钢应具有高的硬度、耐磨性、红硬性和良好的韧性。为了保证其具有高的硬度，满足形成合金碳化物的需要，钢中碳质量分数一般在 0.80%~1.45%。铬是这类钢的主要合金元素，质量分数一般在 0.50%~1.70%，有的钢还含有钨，以提高切削金属的性能。这类工具钢因含有合金元素，所以淬透性比碳素工具钢好，热处理产生的变形小，具有高的硬度和耐磨性。常用的钢类有铬钢、硅铬钢和铬钨锰钢等。分为低合金刃具钢、高速钢。主要性能要求：高硬度，一般都在 60HRC 以上；高耐磨性，严重影响刃具的使用寿命和使用效率；高红硬性，高硬度下保持高硬度的能力；良好配合的强度、塑性和韧性，防止冲击和振动。

低合金刃具钢是在碳素工具钢的基础上加入 (3%~5%) 合金元素就形成低合金刃具钢，含碳量为 0.75%~1.5%，加入 Si、Mn、Cr 能提高淬透性，Si 还能提高回火稳定性，加入 W、V 可以细小弥散的合金碳化物，提高硬度和耐磨性，细化晶粒，进一步增加回火稳定性。热处理工艺包括预处理：球化退火，改善锻造组织和切削加工性能，最终热处理：淬火 + 低温回火。室温组织是回火 M + 碳化物 + 少量残余奥氏体，性能要求硬度 60HRC 以上，使用温度 200~600℃。

以 9SiCr 钢制造圆板牙为例，工艺路线为：下料 → 球化退火 → 机加工 → 淬火 + 低温回火 → 磨平面 → 抛槽 → 开口。热处理工艺见图 7-7。

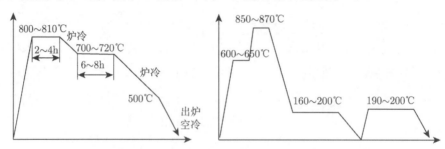

图 7-7 9SiCr 钢制造圆板牙热处理工艺

常用的低合金刃具钢包括 9SiCr、9Mn2V 等，用于几何形状复杂，加工精度要求较高，切削速度不大的板牙、丝锥、铰刀、搓丝板等，如图 7-8 所示。

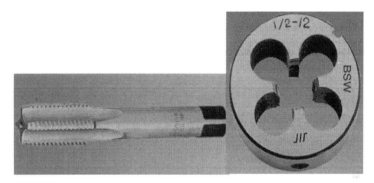

图 7-8　丝锥和板牙

高速钢是指合金元素总量超过 10% 的高合金工具钢，其化学成分包括：含碳量，0.7%~1.2%；W 能提高红硬性的主要元素，"二次硬化" 现象；Cr 能提高淬透性、硬度和耐磨性；V 能细化晶粒，提高硬度和耐磨性。

高速钢是美国的 F. W. 泰勒和 M. 怀特于 1898 年创制的。高速钢的工艺性能好，强度和韧性配合好，因此主要用来制造复杂的薄刃和耐冲击的金属切削刀具，也可制造高温轴承和冷挤压模具等。除用熔炼方法生产的高速钢外，20 世纪 60 年代以后又出现了粉末冶金高速钢，它的优点是避免了熔炼法生产所造成的碳化物偏析而引起机械性能降低和热处理变形。当时他们确定的高速钢成分为 $w(C)\%=0.67\%$，$w(W)\%=18.91\%$，$w(Cr)\%=5.47\%$，$w(Mn)\%=0.11\%$，$w(V)\%=0.29\%$，F-余量，与后来的 W18Cr4V 成分很接近。高速钢刀具可用 30m/min 的速度切削钢材，其效率比过去用的碳素工具钢和合金工具钢提高了好几倍，为美国当时的机械工业生产赢得了巨大的经济效益。W18Cr4V 高速钢的热塑性不好，由于麻花钻热轧工艺的需要，后来研制成功了 W6Mo5Cr4V2 高速钢，此外，还有 W9Mo3Cr4V。这三种高速钢的切削性能和力学性能近似，称为通用型。

主要性能要求为：高硬度、耐磨性，VC 等弥散硬化；高红硬性，600℃ 时 HRC≈62，W2C 等提高热硬性；高淬透性，尺寸不大时可空冷淬火，Cr 等元素能提高淬透性。

高速钢的热处理工艺较为复杂，必须经过淬火、回火等一系列过程。淬火时由于它的导热性差一般分两阶段进行。先在 800~850℃ 预热 (以免引起大的热应力)，然后迅速加热到淬火温度 1190~1290℃ (不同牌号实际使用时温度有区别)，后油冷或空冷或充气体冷却。工厂均采用盐炉加热，现真空炉使用也相当广泛。淬火后因内部组织还保留一部分 (约 30%) 残余奥氏体没有转变成马氏体，影响了高速钢的性能。为使残余奥氏体转变，进一步提高硬度和耐磨性，一般要进行 2~3 次回火，回火温度 560℃，每次保温 1 小时。典型的热处理工艺如图 7-9 所示。

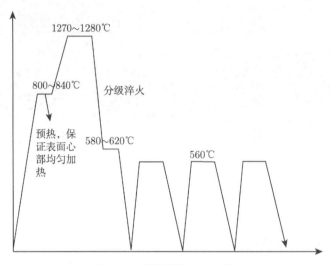

图 7-9　高速钢热处理工艺

　　淬火中提高加热温度增加 A、M 中合金含量，提高热硬性，三次回火：W2C、VC 弥散硬化，产生"二次淬火"，多次回火基本消除 A′。室温组织是回火马氏体 + 碳化物 + 少量残余奥氏体。

　　高速钢是一种复杂的钢种，含合金元素量较多，总量可达 10%~25%。按所含合金元素不同可分为：钨系高速钢 (含钨 9%~18%)；钨钼系高速钢 (含钨 5%~12%，含钼 2%~6%)；高钼系高速钢 (含钨 0~2%，含钼 5%~10%)；钒高速钢，按含钒量的不同又分一般含钒量 (含钒 1%~2%) 和高含钒量 (含钒 2.5%~5%) 的高速钢；钴高速钢 (含钴 5%~10%)。按用途不同高速钢又可分为通用型和特殊用途两类：① 通用型高速钢：主要用于制造切削硬度 HB≤300 的金属材料的切削刀具 (如钻头、丝锥、锯条) 和精密刀具 (如滚刀、插齿刀、拉刀)，常用的钢号有 W18Cr4V、W6Mo5Cr4V2 等。② 特殊用途高速钢：包括钴高速钢和超硬型高速钢 (硬度 68~70HRC)，主要用于制造切削难加工金属 (如高温合金、钛合金和高强钢等) 的刀具，常用的钢号有 W12Cr4V5Co5、W2Mo9Cr4VCo8 等。

　　模具钢是用作冷冲压模、热锻压模、挤压模、压铸模等模具的钢，分为冷作模具和热作模具两大类。模具是机械制造、无线电仪表、电机、电器等工业部门中制造零件的主要加工工具。模具的质量直接影响着压力加工工艺的质量、产品的精度产量和生产成本，而模具的质量与使用寿命除了靠合理的结构设计和加工精度外，主要受模具材料和热处理的影响。

冷作模具钢性能要求包括较高的硬度和耐磨性、良好的韧性和疲劳强度。化学成分：$w(C)\% > 1\%$，Cr、Mn、W、Mo、V。冷作模具包括冷冲模、拉丝模、拉延模、压印模、搓丝模、滚丝板、冷镦模和冷挤压模等。冷作模具用钢，按其所制造具的工作条件，应具有高的硬度、强度、耐磨性、足够的韧性，以及高的淬透性、淬硬性和其他工艺性能。用于这类用途的合金工具用钢一般属于高碳合金钢，碳质量分数在 0.80% 以上，铬是这类钢的重要合金元素，其质量分数通常不大于 5%。但对于一些耐磨性要求很高，淬火后变形很小的模具用钢，最高铬质量分数可达 13%，并且为了形成大量碳化物，钢中碳质量分数也很高，最高可达 2.0%～2.3%。冷作模具钢的含碳量较高，其组织大部分属于过共析钢或莱氏体钢。常用的钢类有高碳低合金钢、高碳高铬钢、铬钼钢、中碳铬钨钒钢等。最终热处理工艺为淬火 + 低温回火，最终组织：回火 M + 碳化物 + 少量 A′。

热作模具钢主要用于制造在受热 (400～600℃) 状态下对金属进行变形加工的模具，要求在有较高的温度下具有良好的强韧性、较高的硬度、耐磨性、导热性、抗热疲劳能力、较高的淬透性和尺寸稳定性，化学成分：$w(C)\% = 0.3\%～0.6\%$，加入 Cr、Ni、Mn 提高淬透性和强度，加入 W、Mo、V 产生二次硬化，提高红硬性。热作模具钢分为锤锻、模锻、挤压和压铸几种主要类型，包括热锻模、压力机锻模、冲压模、热挤压模和金属压铸模等。热变形模具在工作中除要承受巨大的机械应力外，还要承受反复受热和冷却的作用，而引起很大的热应力。热作模具钢除应具有高的硬度、强度、红硬性、耐磨性和韧性外，还应具有良好的高温强度、热疲劳稳定性、导热性和耐蚀性，此外还要求具有较高的淬透性，以保证整个截面具有一致的力学性能。对于压铸模用钢，还应具有表面层经反复受热和冷却不产生裂纹，以及经受液态金属流的冲击和侵蚀的性能。这类钢一般属于中碳合金钢，碳质量分数在 0.30%～0.60%，属于亚共析钢，也有一部分钢由于加入较多的合金元素 (如钨、钼、钒等) 而成为共析或过共析钢。常用的钢类有铬锰钢、铬镍钢、铬钨钢等。最终热处理：淬火 + 高 (中) 温回火，最终组织：回火索氏体 (回火托氏体)。

量具钢：用于制造卡尺、千分尺、样板、塞规、块规、螺旋测微仪等各种测量工具的钢，性能要求：高的硬度和耐磨性、良好的尺寸稳定性。化学成分：$w(C)\% = 0.9\%～1.5\%$，加入 Cr、W、Mn 提高淬透性和减小应力，主要应用于简单量具材料如 T10A、T12A 等和高精度量具材料如 GCr15、CrWMn 等。没有专用的量具钢。最终热处理：淬火 +(−80～−70℃) 冷处理 + 低温回火 + 时效处理。时效处理：120～160℃，保温几个 ～ 几十个小时，使 M、A′ 稳定，消除内应力，如图 7-10 所示，最终组织是回火索氏体 (回火托氏体)。

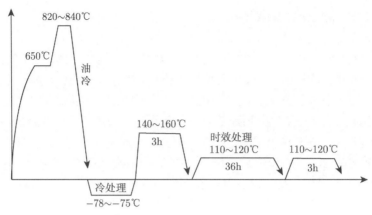

图 7-10   量具钢热处理工艺

7.5   特殊性能钢

特殊性能钢具有特殊的物理或化学性能，用来制造除要求具有一定的机械性能外，还要求具有特殊性能的零件。其种类很多，机械制造中主要使用不锈耐酸钢、耐热钢、耐磨钢。不锈耐酸钢包括不锈钢与耐酸钢。能抵抗大气腐蚀的钢称为不锈钢。而在一些化学介质 (如酸类等) 中能抵抗腐蚀的钢称为耐酸钢。

不锈钢的钢号前的数字表示平均含碳量的千分之几，合金元素仍以百分数表示。$w(C)\% \leqslant 0.03\%$，在最前面用 "00" 表示，$w(C)\% \leqslant 0.08\%$，在最前面用 "0" 表示，例如，不锈钢 3Cr13 的平均含碳量为 0.3%、含铬量 ≈13%；0Cr13 钢的平均含碳量 ≤0.08%、含铬量 ≈13%；00Cr18Ni10 钢的平均含碳量 ≤0.03%、含铬量 ≈18%、含镍量 ≈10%。其他如 00Cr17Ni14Mo2，0Cr18Ni9 表示的含义也是如此。

不锈钢主要分为以下三类：

1. 马氏体不锈钢

常用马氏体不锈钢含碳量为 0.1%~0.45%，含铬量为 12%~14%，属铬不锈钢。通常称为 Cr13 型钢，如 2Cr13，用作受冲击载荷的汽轮机叶片等；3Cr13、4Cr13，用于弱腐蚀条件下有高硬度要求的医疗器具、弹簧、刃具等。通过热处理可以调整其力学性能的不锈钢，通俗地说，是一类可硬化的不锈钢。根据化学成分的差异，马氏体不锈钢可分为马氏体铬钢和马氏体铬镍钢两类。根据组织和强化机理的不同，还可分为马氏体不锈钢、马氏体和半奥氏体 (或半马氏体) 沉淀硬化不锈钢以及马氏体时效不锈钢等。随着钢中含碳量的增加，钢的强度、硬度、耐磨性提高，但耐蚀性下降。为了提高耐蚀性及机械性能，这类钢最后热处理是淬火和回火。它在空气中可淬硬，但一般仍用油冷。这类钢多用于机械性能要求较高，而耐蚀性要求较低的零件。如汽轮机叶片、各种泵的零件、弹簧、滚动轴承及一些医疗器械。

2. 铁素体不锈钢

含碳量低于 0.15%，含铬量为 15%～30% 的钢，也属于铬不锈钢。这类钢从室温加热到高温 960～1100℃，不发生相变，始终都是单相铁素体组织，因此被称为铁素体不锈钢，具有体心立方晶体结构。这类钢一般不含镍，有时还含有少量的 Mo、Ti、Nb 等元素，具有导热系数大，膨胀系数小、抗氧化性好、抗应力腐蚀优良等特点，多用于制造耐大气、水蒸气、水及氧化性酸腐蚀的零部件。铁素体不锈钢价格不仅相对低且稳定，并且具有许多独特的特点和优势，在许多原先认为只能采用奥氏体不锈钢的应用领域，铁素体不锈钢是一种极为优异的替代材料。常用钢号有 0Cr13、1Cr13、1Cr17Ti、1Cr28 等。一般用于硝酸、氮肥工业的设备、容器、管道和食品工厂设备等。

3. 奥氏体不锈钢

这是应用最广泛的不锈钢，属镍铬钢。这类钢有较高质量分数的镍，扩大了奥氏体区域，室温下能够保持单相奥氏体组织，所以称为奥氏体不锈钢，一般铬的质量分数在 (17%～19%)，镍的质量分数在 (8%～11%)，最常见的包括 18-8 型不锈钢，标准成分是 18%Cr 加 8%Ni。钢号有 0Cr18Ni9、1CrNi9、0CrNi9Ti、1Cr18Ni9Ti 等。奥氏体铬镍不锈钢包括著名的 18Cr-8Ni 钢和在此基础上增加 Cr、Ni 含量并加入 Mo、Cu、Si、Nb、Ti 等元素发展起来的高 Cr-Ni 系列钢。奥氏体不锈钢无磁性而且具有高韧性和塑性，但强度较低，不可能通过相变使之强化，仅能通过冷加工进行强化，如加入 S、Ca、Se、Te 等元素，则具有良好的易切削性。0Cr18Ni9 钢 (AISI304) 是奥氏体不锈钢，是在最初发明的 18-8 型奥氏体不锈钢的基础上发展演变的钢种，是不锈钢的主体钢种，其产量约占不锈钢总产量的 30% 以上。由于具有奥氏体结构，不可能通过热处理手段予以强化，只能采用冷变形方式达到提高强度的目的。0Cr18Ni9 钢薄截面尺寸的焊接件具有足够的耐晶间腐蚀能力，在氧化性酸中具有优良的耐蚀性，在碱溶液和大部分有机酸和无机酸中以及大气、水、蒸汽中亦可使用。00Cr19Ni10(AISI304L) 是在 0Cr18Ni9 基础上，通过降低碳和稍许提高含镍量的超低碳型奥氏体不锈钢，是为了解决因 Cr23C6 析出致使 0Cr18Ni9 钢在一些条件下存在严重的晶间腐蚀倾向而发展的。

耐磨钢铸造成型后使用，牌号前一般加 "ZG"，"ZG+ 元素符号 + 数字"。其中数字以百分之一作为单位，如 ZGMn13-1。耐磨钢是指在强烈冲击载荷作用下才能发生硬化的高锰钢。它只有在强烈冲击与摩擦的作用下，才具有耐磨性，在一般机器工作条件下，它并不耐磨。主要用于制造坦克、拖拉机的履带，挖掘机铲斗的斗齿以及防弹钢板、保险箱钢板、铁路道岔等。由于高锰钢极易加工硬化，切削加工困难，故大多数高锰钢零件是采用铸造成型的。耐磨钢成分：高锰钢中碳的质量分数在 0.09%~1.5%，锰的质量分数为 11%~14%，钢号表示为 Mn13。热处理：1000~1100℃，保温，水冷 →A，硬度低，韧性高。性能：工件在工作中受到冲击变形时，表层产生加工硬化，及 M 转变，硬度显著提高，心部保持高韧性。用途：履带、铁道岔道。

耐热钢是指具有良好的高温抗氧化性和高温强度的钢，在高温下具有较高的强度和良好的化学稳定性的合金钢。它包括抗氧化钢 (或称高温不起皮钢) 和热强钢两类。抗氧化钢一般要求较好的化学稳定性，但承受的载荷较低。抗氧化钢基本上是在铬钢、铬镍钢、铬锰氮钢基础上添加硅、铝、稀土元素等形成的，常用的有 3Cr18Mn12Si2N、2Cr20Mn9Ni2Si2N、3Cr18Ni25Si2 等钢。热强钢则要求较高的高温强度和相应的抗氧化性。耐热钢常用于制造锅炉、汽轮机、动力机械、工业炉和航空、石油化工等工业部门中在高温下工作的零部件。这些部件除要求高温强度和抗高温氧化腐蚀外，根据用途不同还要求有足够的韧性、良好的可加工性和焊接性，以及一定的组织稳定性。耐热钢按其正火组织可分为奥氏体耐热钢、马氏体耐热钢、铁素体耐热钢及珠光体耐热钢等。① 珠光体耐热钢：珠光体热强钢的化学成分特点是碳的质量分数较低，合金元素总量也小于 (3%~5%)，常用钢号有 15CrMo、12CrMoV 等。② 马氏体钢：马氏体热强钢的铬质量分数较高，有 Cr12 型和 Cr13 型的钢 1Cr11MoV、1Cr12MoV 钢和 1Cr13、2Cr13 钢等。③ 奥氏体钢：奥氏体热强钢含较高的铬和镍，总量超过 10%，常用钢有 1Cr18Ni9Ti、4Cr14Ni14W2Mo 等。耐热钢和不锈耐酸钢在使用范围上互有交叉，一些不锈钢兼具耐热钢特性，既可用作不锈耐酸钢，也可作耐热钢使用。

金属材料的耐热性包含高温抗氧化性和高温强度两方面：

(1) 金属的高温抗氧化性是指钢在高温条件下对氧化作用的抗力，是钢能否持久地工作在高温下的重要保证条件。

(2) 金属的高温强度是指金属材料在高温下对机械载荷作用的抗力，即高温下金属材料抵抗塑性变形和破坏的能力。

例题 7-1　直径为 10mm 的共析钢小试样加热 $Ac_1+60℃$，用图 7-11 所示的冷却曲线进行冷却，分析其所得到的组织，说明各属于什么热处理方法。

解　a 为 M + A′，单液淬火；

b 为 M + A′，分级淬火；

c 为 T + M + A′，油冷淬火；

d 为下 B，等温淬火；

e 为 S，正火；

f 为 P，完全退火；

g 为 P，等温退火。

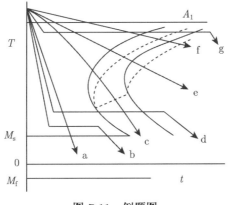

图 7-11   例题图

第8章 工程材料的合理选用

8.1 概　述

8.1.1 工程材料的选材依据

将零件使用性能转化为材料的使用性能指标。

在零件工作条件和失效分析的基础上确定了零件的使用性能要求，然后将其转化为某些可测量的实验室性能指标，如强度、硬度、韧性、耐磨性等具体数值。这是选材最关键最困难的一步。确定具体性能指标后即可利用手册或实验数据进行选材。

1) 根据力学性能选材应充分考虑以下几点

(1) 材料的性能与加工、处理条件的关系。材料的力学性能不仅决定于化学成分，而且也决定于其加工处理后状态。因此在选材的同时，需考虑相应加工、处理条件，特别是热处理工艺，确定热处理技术要求，以确保零件质量，充分发挥材料潜力。

(2) 材料的尺寸效应。指材料截面大小不同，即使热处理相同，其力学性能也会产生很大差异。随截面尺寸增大，材料的力学性能将下降，这种现象称为材料的"尺寸效应"。金属材料，特别是钢材的尺寸效应尤为显著，随尺寸加大，其强度 (R_m、R_{eL})、塑性 (A、Z)、冲击吸收功 (A_K) 均下降，尤以韧度下降最为明显。淬透性越低的钢，尺寸效应就越明显。

(3) 材料的缺口敏感性。实验所用试样形状简单且多为光滑试样。但实际使用的零件中，如台阶、键槽、螺纹、焊缝、刀痕、裂纹、夹杂等都是不可避免的，其皆为"缺口"。在复杂应力下，这些缺口处将产生严重的应力集中。因此，光滑试样在进行拉伸试验时，可表现出高强度与足够塑性，而实际使用时就表现为低强度、高脆性，且材料越硬、应力越复杂，表现越敏感。例如，正火 45 钢光滑试样的弯曲疲劳极限为 280MPa，而用其制造带直角键槽轴的弯曲疲劳极限则为 140MPa；若改成圆角键槽的轴，其弯曲疲劳极限则为 220MPa。因此在应用性能指标时，必须结合零件的实际条件修正。必要时，可通过模拟试验取得数据作为设计零件和选材的依据。

(4) 硬度值在设计中的作用。由于硬度值的测定方法既简便又不破坏零件，并且在确定条件下与某些力学性能有大致的固定关系，所以在设计和实际生产过程中, 往往用硬度值作为控制材料性能和质量检验标准。但应明确, 它也有很大的局限性。例如, 硬度对材料的组织不够敏感, 经不同处理的材料可获得相同的硬度值, 而其他力学性能却相差很大, 因而不能确保零件的使用安全。所以, 设计中在给出硬度值的同时, 还必须对处理工艺 (主要是热处理工艺) 做出明确的规定。

2) 还应注意特殊条件下工作零件应具备特殊性能要求

除根据力学性能选材外, 对于特殊条件下工作 (如高温和腐蚀介质中等特殊条件下工作) 的零件还要求材料具有特殊的物理、化学性能 (如优良的化学稳定性即抗氧化性和耐腐蚀性) 等。

热处理技术条件的标注: 根据零件的工作特性, 提出热处理技术条件。图纸上要求书写相应的工艺名称, 如调质、正火、退火等, 并标注其硬度值范围, 其波动范围一般为:C 级洛氏硬度 HRC 在 5 个单位左右, 布氏硬度在 30~40 个单位。

8.1.2　工程材料的加工工艺路线

所谓材料的工艺性能, 即指材料加工成零件的难易程度, 它也应是选材时必须考虑的重要问题。选用工艺性能良好的材料, 是确保产品质量、提高加工效率、降低工艺成本的重要条件之一。它包括材料 (零件) 的加工工艺路线和材料的工艺性能两个方面。

设计者通常根据零件的形状、最终性能要求、尺寸精度及表面粗糙度的要求, 以及按照使用性能初选出来的材料, 综合考虑, 制订出零件的加工工艺路线方案。常见工程材料一般加工工艺路线概括如下:

1) 聚合物材料

聚合物材料 (有机物原料或型材) → 成型加工 (热压、注塑、热挤、喷射、真空成型等)→ 切削加工或热处理、焊接等 → 零件。

2) 陶瓷材料

陶瓷材料 (氧化物、碳化物、氮化物等粉末) → 成型加工 (配料 → 压制 → 烧结)→ 磨削加工或热处理 → 零件。

3) 金属材料

按零件形状及性能要求可以有不同的加工工艺路线, 大致分为三类。

(1) 性能要求不高的一般零件 (如铸铁、碳钢、低碳低合金钢件等): 坯料 (冷冲压、铸或锻、焊接或型材)→ 热处理 (正火或退火)→ 机械加工 (切削)→ 零件;

(2) 性能要求较高的机械零件 (如合金钢、高强铝合金等): 坯料 (型材或锻造)→ 预先热处理 (正火或退火)→ 粗机械 (切削) 加工 → 最终热处理 (淬、回火或固溶 + 时效或表面热处理等)→ 精加工 → 零件;

(3) 性能要求较高的精密零件 (如合金钢制造的精密丝杠、镗床主轴等): 坯料 (型材或锻造)→ 预先热处理 (正火或退火)→ 粗机械加工 → 最终热处理 (淬、回火 或固溶 + 时效或表面热处理)→ 半精加工 → 稳定化处理或氮化 → 精加工 → 稳 定化处理 → 零件。

性能要求较高的零件用材, 多采用合金钢或优质合金钢来制造, 这些材料的工 艺性能一般都较差, 因此必须十分重视其工艺性能的分析。

当用聚合物材料制造零件时, 其主要工艺为成型加工, 且工艺性能良好, 所 用工具为成型摸, 具体成型方法如注射成型法、挤压成型法、模压成型法、吹塑成 型法、真空成型法等, 如图 8-1 所示。聚合物一般也易于进行切削加工, 但因其 导热性较差, 在切削过程中应注意工件温度急剧升高而导致的软化 (热塑性塑料) 和烧焦 (热固性塑料) 现象。少数情况下, 聚合物还可焊接与热处理, 其工艺简单 易行。

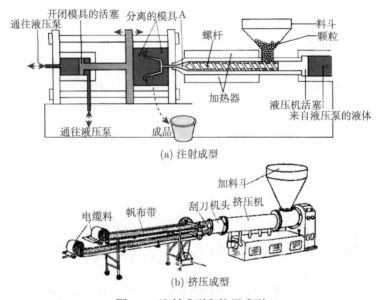

(a) 注射成型

(b) 挤压成型

图 8-1　注射成型和挤压成型

注射成型是将塑料等材料在注塑机加热料筒中塑化后, 由柱塞或往复螺杆注 射到闭合模具的模腔中形成制品的塑料加工方法。此法能加工外形复杂、尺寸精确 或带嵌件的制品, 生产效率高。大多数热塑性塑料和某些热固性塑料 (如酚醛塑料) 均可用此法进行加工。用于注塑的物料需要有良好的流动性才能充满模腔以得到 制品。20 世纪 70 年代以来, 出现了一种带有化学反应的注射成型, 称为反应注射 成型, 发展很快。注射装置是注塑机的主要部分。将塑料加热塑化成流动状态, 加 压注射入模具。注射方式有柱塞式、预塑化式和往复螺杆式。

　　挤压成型, 坯料在三向不均匀压应力作用下, 从模具的孔口或缝隙挤出使之横截面积减小, 长度增加, 成为所需制品的加工方法叫挤压, 坯料的这种加工叫挤压成型。挤压, 特别是冷挤压, 材料利用率高, 材料的组织和机械性能得到改善, 操作简单, 生产率高, 可制作长杆、深孔、薄壁、异型断面零件, 是重要的少无切削加工工艺。挤压主要用于金属的成型, 也可用于塑料、橡胶、石墨和黏土坯料等非金属的成型。挤压时, 坯料产生三向压应力, 即使是塑性较低的坯料, 也可被挤压成型。

　　模压成型 (又称压制成型或压缩成型), 是先将粉状、粒状或纤维状的材料放入成型温度下的模具型腔中, 然后闭模加压而使其成型并固化的作业。模压成型可兼用于热固性塑料、热塑性塑料和橡胶材料。

　　吹塑成型主要指中空吹塑 (又称吹塑模塑), 是借助于气体压力使闭合在模具中的热熔型坯吹胀形成中空制品的方法, 是第三种最常用的塑料加工方法, 同时也是发展较快的一种塑料成型方法。吹塑用的模具只有阴模 (凹模), 与注塑成型相比, 设备造价较低, 适应性较强, 可成型性能好 (如低应力), 可成型具有复杂起伏曲线 (形状) 的制品。

　　陶瓷材料硬而脆且导热性较差, 其制品加工工艺路线亦较简单。主要为成型 (包括高温烧结), 根据陶瓷制品的材料、性能要求、形状尺寸精度及生产率不同, 可选用粉浆成型、压制成型、挤压成型、可塑成型等方法。陶瓷材料的切削加工性能极差, 除极少数陶瓷外 (如氮化硼陶瓷), 其他陶瓷均不可切削加工。陶瓷虽可磨削加工, 但磨削性能也不佳, 且必选用超硬材料砂轮 (如金刚石砂轮)。陶瓷也可热处理, 但因导热性与耐热冲击性差, 故加热与冷却时应小心, 否则极易产生裂纹。

　　等静压成型是将待压试样置于高压容器中, 利用液体介质不可压缩的性质和均匀传递压力的性质从各个方向对试样进行均匀加压, 当液体介质通过压力泵注入压力容器时, 根据流体力学原理, 其压强大小不变且均匀地传递到各个方向。此时高压容器中的粉料在各个方向上受到的压力是均匀的和大小一致的。通过上述方法使瘠性粉料成型致密坯体的方法称为等静压法。等静压成型工艺包括 ① 粉体预处理, 对瘠性粉料等静压成型工艺也需要对粉体进行预处理, 通过造粒工艺提高粉体的流动性, 加入黏结剂和润滑剂减少粉体内摩擦力, 提高黏结强度, 使之适应成型工艺需要。② 成型工艺, 包括装料、加压、保压、卸压等过程。装料应尽量使粉料在模具中装填均匀, 避免存在气孔; 加压时应求平稳, 加压速度适当; 针对不同的粉体和坯体形状, 选择合适的加压压力和保压时间; 同时选择合适的卸压速度。③ 成型模具, 等静压对成型模具有特殊的要求, 包括有足够的弹性和保形能力; 有较高的抗张抗裂强度和耐磨强度; 有较好的耐腐蚀性能, 不与介质发生化学反应; 脱模性能好; 价格低廉, 使用寿命长。一般湿式等静压多使用橡胶类模具, 干式等静压模具多使用聚氨酯、聚氯乙烯等材料。

8.1.3　金属材料的加工工艺

金属材料，特别是钢的加工工艺复杂，工艺性能问题较为突出，故对其工艺性能的要求较高。金属材料的加工工艺性能主要包括：

(1) 铸造性能。它包括流动性、收缩性、偏析倾向等。从二元相图上看，液–固相线间距小，接近共晶成分的合金均具有较好的铸造性能。所以铸造铝和铜合金的铸造性能优于铸铁和铸钢，而铸铁又优于铸钢；在钢的范围内，中、低碳钢的铸造性能又优于高碳钢，故高碳钢较少用作铸件。因此，对于承载不大、受力简单而结构复杂，尤其是有复杂内腔结构的零部件，如机床床身、发动机气缸等，常选用铸件。

(2) 压力加工 (锻压) 性能。主要指冷、热压力加工时的塑性和变形抗力及可热塑性加工的温度范围、抗氧化性和加热、冷却要求等。变形铝合金和铜合金、低碳钢和低碳合金钢的塑性好，有较好的冷压加工性，铸铁和铸铝合金完全不能进行冷、热压力加工，高碳合金钢如高速钢，Cr12MoV 钢等不能进行冷压力加工，其热压力加工性能也较差，高温合金的热压力加工性能则更差。

(3) 焊接性能。系指在生产条件下接受焊接的能力，称为可焊性，一般用焊缝处出现裂纹、脆性、气孔等缺陷的倾向来衡量。

一般情况下钢中碳含量和合金元素含量越高，可焊性越差，所以低碳钢、低碳低合金钢的可焊性好，含碳量 >0.45% 的碳钢或 >0.38% 的合金钢可焊性较差。灰铸铁的可焊性比碳钢差很多，一般只对铸件进行补焊，球墨铸铁的可焊性更差。铜、铝合金的可焊性一般都比碳钢差，由于其导热性大，故需功率大而集中的热源或采取预热，如铝合金可焊性不好，一般采用氩弧焊。

(4) 切削加工性能。一般用切削抗力、加工零件表面粗糙度、排屑的难易程度和刀具磨损量等来衡量。它不仅与材料本身的化学成分、组织和力学性能有关，而且与刃具的几何形状、耐用度、切削速度、切削力等因素有关。

以钢为例，当化学成分一定时，可通过热处理改变钢的组织和性能来改善钢的切削加工性能。钢的硬度在 170~250HBW 时，适宜进行切削加工，硬度在 250HBW 时可改善切削表面粗糙度，但刀具磨损较严重。以粗加工选其下限，精加工选其上限为宜，当钢的硬度 <170HBW 时，在机加工前应进行正火，使硬度提高至规定范围，当钢硬度 >250HBW 时，在切削加工之前应进行退火或调质处理，使其硬度降至规定范围。铝合金切削加工性能最好，钢中以易削钢的切削加工性最好，奥氏体不锈钢及高碳高合金钢如高速钢的切削加工性最差。

(5) 热处理工艺性能。系指材料接受热处理的能力，包括淬硬性、淬透性、淬火变形和开裂的倾向、过热敏感性、回火脆性和氧化、脱碳倾向等。

大多数钢和铝合金都可进行热处理强化，铜合金只有少数能进行热处理强化。对于需热处理强化的金属材料 (尤其是钢)，热处理工艺性能特别重要。合金钢的热处理工艺性能比碳钢好，故结构形状复杂或尺寸较大且强度要求高的重要机械零件都用合金钢制造。

综上所述，一个零件从毛坯直至加工成合格产品的全部工艺过程是一个整体，只熟悉某些工艺而对其他工艺的作用，影响不甚了解或不大关心是不行的，因零件在每道工艺过程中，其外形尺寸、内部组织及应用状态都在不断变化，只有控制且按照设计者要求方向去变，才能制成高质量零件。

此外，在大批量生产时，有时工艺性能可成为选材的决定因素。有些材料使用性能虽好，但由于工艺性能差而限制了其应用。例如，24SiMnWV 钢拟作为 20CrMnTi 的代用材料，虽其力学性能优，但因正火后硬度较高，切削加工性差，不能适应大量生产要求而未被采用。相反，有些材料使用性能虽不是很好，如易削钢，但因其切削加工性好，适于自动机床大批量生产，故常用于制作受力不大的普通标准件。

8.1.4　零件设计需考虑的问题

实际生产中，设计人员往往仅片面、孤立地使零件结构形状适合部件机构的需要，而忽略了零件在加工或热处理过程中，因结构形状不合理而导致热处理淬火变形、开裂，而使零件报废。为此，在设计淬火零件结构形状时，应掌握以下原则。

(1) 避免尖角和棱角。零件的尖角、棱角处是淬火应力最为集中的地方，往往导致淬火裂纹，因此在设计带有尖角、棱角的零件时，应尽量加工成圆角、倒角以避免开裂。

(2) 避免截面突变 (断面薄厚相悬殊)。厚薄悬殊的零件，在淬火冷却时，由于冷却不均匀而造成的变形、开裂倾向较大，可采用开工艺孔、加厚零件太薄部分、合理安排孔洞位置或变不通孔为通孔等方法加以解决。

(3) 采用封闭、对称结构。开口或不对称结构的零件在淬火时应力分布亦不均匀，易引起变形，应改为封闭或对称结构。

(4) 采用组合结构。某些有淬裂倾向而各部分工作条件要求不同的零件或形状复杂的零件，在可能条件下可采用组合结构或镶拼结构。

8.1.5　材料的经济性

材料的经济性，是选材的根本原则。采用便宜的材料，把总成本降至最低，取得最大的经济效益，使产品在市场上具有最强的竞争力，始终是设计工作的重要任务。应当指出，所选材料是否符合经济性原则，绝不仅仅是指原材料的价格，在许多情况下，选用便宜的材料并不是最经济的。面对市场经济，运用价值工程方法来分析产品的功能成本是从经济的观点选用材料,提高产品质量、降低成本的一种行之有效的分析方法。

价值工程 (亦称价值分析),是以提高产品价值为目的,通过有组织,创造性工作,寻求最低寿命周期成本,可靠地实现产品的必要功能,而着重于功能分析,以求推陈出新,促使产品更新换代的一种管理技术。

而产品的价值 (V) 系指产品具有用户要求功能 (F) 与取得该功能所耗成本 (C) 的比值。机械产品的功能 (F) 指产品的使用性能、工艺性能、产品质量等。产品的价值可用下式表示:

$$V(价值)=F(功能)/C(产品的寿命周期成本)$$

随着生产的发展,人们越来越深刻地意识到购买者需要的不是产品的本身而是产品的功能。在产品竞争的角逐中,必须设法通过设计制造以最低的成本提供用户所需要的功能。在保证同样功能条件下,还要比较功能的优劣——性能、产品质量,只有功能全、性能好、质量好、成本低的产品在竞争中才具有优势。

产品寿命周期成本 (C):它是讨论经济性的出发点,系指产品从诞生直到报废为止的费用支出总和,它等于产品制造成本 C_m(包括原材料、加工及管理费用等) 和在规定周期内的使用成本 C_u(指产品在用户使用过程中的成本,包括维护、修理、更换零件等) 两者之和,可表达为: $C = C_m + C_u$。只有 C_m 和 C_u 两者都适中,才能与寿命周期成本最低值 (C_{min}) 相对应。C_{min} 是价值工程活动中所要求达到的最低成本点,这时产品的功能则相应有一最适应水平 F_m。若产品功能超过 F_m 点,虽使用成本 C_u 可降低,但制造成本 C_m 提高了,这样总成本 C 也随之提高。反之,若产品功能降低,虽制造成本 C_m 降低,但使用成本 C_u 升高,这样总成本也随之提高。因此,只有当功能 F 与成本 C 匹配时,总成本才能达到 F_m 点。这是价值工程活动的最佳值,也是开展价值工程活动的奋斗目标。

第 42 届联合国大会通过的《我们共同的未来》报告中,将其表述为 "既满足当代的需要、又不致损害子孙后代满足其需要之能力的发展",它的基本含义是要保证人类社会具有长远的、持续发展的能力。如今,可持续发展这一概念正日益被各国政府和民众普遍接受,并逐渐成为全人类广泛接受、追求的发展模式。保护环境、节约资源和能源是实现可持续发展的关键。而 "生态环境材料" 系指 "同时具有满意的使用性能和优良的环境协调性,或者能够改善环境的材料"。所谓环境协调性,是指资源和能源消耗少,环境污染小和循环再利用率高。

21 世纪是知识经济时代,同时也是可持续发展的世纪。社会、经济的可持续发展要求以自然资源为基础,与环境承载能力相协调。开发、研制与使用生态环境材料,恢复被破坏的生态环境,减少废气、污水、固态废弃物对环境的污染,控制全球气候变暖、减缓土地沙漠化,用材料科学与技术来改善生态环境,是历史发展的必然,也是材料科学的进步。为保护环境可以下几个方面进行选材。

(1) 在保证满足使用性能的条件下,尽量选用节约资源、降低能耗的材料。选择生态环境材料,这是从材料角度保证实施可持续发展的根本出路。例如,在保证上述性能条件下选择非调质钢代替调质钢,既节省了能源,又减少了环境污染。

(2) 开发与选用环境相容性的新材料,并对现有材料进行环境协调性改性。这是生态环境材料应用研究的主要内容。到目前为止,在纯天然材料、生物医学材料、生态建材乃至新型金属材料等方面的开发和应用都有较大的进展。例如,对于采用二次精炼、控制轧制与控制冷却等新技术而制得的新型工程构件用钢,强度、硬度与塑性、韧性等性能均获得了较大程度提高,而且节约了原材料,降低了能耗。

(3) 尽可能地选用环境降解材料。生态环境材料应用研究的另一个方面就是对环境降解材料的研究。目前的研究重点主要是光-生物共降解材料的开发以及规模化工业生产工艺等。

当产品使用报废后,其废弃物材料若不易分解且难于为自然界所吸收,将对环境产生极大的污染,如聚合物材料的加工和使用后的废弃物就会造成严重的环境污染。在此情况下,应优先选用可环境降解的新型塑料制品。这种新型塑料在废弃后,能在一定时间内经光合作用而脆化、降解成碎片,再经大自然的侵蚀而进入土壤被微生物消化,这样就不会给环境造成污染。

(4) 针对积累下来的污染问题,开发门类齐全的生态环境材料。对环境进行修复、净化或替代等处理,逐渐改善地球的生态环境,使之向可持续发展的方向前进。

8.2 齿轮选材

齿轮主要用于传递扭矩和调节速度,其受力状况如下:

(1) 由于传递扭矩和调节速度,齿根承受很大的交变弯曲应力;

(2) 换挡、启动时齿部承受一定冲击载荷;

(3) 齿面相互滚动或滑动接触,承受很大的接触压应力和摩擦力。

齿轮的失效形式包括疲劳断裂、齿面磨损、齿面接触疲劳破坏和过载断裂。机床变速箱齿轮担负传递动力,改变运动速度和方向的任务,工作条件较好,转速中等,载荷不大,工作平稳无强烈冲击。一般选中碳钢制造,为了提高淬透性,也可选中碳合金钢。低速低载荷下工作不重要的变速箱齿轮,硬度为 156~217HB。应选 45 钢正火 (840~860°C) 工艺。速度较大或中度载荷下工作的小齿轮,齿部硬度

要求较高 (50~55HRC)，应选 45 钢，高频加热，水淬，160~180℃ 回火 (正确)，下面两种选择不正确：

(1) 45 钢调质处理，后高频加热，水淬，160~180℃ 回火 (不正确，因为该齿轮不要求整体综合性能好)。

(2) 40CrNiMn 钢高频加热，油淬，160~180℃ 回火 (不正确，因为齿轮尺寸较小，没有必要选高淬透性钢)。

速度较大或中度载荷下工作的小齿轮，要求良好综合性能，齿部硬度较高 (50~55HRC)，选 45 钢，高频加热水淬，160~180℃ 回火的工艺路线为：

下料 → 锻造 → 正火 → 粗加工 → 调质 → 精加工 → 齿轮高频淬火及低温回火 → 精磨。

(1) 正火目的：消除锻造应力，均匀组织，便于切削加工；

(2) 调质目的：使齿轮具有较高的综合机械/力学性能；

(3) 高频淬火：决定齿轮表面性能，Ac_3 加热，水淬提高耐磨性；

(4) 低温回火：消除淬火应力。

汽车齿轮在变速箱中，改变车速，发动机的全部动力均通过齿轮传给车轴，推动汽车运行。故汽车齿轮受力较大，受冲击频繁，其耐磨性、疲劳强度、心部强度以及冲击韧性都比机床齿轮要求高。

例题 8-1　现制造一汽车传动齿轮，要求表面高硬度 (58~62HRC)、高耐磨、高接触疲劳强度，心部具有良好的韧性 (29~45HRC)。应选下面哪一项：

(1) T10 钢水淬 + 160℃ 回火，组织为 $M_{回火}+\theta$。

(2) 45 钢调质＋表面淬火 + 160℃ 回火。

(3) 20CrMnTi 钢渗碳 + 淬油 +160℃ 回火 (渗碳表层 $w(C)\%=0.8\%~1.0\%$)

解　(1) T10 钢水淬 + 160℃ 回火，组织为 $M_{回火}+\theta$。

工艺分析：只满足表层，不能满足心部性能。

(2) 45 钢调质＋表面淬火 + 160℃ 回火。

工艺分析：调质得到 $S_{回}$，心部性能一般满足。

表面淬火 + 160℃ 回火得到 $M_{回}$，硬度只有 56HRC，不合要求。

(3) 20CrMnTi 钢渗碳 + 淬油 +160℃ 回火 (渗碳表层 $w(C)\%=0.8\%~1.0\%$)

工艺分析：表层 (0.5~1.0mm) 组织：$M_{回}$+ 合金碳化物 +A′ 少，62HRC；

心部组织：$M_{回}$ ＋ F，硬度 40~43HRC，强韧性好。

无论表层、心部都能满足性能要求，故选工艺 (3)。

要求表面高硬度 (58~62HRC)、高耐磨、高接触疲劳强度，心部具有良好的韧性 (29~45HRC)，20CrMnTi 钢渗碳 + 淬油 +160℃ 回火的工艺路线：

下料 → 锻造 → 正火 → 机加工 → 渗碳油淬 → 160℃ 回火 → 喷丸处理。

正火目的：消除锻造应力，均匀组织，便于切削加工。

渗碳油淬目的：满足表层性能要求，为提高组织的强韧性必须进行低温回火。

齿轮是各类机械、仪表中应用最为广泛的传动零件，其作用是传递扭矩，调整速度及改变运动方向。只有少数齿轮受力不大，仅起分度定位作用。

1. 工作条件分析

一对齿轮副在运转工作时，两齿面啮合运动：

(1) 因传递扭矩而使齿根部受到弯曲应力；

(2) 同时使齿面有相互滚动和滑动摩擦的摩擦力；

(3) 在轮齿面窄小接触处承受很大的交变接触压应力；

(4) 由于换挡、启动或啮合不均，故齿轮承受一定冲击载荷作用；

(5) 此外，瞬时过载、润滑油腐蚀及外部硬质磨粒的侵入等情况，都可加剧齿轮工作条件的恶化。

2. 常见的主要失效形式

齿轮工作时受力繁重、复杂，其主要失效形式有以下几种：

(1) 断齿，如图 8-2 所示，除因超载而产生脆性折断 (多发生在轮齿淬透的硬齿面齿轮或脆性材料制造的齿轮上) 外，大多数情况下断齿都是由弯曲疲劳造成的。

图 8-2 断齿

当零件所承受的重复应力较高 (接近甚至可能超过材料的屈服强度)，而频率较低 (低于 10 次/min) 时，其断裂前经受的循环次数较低 (往往低于 1055 次)，被称为低周疲劳。在产生低周疲劳过程中，每次循环都产生较大的塑性变形，因此塑性变形占主导地位，故应选用塑性、韧性好的材料。反之，当重复应力较低、频率较高时，断裂前经受的循环次数较高 (可达 10^7 次)，称为高周疲劳。在产生高周疲劳过程中，应变循环基本上局限在弹性范围内，因此是弹性变形占主导地位，故应选用强度较高的材料。

(2) 齿面接触疲劳破坏 (麻点)，齿面承受大的交变接触应力作用，因表面疲劳使齿面表层产生点状、小片剥落的破坏。这是齿轮最常见的失效形式。

(3) 齿面磨损，分为两种情况: 一种是摩擦磨损; 另一种是磨粒磨损。摩擦磨损大多由于高速重载齿轮运转时，因齿面摩擦产生大量热，造成润滑膜破坏，促使齿面软化，致使齿面过度磨损。轻度的摩擦磨损称擦伤，严重者称胶合。磨粒磨损是外来硬质点嵌入相互啮合的齿面间，使齿面产生机械磨损。

据美国一资料对 931 个齿轮失效方式及原因统计结果 (表 8-1) 表明，疲劳断裂占失效齿轮总数的 36.8%，约 1/3 以上，居首位，过载断裂约占 24.4%，次之，这两项加起来断裂失效总计占 61.2%，是齿轮失效的主要形式; 其次是表面疲劳破坏，占总数的 20.3%; 而齿面磨损占总数的 13.2%。

根据齿轮的工作条件及失效形式的分析，对齿轮材料特提出如下性能要求:

(1) 高的弯曲疲劳强度，特别是齿根处要有足够的强度，使运行时所产生的弯曲应力不致造成疲劳断裂;

(2) 高的接触疲劳强度、高的表面硬度和耐磨性，防止齿面损伤;

(3) 足够高的齿轮心部强度和冲击韧度，防止过载与冲击断裂;

(4) 此外，还要求有良好的切削加工性，淬火变形要小，以获得高的加工精度和低的表面粗糙度值，提高齿轮抗磨损能力。

表 8-1　齿轮失效

失效方式	统计结果/%	失效原因	统计结果/%
断裂，总计	61.2	使用不当，总计	74.7
疲劳断裂，轮齿	32.8	润滑不良	11.0
轮	4.0	安装不良	21.2
过载断裂，轮齿	23.8	过载	38.9
轮	0.6	其他	3.6
表面疲劳，总计	20.3	设计，总计	6.9
麻点	7.2	设计不合理	2.8
剥落	6.8	选材不当	1.6
麻点-剥落混合	6.8	热处理条件规定不当	2.5
磨损，总计	13.2	热处理，总计	16.2
磨粒磨损	10.3	淬火不良	5.9
黏着磨损	2.9	硬化层浅	4.8
塑性变形，总计	5.3	心部硬度低	2.0
		硬化层太深	1.8
		其他，总计	2.2

应说明，在齿轮副中两齿轮齿面硬度值应有一定差值，因小齿轮的齿根薄、轮齿受载次数多，故小齿轮硬度应比大齿轮高些。一般两齿轮齿面硬度差: 软齿面为

30~50HBW，硬齿面为 5HRC 左右。

确定齿轮用材及热处理工艺，主要根据齿轮的传动方式 (开式或闭式)、载荷性质与大小 (齿面接触应力与冲击载荷等)、传动速度 (节圆线速度) 和精度要求等工作条件确定。同时还要考虑，依据齿轮模数和截面尺寸提出的淬透性及齿面硬化要求、齿轮副的材料及硬度值的匹配等问题。

齿轮类零件绝大多数应选用渗碳钢或调质钢系列。它们经表面强化处理后，表面有高的强度和硬度，心部有良好韧性，能满足使用性能要求。此外，这类钢的工艺性能好，经济上也较合理，所以是较理想的材料。但对于某些尺寸较大 (如直径 >400mm)、形状复杂并承受一定冲击载荷的齿轮，其毛坯用锻造难以加工时，亦常采用铸钢。某些开式传动的低速齿轮可用铸铁，特殊情况下还可采用有色金属及工程塑料等。下面介绍几种齿轮。

1) 钢制齿轮

有型材和锻件两种毛坯。由于锻坯纤维组织与轴线垂直，分布合理，故重要用途齿轮都采用锻造毛坯。钢质齿轮按齿面硬度分硬和软齿面齿轮。齿面硬度 ≤350HBW 为软齿面; >350HBW 为硬齿面。

(1) 轻载、低速或中速、冲击力小、精度较低的一般齿轮。选用中碳钢如 Q255、Q275、45、50、50Mn 等制造，常用正火或调质等制成软齿面齿轮，正火硬度 160~200HBW; 调质硬度 200~280HBW，不超过 350HBW。因硬度适中，精切齿廓可在热处理后进行，工艺简单、成本低。由于齿面硬度不高所以易于跑合，但承载能力不高，主要用于标准系列减速箱齿轮，冶金机械、重型机械和机床中一些次要齿轮。

(2) 中载、中速、受一定冲击载荷、运动较为平稳的齿轮。选用调质钢系列，如 45、50Mn、40Cr、42SiMn 等，也可采用 55Tid、60Tid 等低淬透性钢。其最终热处理采用高频或中频淬火及低温回火，制成硬齿面齿轮，齿面硬度可达 50~55HRC，齿心部保持原正火或调质状态，具有较好的韧性。由于感应加热表面淬火的轮齿变形小，若精度要求不高 (如 7 级以下时)，可不必再磨齿。机床中大多数齿轮就是这种类型的齿轮。对表面硬化的齿轮，应注意控制硬化层深度及硬化层沿齿廓的合理分布。

(3) 重载、高速或中速，且受较大冲击载荷的齿轮。选用渗碳钢系列，如 20Cr、20CrMnTi、20CrNi3、18Cr2Ni4WA 等。其热处理是渗碳、淬火、低温回火，齿轮表面获得 58~63HRC 的高硬度，因淬透性较高，齿心部有较高的强度和韧性。这种齿轮的表面耐磨性、抗接触疲劳强度和齿根的抗弯强度及心部的抗冲击能力都比表面淬火的齿轮高。但热处理变形大，精度要求较高时，最后一般要安排磨削。它适用于工作条件较为繁重、恶劣的汽车、拖拉机的变速箱和后桥中的齿轮。内燃机车、坦克、飞机上的变速齿轮的负载和工作条件比汽车的更重、更恶劣，要求材料的性能更高，应选用含合金元素高的合金渗碳钢，以获得更高的强度和耐磨性。

(4) 精密传动齿轮或磨齿有困难的硬齿面齿轮 (如内齿轮)。主要要求精度高，热处理变形小，宜采用调质钢中的氮化钢，如 35CrMo、38CrMoAlA 等。热处理为调质及氮化处理，氮化后齿面硬度高达 850~1200HV (相当于 65~70HRC)，热处理变形极小，热稳定性好 (在 500~550℃ 仍能保持高硬度)，并有一定耐蚀性。其缺点是硬化层薄，不耐冲击，故不适用载荷频繁变动的重载齿轮，而多用于载荷平稳、润滑良好的精密传动齿轮或磨齿困难的内齿轮。

近年来，软氮化和离子氮化工艺的发展，使工艺周期缩短，选用钢种变宽，选用氮化处理的齿轮逐渐广泛。

2) 铸钢齿轮

某些尺寸较大 (如直径大于 400mm)，形状复杂并受一定冲击的齿轮，其毛坯用锻造难以加工时，需要采用铸钢。常用碳素铸钢为 ZG35、ZG45、ZG55 等，载荷较大的采用合金铸钢如 ZG40Cr、ZG35CrMo、ZG42MnSi 等。

铸钢齿轮的热处理，通常是在切削加工前进行正火或退火，目的是消除铸造内应力，改善组织和性能的不均以提高切削加工性。一般要求不高、转速较慢的铸钢齿轮可在退火或正火处理后应用; 要求耐磨性高的，可进行表面淬火 (如火焰淬火)。

3) 铸铁齿轮

一般开式传动齿轮较多应用灰铸铁制造。灰铸铁组织中的石墨能起润滑作用，减摩性较好，不易胶合，而且切削加工性能好，成本低。其缺点是抗弯强度差，性脆，不耐冲击。它只适用于制造一些轻载、低速、不受冲击并精度低的齿轮。常用的灰铸铁牌号有 HT200、HT250、HT300 等。在闭式齿轮传动中，有用球墨铸铁如 QT600-3、QT450-10、QT400-15 等代替铸钢的趋势。

铸铁齿轮在铸后一般进行去应力退火或正火、回火处理，硬度在 170~269HBW，为提高耐磨性还可进行表面淬火。

4) 有色金属材料齿轮

在仪表中的或接触腐蚀介质的轻载齿轮，常用一些抗蚀、耐磨的有色金属型材制造。常见的有黄铜 (如 CuZn38、CuZn40Pb2)、铝青铜 (如 CuAl9Mn2、CuAl10Fe3)、硅青铜 (CuSi3Mn1)、锡青铜 (CuSn6P)。硬铝和超硬铝 (如 LY12、LC4) 可制作重量轻的齿轮。

5) 粉末冶金齿轮

粉末冶金齿轮材料可实现精密少切削甚至精密无切削加工，特别是随着粉末热锻新技术的应用，所制造的齿轮力学性能优良，技术经济效益高。此类材料一般适用于大批量生产的小齿轮，如汽车发动机的定时齿轮 (材料 Fe-C0.9)、分电器齿

轮 (材料 Fe-C0.9-Cu2.0)、农用柴油机中的凸轮轴齿轮 (材料 Fe-Cu-C) 等。

6) 工程塑料齿轮

在轻载、无润滑条件下工作的小型齿轮,可以选用工程塑料制造。常用的有尼龙、聚碳酸酯、夹布层压热固性树脂等。工程塑料具有重量轻、摩擦系数小、减震、工作噪音小等特点,故适于制造仪表、小型机械的无润滑、轻载齿轮。其缺点是强度低,工作温度不能高,所以不能用作较大载荷的齿轮。

机床齿轮一般说来,工作条件相对较好,转速中等、载荷不大、运行平稳、无强烈冲击,故对齿轮的表面耐磨性和心部韧度要求不很高。因此常选用调质钢如45、40Cr 等制造。经正火或调质处理后再经感应加热表面淬火强化,齿面硬度可达50~58HRC,齿轮心部硬度为 220~250HBW,完全可以满足性能要求。其加工工艺路线为:

下料 → 锻造 → 粗加工 → 正火 → 精加工 → 高频淬火 + 低温回火 → 精磨 → 成品 (性能要求不高的齿轮),或者下料 → 锻造 → 正火 → 粗加工 → 调质 → 精加工 → 高频淬火 + 低温回火 → 精磨 → 成品 (性能要求较高的齿轮)。

极少数高速、重载、高精度或受冲击的齿轮,还可选用表面硬化钢中的氮化钢 (如 35CrMo、38CrMoAlA 等) 进行表面渗氮处理或者渗碳钢 (如 20CrMnTi、20Cr 等) 进行表面渗碳 + 淬火 + 低温回火处理。

一般机床齿轮的用材及热处理详见表 8-2。

表 8-2 机床齿轮的用材

序号	齿轮工作条件	钢种	热处理工艺	硬度要求
1	在低载荷下工作,要求耐磨性好的齿轮	15	渗碳直接淬火法或一次淬火法 (780℃ 水淬、180℃ 回火)	58~63HRC
2	低速 (<0.1m/s) 低载荷下工作的不重要变速箱齿轮和挂轮架齿轮	45	840~860℃ 正火	156~217HBW
3	低速 (<1m/s) 低载荷下工作的齿轮 (如车床溜板上的齿轮)	45	调质 (820~840℃ 水淬 +500~550℃ 回火)	200~250HBW
4	中速、中载荷或大载荷下工作的齿轮 (如车床变速箱中的次要齿轮)	45	高频加热、水淬,300~340℃ 回火	45~50HRC
5	速度较大或中等载荷下工作的齿轮,齿部硬度较高 (如钻床变速箱中次要齿轮)	45	高频加热、水淬,240~280℃ 回火	50~55HRC
6	高速、中等载荷,断面较大的齿轮 (如磨床砂轮箱齿轮)	45	高频加热、水淬,180~200℃ 回火	54~60HRC

续表

序号	齿轮工作条件	钢种	热处理工艺	硬度要求
7	速度不大，中等载荷，断面较大的齿轮 (如铣床工作面变速箱齿轮、立车齿轮)	40Cr，45MnB，42SiMn	调质 (840~860℃ 油淬、600~650℃ 回火)	200~230HBW
8	中等速度 (2~4m/s)、中等载荷下工作的高速机床走刀箱、变速箱齿轮	40Cr，42SiMn	调质后高频加热、乳化液淬火，260~300℃ 回火	50~55HRC
9	高速、高载荷、齿部要求高硬度的齿轮	40Cr，42SiMn	调质后高频加热、乳化液淬火，180~200℃ 回火	54~60HRC
10	高速、中载荷、受冲击、模数 <5 的齿轮 (如机床变速箱齿轮、龙门铣床电动机齿轮)	20Cr，20Mn2B	渗碳、直接淬火，或一次淬火 (810℃ 油淬、180℃ 回火)	58~63HRC
11	高速、重载、受冲击、模数 >6 的齿轮 (如立车上的重要齿轮)	20CrMnTi，20SiMnVB	渗碳、直接淬火法 (预冷至 840℃ 油淬、180℃ 回火)	58~63HRC
12	高速、重载、形状复杂，要求热处理变形小的齿轮	38CrMoAlA，38CrAl	正火或调质后 510~550℃ 氮化	850HV 以上
13	在不高载荷下工作的大型齿轮	50Mn2，65Mn	820~840℃ 空冷	<241HBW
14	传动精度高、要求具有一定耐磨性的大齿轮	35CrMo	860℃ 空冷，600~650℃ 回火 (热处理后精切齿形)	255~302HBW

汽车变速齿轮主要分装在变速箱和后桥中，通过齿轮传动将动力传至半轴带动主动轮转动，驱使汽车前进，通过改变齿轮速比与方向，控制汽车行驶速度和前进、后退。汽车变速齿轮受力较大、超载和受冲击频繁，其耐磨性、疲劳强度、心部强度及冲击韧度等性能要求均比一般机床齿轮要高，那么选用一般调质钢感应加热表面淬火就不能保证要求，所以通常要选用渗碳钢作重要齿轮。我国应用最多的是合金渗碳钢 20Cr、20CrMnTi、20MnVB、20CrMnMo 等，并经渗碳、淬火及低温回火处理。经渗碳后表面含碳量大大提高，保证淬火后得到高硬度，提高耐磨性和接触疲劳抗力。在渗碳、淬火及低温回火后其齿面硬度可达 58~62HRC、心部硬度为 30~45HRC。由于合金元素能提高淬透性，所以淬火、回火后可使心部获得较高的强度和足够的冲击韧度。为进一步提高齿轮的耐用性，渗碳、淬、回火后，还可采用喷丸处理，增大表层压应力。其加工工艺路线一般为: 下料 → 锻造 → 正火 → 切削加工 → 渗碳、淬火 + 低温回火 → 喷丸 → 磨加工 → 成品。

对飞机、坦克等特别重要的齿轮，则可选用高性能、高淬透性的渗碳钢 (如 18Cr2Ni4WA) 来制造。一般汽车、拖拉机齿轮用材及热处理详见表 8-3。

表 8-3　汽车、拖拉机齿轮常用钢种及热处理方法

序号	齿轮类型	常用钢种	热处理	
			主要工序	技术条件
1	汽车变速箱和分动箱齿轮	20CrMnTi, 20CrMo 等 40Cr	渗碳	齿面硬度: 58~64HRC 心部硬度: 29~45HRC
			(浅层) 碳氮共渗	层深 >0.2mm 齿面硬度: 51~61HRC
2	汽车驱动桥主动及从动圆柱齿轮	20CrMnTi, 20CrMo, 20CrMnTi,	渗碳	层深按图纸要求, 硬度同序号 1 中渗碳
	汽车驱动桥主动及从动圆锥齿轮	20CrMnMo	渗碳	齿面硬度及心部硬度同序号 1 中渗碳
3	汽车驱动桥差速器行星及半轴齿轮	20CrMnTi, 20CrMo, 20CrMnMo	渗碳	同序号 1 中渗碳
4	汽车起动机齿轮	15Cr, 20Cr, 20CrMo, 15CrMnMo, 20CrMnTi	渗碳	层深 0.7~1.1mm; 表面硬度 58~63HRC, 心部为 33~43HRC
5	拖拉机传动齿轮, 动力传动装置中的圆柱齿轮, 圆锥齿轮及轴齿轮	20Cr, 20CrMo, 20CrMnMo, 20CrMnTi, 30CrMnTi	渗碳	硬度要求同序号 1 中渗碳
		40Cr, 45Cr	(浅层) 碳氮共渗	同序号 1 中碳氮共渗

8.3　轴类零件选材

轴是机器上的重要零件之一, 一切回转运动的零件如齿轮、凸轮都装在轴上, 所以, 轴主要是传递动力。

1. 轴类零件工作条件及性能

1) 工作条件

(1) 轴主要是受交变弯曲、扭转的复合作用;

(2) 轴与轴上零件有相对运动, 相互间存在摩擦和磨损;

(3) 轴在高速运动时承受冲击载荷及过载载荷。

2) 性能要求

(1) 良好的综合性能: 足够的强度、塑性和一定的韧性, 以防过载断裂;

(2) 高疲劳强度, 以防疲劳断裂;

(3) 足够的淬透性, 以防磨损失效;

(4) 良好的切削加工性能。

2. 轴类零件失效的主要形式

(1) 断裂。除少数由于大载荷或冲击载荷的作用，轴发生折断或扭断外，大多数是由交变载荷长期作用而造成疲劳断裂，以扭转疲劳为主，也有弯曲疲劳。疲劳断裂是轴类零件最主要的失效形式。

(2) 磨损失效。由于轴相对运动的表面如轴颈处过度磨损而导致磨损失效。

(3) 变形或腐蚀失效等。个别情况下发生过量弯曲或扭转变形 (弹性的和塑性的) 失效，或可能发生振动或腐蚀失效的现象。

如图 8-3 所示为轴头磨损，图 8-4 为轴封磨损。

图 8-3　轴头磨损

图 8-4　轴封磨损

机床主轴要求具有一般综合机械性能，大端的轴颈与卡盘间有磨损，要求具有较高的强度和硬度。

例题 8-2　机床主轴，载荷和转速不高，要求具有较高综合力学性能 (220~250HB) 应选用 (2)45 钢调质处理。

(1) 40Cr 钢调质处理 (载荷和转速不高，一般不用合金钢)；

(2) 45 钢调质处理 (调质得到 $S_{回}$，具有良好的综合力学性能)；

(3) 45 钢正火处理 (正火组织不具备良好的综合力学性能)。

例题 8-3　机床主轴，承受较大载荷，要求具有良好的综合力学性能 (220~250HB)；轴颈耐磨，硬度为 50~55HRC 应选用 (1)。

(1) 40Cr 钢调质＋表面淬火 (轴颈) ＋低温回火 (调质满足了综合机械性能的要求，轴颈表面淬火满足了轴颈耐磨的要求)；

(2) 20Cr 钢渗碳＋淬油＋低温回火 (该工艺使表面硬度太高，而心部却不具备良好的综合力学性能要求)；

(3) 40Cr 钢调质处理 (轴颈硬度不合要求)。

3. 轴类工艺路线

下料 → 锻造 → 正火 → 粗加工 → 调质 → 精加工 → 表面淬火 → 低温回火 → 磨削加工。

轴类零件, 如机床主轴与丝杠、内燃机曲轴、汽轮机转子轴、汽车后桥半轴以及仪器仪表的轴等, 是各种机械中关键性的基础零件, 一切做回转运动的零件如齿轮、皮带轮等都装在轴上, 轴的质量直接影响机器的运转精度和工作寿命。其主要作用是支撑传动零件并传递运动和动力 (扭矩)。

根据工作条件和失效形式分析, 可以对轴用材料提出如下主要性能要求:

(1) 高的疲劳强度, 防止轴疲劳断裂;

(2) 良好的综合力学性能, 即强度与塑、韧性有良好的配合, 以防止过载和冲击断裂;

(3) 较高硬度和良好耐磨性, 防止轴颈、花键等局部承受摩擦的部位过度磨损。

轴类零件选材时主要考虑强度, 同时兼顾材料的冲击韧度和表面耐磨性。强度设计一方面可以保证轴的承载能力, 防止变形失效; 另一方面由于疲劳强度与抗拉强度大致成正比关系, 也可保证轴的耐疲劳性能, 并且还对耐磨性有利。

聚合物材料, 其强度、刚度太低, 极易变形; 无机非金属材料又太脆, 疲劳性能差, 因此这两类材料一般均不适宜于制造轴类零件。那么, 作为轴类零件 (尤其是重要的轴) 几乎都选用钢铁材料。根据轴类零件的种类、工作条件、精度要求及轴承类型等的不同, 可选择具体成分的钢和铸铁作为轴的合适材料。

(1) 锻钢轴。为了兼顾强度和韧性, 同时考虑疲劳抗力, 轴类零件一般选用调质钢 (中碳碳钢或中碳合金钢) 制造。主要钢种有 45、40Cr、40MnB、30CrMnSi、35CrMo、42CrMo、40CrNiMo 和 38CrMoAlA 等。具体钢种可根据轴的载荷类型和淬透性要求等来决定。

轴类零件承受的载荷主要是弯曲载荷、扭转载荷或轴向载荷等。对于弯曲与扭转载荷, 其应力分布是不均匀的, 最大应力值在外表面上, 因此主要承受交变扭转、弯曲载荷的轴, 可以不必选用淬透性很高的钢种, 仅保证轴有 $(1/2\sim2/3)R$ 的淬硬层深度即可, 这时一般选用 45、40Cr 即可。而对于承受拉–压轴向载荷的轴, 要求轴截面上应力分布均匀, 由于心部应力也较大, 特别是当其尺寸较大、形状较复杂时, 则可选用具有高淬透性的钢种, 如 40CrNiMo 等。

以刚度为主要性能要求、轻载的非重要轴, 为降低成本, 可选用碳钢 (如 45钢), 甚至普通质量碳钢 (如 Q275) 制造, 进行正火或调质处理, 若需提高局部相对运动部位的耐磨性, 可对其进行表面淬火处理。

以耐磨性为主要性能要求的轴, 可选用含碳量较高的钢 (如 65Mn、9Mn2V) 或低碳钢 (如 20Cr、20CrMnTi) 渗碳处理, 对其中精度有极高要求的轴则应选渗氮钢

(如 38CrMoAlA) 制造。

当主轴承受重载、高速、冲击与循环载荷很大时，应选用渗碳钢，如 20CrM-nTi、20MnVB 等。

(2) 铸钢轴。对形状极复杂、尺寸较大的轴，可选用铸钢来制造，如 ZG230~ZG450。应注意的是，铸钢轴比锻钢轴的综合力学性能 (主要是韧性) 要低一些。

(3) 铸铁轴。由于大多数情况下轴类零件很少是以冲击过载而断裂的形式失效，故近几十年来越来越多地选用球墨铸铁 (如 QT700-2) 和高强度灰铸铁 (如 HT350) 来代替钢作为轴类零件 (尤其是曲轴) 用材。与钢轴相比，铸铁轴的刚度和耐磨性不低，而且具有缺口敏感性低、减振减摩性好、切削加工性优良及生产成本低廉等优点，选材时值得重视。

针对典型轴类零件的选材分析如下：

1) 机床主轴

根据主轴工作时所受载荷类型和大小可分为四类：

(1) 轻载主轴 (如普通车床主轴，其承载轻，磨损较轻，冲击不大)；

(2) 中载主轴 (如铣床主轴，其承受中级载荷，磨损较严重，受冲击)；

(3) 重载主轴 (如重载组合机床主轴，承受重载，磨损严重且受冲击较大)；

(4) 高精度机床主轴 (如精密镗床主轴和高精度磨床主轴，受力小，但精度要求高，粗糙度低，工作中磨损和变形小)。

主轴材料的选择和制订热处理工艺时，必须考虑：

(1) 受力的大小 (因机床类型不同，工作条件有很大差别)；

(2) 轴承类型 (若在滑动轴承上工作，需要有高的耐磨性)；

(3) 精度和粗糙度要求；

(4) 主轴的形状及其可能引起的热处理缺陷。

以 C616-416 车床主轴为例，该主轴属于轻载主轴，在滚动轴承中运转，工作时承受交变弯曲应力与扭转应力，但由于承受的载荷与转速均不高，冲击作用也不大，故材料具有一般的综合力学性能即可。但在主轴大端的内锥孔和外锥体，因经常与卡盘、顶尖有相对摩擦；花键部位与齿轮有相对滑动，故这些部位要求有较高的硬度与耐磨性。该主轴在滚动轴承中运转，轴颈硬度为 220~250HBW。

根据上述工作条件分析，该主轴可选用 45 钢。热处理技术条件为：整体调质，硬度 220~250HBW；内锥孔与外锥体局部淬火，硬度 45~50HRC；花键部位高频淬火，硬度 48~53HRC。

45 钢虽属淬透性较差钢种，但主轴工作时最大应力分布在表层，主轴设计时，因刚度与结构需要已加大轴径，强度安全系数较高。在粗车后轴的形状较简单，调质淬火时一般不会有开裂危险。因此，采用价廉、可锻性与切削加工性皆好的 45 钢。

由于主轴上阶梯较多，直径相差较大，宜选锻坯。材料经锻造后粗略成型，可以节约原材料和减少加工，并可使主轴的纤维组织分布合理和提高力学性能。

内锥孔与外锥体用盐炉快速加热并水淬，外锥体键槽不淬硬，要注意保护。花键采用高频淬火以减少变形并达到表面淬硬的目的。由于轴较长，且锥孔与外锥体对两轴颈的同轴度要求较高，故锥部淬火应与花键淬火分开进行，以减少淬火变形；随后用粗磨纠正淬火变形，然后再进行花键的加工与淬火，其变形可用最后精磨予以消除。C616 车床主轴的加工工艺路线为：

下料 → 锻造 → 正火 → 机械粗加工 → 调质 → 机械半精加工 (除花键外)→ 局部淬火、回火 (锥孔及外锥体)→ 粗磨 (外圆、外锥体及锥孔)→ 铣花键 → 花键高频淬火、回火 → 精磨 (外圆、外锥体及锥孔)。

对于有些机床主轴如万能铣床主轴，也可用球铁 (如 QT700-2) 代替 45 钢来制造。对于要求高精度、高尺寸稳定性及耐磨性的主轴如镗床主轴，往往选用38CrMoAlA 钢制造，经调质处理后再进行氮化处理。常用机床主轴的工作条件、选材及热处理详见表 8-4。

2) 内燃机曲轴

曲轴是内燃机中形状复杂而又重要的零件之一，它在工作时受汽缸中周期性变化的气体压力、曲柄连杆机构的惯性力、扭转和弯曲应力及扭转振动和冲击力作用。

根据内燃机转速不同，选用不同材料。通常低速内燃机曲轴选用正火态的 45钢或球墨铸铁制造；中速内燃机曲轴选用调质态 45 钢或球墨铸铁、调质态中碳低合金钢 40Cr、45Mn2、50Mn2 等制造；高速内燃机曲轴选用高强度合金钢 35CrMo、42CrMo、18Cr2Ni4WA 等制造。

内燃机曲轴的加工工艺路线为：下料 → 锻造 → 正火 → 粗加工 → 调质 → 精加工 → 轴颈表面淬火 + 低温回火 → 精磨 → 成品。各热处理工序的作用与上述机床主轴相同。近年来常采用球墨铸铁 (如 QT700-2) 代替 45 钢制造曲轴，其加工工艺路线为：熔炼 → 铸造 → 正火 + 高温回火 → 机械加工 → 轴颈表面淬火 + 低温回火 → 成品。

这种曲轴质量的关键是铸造质量，首先要保证球化良好并无铸造缺陷，然后再经正火增加组织中的球光体含量和细化珠光体片，以提高其强度、硬度和耐磨性；高温回火的目的是消除正火风冷所造成的内应力。几种曲轴用材及热处理详见表 8-5。

表 8-4　机床主轴工作条件、用材及热处理

序号	工作条件	材料	热处理	硬度	原因	使用实例
1	(1) 与滚动轴承配合； (2) 轻、中载荷，转速低； (3) 精度要求不高； (4) 稍有冲击，疲劳忽略不记	45	正火或调质	200~250HBW	热处理后有一定机械强度； 精度要求不高	一般简式机床
2	(1) 与滚动轴承配合； (2) 轻、中载荷，转速略高； (3) 精度要求不太高； (4) 冲击和疲劳可忽略不计	45	整体淬火或局部淬火	40~45HRC	有足够强度；轴颈及配件 装拆处有一定硬度；不能 承受冲击载荷	龙门铣床、摇臂钻 床、组合机床等
3	(1) 与滑动轴承配合； (2) 有冲击载荷	45	轴颈表面淬火	52~58HRC	经正火有一定机械 强度；轴颈高硬度	C620 车床主轴
4	(1) 与滚动轴承配合； (2) 受中等载荷，转速较高； (3) 精度要求较高； (4) 冲击和疲劳较小	45	整体淬火或局部淬火	42 或 52HRC	有足够强度，轴颈和配件 装拆处有一定硬度；冲击 小，硬度取高值	摇臂钻床、 组合机床等

续表

序号	工作条件	材料	热处理	硬度	原因	使用实例
5	(1) 与滑动轴承配合; (2) 受中等载荷, 转速较高; (3) 较高的疲劳和冲击载荷; (4) 精度要求较高	40Cr	轴颈及配件装拆处表面淬火	≥52HRC ≥50HRC	坯料经预先热处理后有一定机械强度; 轴颈高耐磨性; 配件表拆处有一定硬度	车床主轴, 磨床砂轮主轴
6	(1) 与滑动轴承配合; (2) 中等载荷, 转速很高; (3) 精度要求很高	38CrMoAlA	调质 + 氮化	250~280HBW	心部具很高强度; 表面具高硬度与波劳强度; 氮化变形小	高精度磨床及精密镗床主轴
7	(1) 与滑动轴承配合; (2) 中等载荷, 心部强度不高, 转速高; (3) 精度要求不高; (4) 有一定冲击和疲劳	20Cr	渗碳 + 淬火 + 低温回火	56~62HRC	心部强度不高, 但有较高韧性; 表面硬度高	齿轮铣床主轴
8	(1) 与滑动轴承配合; (2) 重载荷, 转速高; (3) 较大冲击和疲劳载荷	20CrMnTi	渗碳 + 淬火 + 低温回火	56~62HRC	较高的心部强度和冲击韧度, 表面硬度高	载荷较大的组合机床

表 8-5   几种曲轴用料与热处理工艺

机型	曲轴材料	心部热处理		轴颈热处理	
		方式	硬度 (HBW)	方式	硬度 (HRC)
解放牌汽车	45 钢	正火	163~197	高频淬火	52~62
东方红拖拉机	45 钢	调质	207~241	高频淬火	52~62
东方红型内燃机车	42CrMo 钢	调质	255~302	中频淬火	58~63
国外高速柴油机	38CrMoAlA 钢	调质		氮化	
东风型内燃机车	球墨铸铁	调质		—	—
东风型内燃机车	合金球铁	喷雾正火、回火	285~315	镀钛氮化	50~55

8.4 叶 片 选 材

叶片的工作条件、失效方式及性能要求。

1. 工作条件和失效方式

叶片是汽轮机的"心脏",它直接起着将蒸汽或燃气的热能转变为机械能的作用,其工作条件为:

(1) 受蒸汽和燃气弯矩的作用;

(2) 受中、高压过热蒸汽冲刷或湿蒸汽的电化学腐蚀或高温燃气氧化和腐蚀;

(3) 受湿蒸汽中的水滴或燃气中杂质的磨损;

(4) 由于外界干扰力的频率和叶片的自振频率相等而产生的共振力的作用。

叶片的失效方式为蠕变变形、断裂 (包括振动疲劳、应力腐蚀、蠕变疲劳及热疲劳) 和表面损伤 (包括氧化、电化学腐蚀和磨损),如图 8-5 所示。

图 8-5 叶片断裂

2. 性能要求

根据叶片的工作条件和失效方式,叶片材料应具有如下性能:

(1) 高的室温及高温力学性能。低、中压汽轮机叶片的工作温度一般不超过 400℃,可用常温力学性能 (如高的疲劳抗力,较高的强度与较好的塑韧性) 为依据;高压汽轮机前几级叶片的工作温度在 400℃ 以上,则主要要求良好的高温力学性能 (即较高的蠕变极限和持久强度,较高的高温疲劳强度等)。

(2) 良好的抗蚀性。以防止氧化、电化学腐蚀及应力腐蚀开裂。

(3) 良好的减振性。以防止共振疲劳断裂。

(4) 足够的耐磨性。以防止冲刷磨损和机械磨损。

(5) 良好的变形加工工艺性能。由于叶片数量多、成型工艺复杂,所以要求材料具有良的好冷、热加工性能,以利于大批生产,提高生产率和降低成本。

叶片材料的选择取决于工作温度。

对于工作温度小于 450℃ 的汽轮机叶片,蠕变不是主要问题,其失效方式主要是共振疲劳断裂和应力腐蚀开裂,除结构设计上避免共振以外,还应选用减振性好的 1Cr13 和 2Cr13 马氏体不锈钢。前级叶片在过热蒸汽中工作,温度较高 (450~475℃),但腐蚀不明显,常选用 1Cr13 钢。

当工作温度 >500℃ 时,铬 13% 型马氏体耐热钢的热强性将明显下降,为此特在这类钢基础上加入少量的 Mo、V、W、Ni、Nb、B 等元素而形成提高热强性的强化型铬耐热钢,如 Cr11MoV、Cr12WNbVB、2Cr12WMoNbVBEY、1Cr11Ni2MoV 等钢种。

当工作温度 >600℃ 时,蠕变上升为主要问题,其失效形式为蠕变变形、蠕变断裂和蠕变疲劳等,对材料热强性的要求更高,为此一般选用奥氏体耐热钢来做汽轮机叶片。

汽轮机后级叶片工艺路线为:下料 → 模锻 → 退火 → 机械加工 → 调质 → 热整形 → 去应力退火 → 机械加工叶片根 → 镀硬铬 → 抛光 → 磁粉探伤 → 成品。

其中,退火是为了消除锻造应力,细化晶粒,改善切削加工性;调质是为了使叶片获得良好的综合力学性能和高温强度;热整形可提高叶片精度,矫正热处理变形;去应力退火是为了消除热整形内应力;镀硬铬则是为了提高抗氧化和耐蚀性。

8.5 弹 簧 选 材

1. 弹簧的工作条件

(1) 弹簧在外力作用下压缩、拉伸,承受弯曲应力或扭转应力;

(2) 缓冲、减震,承受交变应力和冲击载荷;

(3) 有些弹簧受到腐蚀介质和高温的作用。

2. 弹簧的性能要求

(1) 高弹性极限和高屈强比；

(2) 高的疲劳极限；

(3) 好的材质和表面质量；

(4) 某些弹簧具有好的耐蚀性和耐热性。

3. 汽车板簧尺寸较大，要求高淬透性钢

(1) 一般选 65Mn 钢、60Si2Mn 钢制造，850~870℃ 油淬＋中温回火；

(2) 中型或重型汽车板簧用 50CrMn、55SiMnVB 钢；

(3) 重型载重汽车大截面板簧采用 55SiMnMoV、55SiMnMoVNb 钢。

火车螺旋弹簧尺寸较大，性能要求与汽车弹簧相同。当然，火车还有空气弹簧、橡胶堆等。

例题 8-4   现制造直径 30mm 的火车卷簧，硬度 38~50HRC，应选用 (2)。

(1) 65 钢冷卷成型 + 淬火 + 中温回火 (65 钢的淬透性差，不能淬透)；

(2) 60Si2Mn 钢热卷成型 + 油淬 + 中温回火 (60Si2Mn 钢的淬透性好，尺寸较大，必须热卷成型)；

(3) 20 钢冷卷成型 + 淬火 + 低温回火 (尺寸大不能冷卷，20 钢的淬透性差，不能淬透；低温回火后不能满足性能要求)。

8.6 刃 具 选 材

1. 板锉

板锉是手工工具，形状简单。刃部要求高硬度 (63~65HRC)；柄部硬度 HRC<35。

(1) 18CrMnTi 钢渗碳 + 淬油 + 低温回火 (因形状简单不用合金钢，大材小用)；

(2) T12 钢淬火＋低温回火 (该钢适用于形状简单的工具，正确)；

(3) 9CrSi 钢油淬＋低温回火 (形状简单不选合金钢)。

工艺路线：锻柄部 → 正火 → 球化退火 → 机加工 → 淬火 → 低温回火。

球化退火目的：HB 降低，以利切削加工，为淬火做组织准备。

低温回火目的：得到 M 回 + 渗碳体 + A′ 少，才能满足硬度要求。

2. 齿轮滚刀

齿轮滚刀形状复杂，精度要求高，亦选用高速钢 (W18Cr4V) 制造。

工艺路线：锻造 → 球化退火 → 粗加工 → 淬火 → 回火 → 精加工 → 表面处理 (涂 TiN 等)。

锻造目的：成型、破碎、细化碳化物锻后应缓冷。

球化退火目的：HB 降低 (得到球状合金碳化物)，以利切削加工，为淬火做组织准备。

淬火：采用分级淬火。回火：采用 550℃ 回火三次。

3. 切削刀具

切削刀具是车刀、铣刀、钻头、锯条、丝锥、板牙等工具的统称。

1) 工作条件分析

(1) 切削刀具切削材料时，受到被切削材料的强烈挤压，同时刀具刃部受到很大的弯曲应力。某些刀具如钻头、绞刀等还会受到较大的扭转应力的作用；

(2) 刀具刃部与被切削材料产生强烈摩擦，刃部局部温度可升至 500~600℃；

(3) 对于较高速度的切削刀具往往还要承受较大的冲击与震动。

2) 主要的失效形式

(1) 磨损。工作部位产生强烈摩擦，致使刀具刃部易发生磨损。这样，不但增加切削抗力、降低切削零件表面质量，而且刀具刃部形状的变化还致使被加工零件的形状和尺寸精度降低；

(2) 断裂。切削刀具在冲击力及震动作用下，折断或崩刃；

(3) 刀具刃部软化。伴随切削过程进行，由于刀具刃部温度不断升高，刀具材料的红硬性低或高温性能不足，致使刃部硬度显著下降而丧失切削加工能力。

3) 主要性能要求

(1) 高硬度 (一般应 >62HRC)，高耐磨性；

(2) 高速切削下，应有高的红硬性；

(3) 足够的强韧度，以保证承受冲击和震动；

(4) 淬透性要好，可采用较低的冷却速度淬火，以防止刀具变形和开裂。

4) 切削刀具的选材

制造切削刀具的材料有碳素刃具钢、低合金刃具钢、高速钢、硬质合金及陶瓷刀具等。可根据切削刀具的使用条件和性能要求的不同来进行合理选用，如表 8-6 所示。

车刀系为最常用的切削刀具，表 8-7 为根据车刀的工作条件不同而推荐使用的车刀材料。

表 8-6　切削刀具选材

刀具名称	主要使用性能	选用材料	主要优缺点
手工刃具 (简单、低速) 如锉刀、手锯条、木工用刨刀、凿子等工具	高硬度、高耐磨性, 对红硬性和强韧性要求不高	碳素工具钢, 如 T7~T12(A) 等	价格便宜但淬透性差, 使用温度低
机用刃具 (低速、形状较复杂) 如丝锥、板牙、拉刀等	同上, 其淬透性、耐磨性提高, 使用温度 <300℃	低合金刃具钢, 如 9SiCr、CrWMn	淬透性较好、变形开裂小, 但红硬性较差
高速切削刃具 (使用温度 600℃ 左右) 如铣刀、车刀和精密刀具等	高硬度高耐磨性及高红硬性, 强韧性、淬透性好	高速钢 W18Cr4V W6Mo5Cr4V2 等	硬度 62~68HRC、使用温度 60℃, 价格较贵
硬质合金刀具 (使用温度达 1000℃)	高硬、高耐磨、高红硬性, 冲击韧度、抗弯强度较差	硬质合金, 如 YT6、YG6、YT15 等	高速强力与难加工材料的切削, 价格贵
陶瓷刀具 (其使用温度可达 1400~1500℃, 硬度可高达 5000~9000HV)	硬度 (5000~9000HV)、红硬性 (1400~1500℃) 极高, 耐磨性好	氧化铝、热压氮化硅、立方氮化硼等	用于淬火钢、冷硬铸铁等精加工和半精加工, 抗冲击力低、易崩刃

表 8-7　车刀的工作条件与选材

工作条件	推荐材料	硬度
低速切削 (8~10m/min), 易切削材料 (灰铸铁、软有色金属、一般硬度结构钢)	碳工钢和低合金工具钢, 如 T10(A)、C2、W	62HRC
较高速切削 (25~55m/min), 切削一般材料, 形状较复杂、受冲击较大的刀具	通用高速钢, 如 W6Mo5Cr4V2	64~66HRC
高速切削 (30~100m/min), 难切削材料 (如钛合金、高温合金), 形状较复杂、有一定冲击的刀具	超硬高速钢, 如 W6Mo5Cr4V2Al	66~69HRC
极高速切削 (100~300m/min), 切削一般材料 (铸铁、有色金属、非金属材料)	硬质合金, 如 YW2、YG6、YG8	88~91HRA
极高切削速度 (100~300m/min), 难切削材料 (如淬火钢等)	硬质合金, 如 YW1、YT5、YT14	90~93HRA

8.7　其他零件选材

其他零件选材见表 8-8 和表 8-9。

表 8-8　汽车发动机零件选材

典型零件	材料类别牌号	使用性能	失效形式	热处理及其他
缸体缸盖、飞轮、正时齿轮	灰铸铁，如 HT200	刚度、强度、尺寸稳定	产生裂纹、孔臂磨损、翘曲变形	不处理或去应力退火。也可 ZL104 淬火时效做缸体、盖
缸套、排气门座	合金铸铁	耐磨、耐热	过量磨损	铸造状态
曲轴等	球墨铸铁，如 QT600-2	刚度强度、耐磨、疲劳抗力	过量磨损、断裂	表面淬火，圆角滚压、氮化，亦可用锻钢件
活塞销等	渗碳钢，如 20、20Cr、20CrMnTi、12Cr2Ni4	强度、冲击、耐磨	磨损、变形、断裂	渗碳、淬火、回火
连杆、连杆螺栓、曲轴等	调质钢，如 45、40Cr、40MnB	强度、疲劳抗力、冲击韧度	过量变形、断裂	调质、探伤
各种轴承、轴瓦	轴承钢和轴承合金	耐磨、疲劳抗力	磨损、剥落、烧蚀破裂	不热处理 (外购)
排气门	耐热气阀钢，如 4Cr3Si2、6Mn2Al5MoVNb	耐热、耐磨	起槽、变宽、氧化烧蚀	淬火、回火
气门弹簧	弹簧钢，如 65Mn、50CrVA	疲劳抗力	变形、断裂	淬火、中温回火
火塞	有色金属合金，如 ZL110、ZL108	耐热强度	烧蚀、变形、断裂	淬火及时效
支架、盖、罩、挡板、油底壳等	钢板，如 Q235、08、20、16Mn(Q345)	刚度、强度	变形	不热处理

表 8-9　锅炉和汽轮机主要零件选材

零件名称	失效方式	工作温度	用材情况
水冷壁管或省煤器管		<450℃	低碳钢管如 20A
过热器管	爆管 (蠕变或持久断裂或过度塑性变形)、热腐蚀疲劳	<550℃	珠光体耐热钢如 15CrMo
		>580℃	同上，12Cr1MoV
蒸汽导管		<510℃	同上，15CrMo
		>540℃	同上，12Cr1MoV
汽包		<380℃	20G 或 16MnG 等普低钢
吹灰器		短时达 800~1000℃	1Cr13,1Cr18Ni9Ti
固定、支撑零件 (吊架、定位板等)		长时达 700~1000℃	Cr6SiMo、Cr20Ni14Si2、Cr25Ni12
汽轮机叶片		<480℃ 的后级叶片	1Cr13、2Cr13
汽轮机叶片	疲劳断裂、应力腐蚀开裂	<540℃	Cr11MoV
		<580℃ 前级叶片	Cr12WMoV
转子	断裂	<480℃	34CrMo
	疲劳或应力腐蚀开裂	<520℃	17CrMo1V(焊接转子) 27Cr2MoV(整体转子)
	叶轮变形	<400℃	34CrNi3M(大型整体转子)、33Cr3MoWV(同上)

续表

零件名称	失效方式	工作温度	用材情况
紧固零件		<400°C	45
(螺栓、螺母等)	螺栓断裂	<430°C	35SiMn
	应力松弛	<480°C	35CrMo
		<510°C	25Cr2MoV
叶片	蠕变变形	<650°C	1Cr17Ni13W、
	蠕变断裂		1Cr14Ni18W2NbBRe 等
	蠕变疲劳或热疲劳断裂	750°C	
		850°C	Cr14Ni40MoWTiAl
		900°C	(铁基)
		950°C	镍基合金如 Nimonic90
			同上，如 Nimonic100
			同上，如 Nimonic115
			In100，Mar-M246 等
转子及蜗轮轴		<540°C	珠光体耐热钢 20Cr3MoWV
		<650°C	铁基合金 Cr14Ni26MoTi
		<630°C	同上，Cr14Ni35MoWTiAl
火焰筒及喷嘴		<800°C	铁基合金，Cr20Ni27MoW
		<900°C	镍基合金 Incone1718 等
		<980°C	同上，HastelloyX 等

8.8 小　结

　　一个机械产品的设计, 应包括结构设计、工艺设计和材料设计三部分，机器零件的正确选材、合理用材是机械工程技术人员的基本任务之一，也是本书的主要教学目的。本章的主要内容有二：一是掌握机械零件用材合理选用的三条基本原则；二是熟悉齿轮和轴这两类典型零件的材料选用的分析。

　　失效与失效分析方法是科学选材的基础，在进行使用性能分析时，应紧密结合机械零件的常见失效形式，正确、实事求是地分析工作条件，找出其中最关键的力学性能指标，同时还必须充分考虑零件的工艺性能与经济性。

　　承受一定载荷的齿轮类零件的用材大体上可划分为两类：机床类齿轮，承受一定载荷，主要要求较高疲劳强度与耐磨性，足够的冲击韧度及良好切削加工性等，一般可选用调质钢，经调质 (或正火)+ 表面强化 (高频处理或氮化等)；另一类是以汽车、拖拉机变速齿轮为代表，适用于中、高速重载，特别是承受较大冲击载荷作用，一般可选渗碳钢，经渗碳 + 淬火 + 低温回火处理。而对于轴类零件的选材，在兼顾强韧性的同时，提高局部轴颈等处的疲劳抗力、耐磨性等，一般可用调质钢经调质 + 局部表面淬火、低温回火达到。值得注意的是当承受冲击载荷不大时可选用球墨铸铁代钢，用以制造内燃机、汽车、拖拉机的曲轴等，这正成为一种新的趋势。

第9章 有色金属及其合金

9.1 铝及铝合金

9.1.1 铝合金牌号 [12]

含量不低于 99% 时为纯铝, 牌号用 1XXX 系列表示, 牌号的最后两位数字表示铝含量精确到 0.01% 时小数点后的两位数字, 第二位字母表示纯铝的改型情况, A 为原始纯铝。

铝合金分为加工和铸造两类, 每一类又分为非热处理型和热处理型两类, 对于加工材料, 非热处理型铝合金分为 1XXX 系纯铝、3XXX 系 Al-Mn 系、4XXX 系 Al-Si 系。热处理型铝合金分为 5XXX 系 Al-Mg 系、2XXX 系 Al-Cu 系、6XXX 系 Al-Mg-Si 系、7XXX 系 Al-Zn-Mg-Cu 系, 以及新增加的 8XXX 系 Al-Li 系铝合金。对于铸造材料, 非热处理型铝合金分为纯铝系、Al-Si 系、Al-Mg 系, 热处理型铝合金分为 Al-Cu-Si 系、Al-Cu-Mg-Si 系、Al-Mg-Si 系、Al-Mg-Zn 系, 牌号前加 ZL, 表示是铸造铝合金。

我国的铝合金牌号表示遵循 GB/T 16474—1996 标准, 与国际牌号注册协议组织化学成分相同, 采用国际上通用的四位数字牌号, 不同的则采用四位字符牌号。四位字符牌号的第 1、3、4 为数字, 第 1 位表示铝合金系, 如 1XXX 系纯铝、2XXX 系 Al-Cu 系、3XXX 系 Al-Mn 系、4XXX 系 Al-Si 系、5XXX 系 Al-Mg 系、6XXX 系 Al-Mg-Si 系、7XXX 系 Al-Zn-Mg-Cu 系, 以及新增加的 8XXX 系 Al-Li 系、9XXX 为备用。第二位字母表示原始纯铝和铝合金的改型情况。在国际牌号体系中, 第 2 位为数字, 0 表示原始合金, 1~9 表示改型合金。

铝锂合金中 Li 的引入可以有效降低合金的密度, 每增加 1% 的 Li 含量, 合金密度可以降低 3%, 铝锂合金在航空航天中的应用极具吸引力。铝锂合金在航天方面的应用可以回溯到 20 世纪 50 年代, 之后在 80 年代产生了第二代铝锂合金, 包括 2090、2091、8090、8091 等, 其中 Li 含量为 1.9%~2.7%, 相对于 2 系和 7 系铝合金密度降低了 10%, 比刚度提高了 25%, 而其各向异性倾向使得铝锂合金在航天方面的应用受到限制, 促使了第 3 代铝锂合金的发展, 其中 Li 含量降低为 0.75%~1.8%, 同时提高了力学性能和耐腐蚀性。由 Li、Cu、Mg 等元素形成强化相和由 Zr、Mn 等形成的弥散相会影响晶粒的生长和晶界的移动。

变形铝合金的基础代号用一个英文大写字母表示, 细分状态则在英文大写字母后增加 1 位或者多位数字表示，如 F 表示自由加工状态、O 表示退火状态、H 为加工硬化状态、W 为固溶热处理状态、T 表示热处理状态，后加数字，如铝合金 6061-T6。H1 表示单纯加工硬化、H2 表示加工硬化及不完全退火、H3 表示加工硬化及稳定化处理、H4 表示加工硬化及涂漆处理，及 H 后的第 1 位数字表示获得该状态的基本处理程序，H 后面的第 2 位数字表示产品硬化的程度，如 HX9 表示比 HX8 更大的超硬状态。

T 为热处理状态，T0 表示固溶热处理后经自然时效再通过冷加工，T1 表示由高温成型过程冷却，然后自然时效，T2 表示由高温成型过程冷却，经冷加工后自然时效，T3 表示固溶热处理后经冷加工后自然时效，T4 表示固溶热处理后自然时效，T5 表示以 F 状态供货，经成型温度冷却后人工时效，T6 表示固溶热处理后人工时效，T7 表示固溶热处理后过时效，T8 表示固溶热处理后冷作硬化再人工时效，T9 表示固溶热处理后人工时效再冷作硬化，T10 表示从成型温度冷却，人工时效后冷作硬化。TX51 表示固溶热处理后为消除残余应力而进行的拉伸变形，如 T351、T451、T651 等。TX52 表示固溶热处理后为消除残余应力而进行的压缩变形，如 T352。

时效处理可分为自然时效和人工时效两种。自然时效是将工件放在室外等自然条件下，使工件内部应力自然释放从而使残余应力消除或减少。人工时效是人为的方法，一般是加热或是冰冷处理以消除或减小淬火后工件内的微观应力、机械加工残余应力，防止变形及开裂。稳定组织以稳定零件形状及尺寸。其方法是：将工件加热到一定温度，长时间保温后 (5~20 小时) 随炉冷却，或在空气中冷却。它比自然时效节省时间，残余应力去除较为彻底，但相比自然时效应力释放不彻底。自然时效对构件的尺寸稳定性较好，方法简单易行，但生产周期长，占用场地大，不易管理，不能及时发现构件内的缺陷，已逐渐被淘汰。以 2XXX 铝合金为例，铝合金的时效强化是新淬火态的过饱和固溶体中的铜原子首先要不断地向固溶体某些晶面进行富集，从而形成许多的富铜区 (GP 区)，这些富铜区的形成，使固溶区的晶格发生严重畸变，从而使强度/硬度升高; 随着时间的延长和温度的升高，铜原子继续偏聚，富铜区扩大，畸变范围增大，强度和硬度进一步提高。若温度再升高或延长，开始形成第二相 $CuAl_2$ 并析出，晶格畸变减小，则时效强化显著减弱，合金逐渐软化，这种现象称为 "过时效"。时效温度和时间的选择取决于合金性能的要求、合金的特性、固溶体的过饱和程度以及铸造方法等。人工时效可分为三类: 不完全人工时效，完全人工时效和过时效。不完全人工时效是采用比较低的时效温度或较短的保温时间，以获得优良的综合力学性能，即获得比较高的强度，良好的塑性和韧性，但耐腐蚀性能可能比较低。完全人工时效是采用较高的时效温度和较长的保温时间，以获得最大的硬度和最高的抗拉强度，但伸长率较低。过时效是在更高的温度下进行，这时合金保持较高的强度，同时塑性有所提高，主要是为了得到好的抗应力腐蚀性能。为了得到稳定的组织和几何尺寸，时效应该在更高的温度下进行。过时效根据使用要求通常也分为稳定化处理和软化处理。

铸造铝合金牌号用化学元素和数字表示，Z 表示铸造，如 ZAlSi7Mg 表示铸造铝合金，平均 Si 含量 7%，Mg 含量小于 1%。优质合金后面加字母 A。根据主要合金元素差异可分为四类铸造铝合金。

(1) 铝硅系合金，也叫 "硅铝明" 或 "矽铝明"。有良好的铸造性能和耐磨性能，热胀系数小，是铸造铝合金中品种最多，用量最大的合金，含硅量在 4%～13%。有时添加 0.2%～0.6%镁的硅铝合金，广泛用于结构件，如壳体、缸体、箱体和框架等。有时添加适量的铜和镁，能提高合金的力学性能和耐热性。此类合金广泛用于制造活塞等部件。

(2) 铝铜合金，含铜 4.5%～5.3%合金强化效果最佳，适当加入锰和钛能显著提高室温、高温强度和铸造性能。主要用于制作承受大的动、静载荷和形状不复杂的砂型铸件。

(3) 铝镁合金，密度最小 (2.55g/cm³)，强度最高 (355MPa 左右) 的铸造铝合金，含镁 12%，强化效果最佳。合金在大气和海水中的抗腐蚀性能好，室温下有良好的综合力学性能和可切削性，可用于雷达底座、飞机的发动机机匣、螺旋桨、起落架等零件，也可用作装饰材料。

(4) 铝锌系合金，为改善性能常加入硅、镁元素，常称为 "锌硅铝明"。在铸造条件下，该合金有淬火作用，即 "自行淬火"。不经热处理就可使用，以变质热处理后，铸件有较高的强度。经稳定化处理后，尺寸稳定，常用于制作模型、型板及设备支架等。

在铸造铝合金中添加稀土可以有效地改善铸造铝合金的缺陷。铝合金中添加适量稀土元素对精炼效果具有促进作用。稀土元素可以改善夹杂物形态，净化晶界。在铝合金中加入稀土，既可细化晶粒，也可明显细化枝晶组织 (减小二次枝晶间距)，其最佳效果对应于不同的稀土含量。

9.1.2 铝合金相图

铝合金的二元相图主要包括 Al-Si、Al-Mg、Al-Cu 等合金相图，如图 9-1～ 图 9-6 所示。

三元系统是包括三个独立单元的系统，三元相图即三元系统的相图。工业上所使用的金属材料，如各种合金钢和有色合金，大多由两种以上的组元构成，这些材料的组织、性能和相应的加工、处理工艺等通常不同于二元合金，因为在二元合金中加入第三组元后，会改变原合金组元间的溶解度，甚至会出现新的相变，产生新的组成相。因此，为了更好地了解和掌握金属材料，除了使用二元合金相图外，还需掌握三元甚至多元合金相图，由于多元合金相图的复杂性，在测定和分析等方面受到限制，因此，用的较多的是三元合金相图，简称三元相图。三元相图与二元相图比较，组元数增加了 1 个，即成分变量是 2 个，故表示成分的坐标轴应为 2 个，需要用一个平面表示，再加上垂直于该平面的温度轴，这样三元相图就演变成一个在三维空间的立体图形，分隔相区的是一系列空间曲面，而不是二元相图的平面曲线。常用三角形来表示三元合金的成分，这样的三角形称为浓度三角形或成分三角形。常用的成分三角形是等边三角形和直角三角形，如图 9-7 所示，以 o 点成分的合金为例，由 o 点出发，画平行于 A 点对边 BC 平行的线，与 A 组分的成分线相交于 b 点，Cb 即为 A 组元的成分。A、B、C 三个顶点代表三个组元，三条边分别代表二元系的成分坐标。当三元系成分以某一组元为主，其他两个组元含量很少时，合金成分点将靠近等边三角形某一顶点。若采用直角坐标表示成分，则可使该部分相图更为清楚地表示出来，一般用坐标原点代表高含量组元，而两个互相垂直

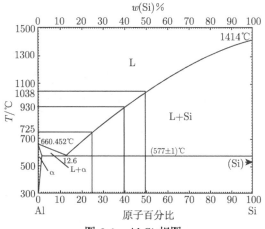

图 9-1　Al-Si 相图

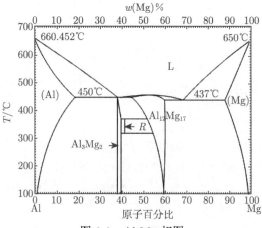

图 9-2　Al-Mg 相图

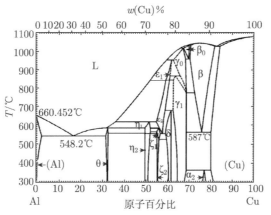

图 9-3 Al-Cu 相图

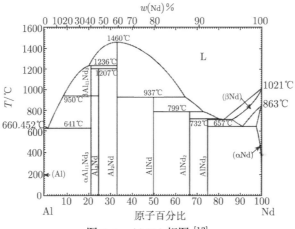

图 9-4 Al-Nd 相图 [13]

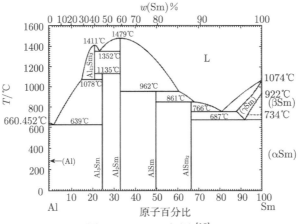

图 9-5 Al-Sm 相图 [13]

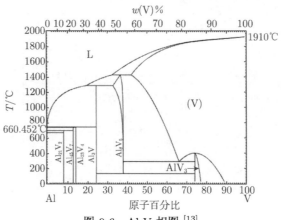

图 9-6　Al-V 相图 [13]

的坐标轴代表其他两个组元的成分。当三元系中某一组元含量较少,而另两组元含量较大时,合金成分点将靠近等边成分三角形的某一边。为了使该部分相图清晰地表示出来,常采用等腰三角形,即将两腰的刻度放大,而底边的刻度不变。

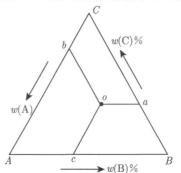

图 9-7　等边三角形表示方法

铝合金三元相图如图 9-8 所示。

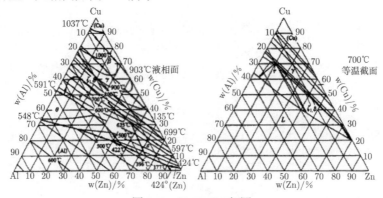

图 9-8　Al-Zn-Cu 相图

9.1.3   铝合金再结晶

当退火温度足够高、时间足够长时，在变形金属或合金的显微组织中，新生晶粒开始形核长大，称为再结晶。再结晶过程中首先需要形成晶核，形成的条件是晶核必须能以移动界面的形式吞并周围的基体。再结晶形核主要通过两种机制：应变诱发晶界迁移机制和亚晶长大形核机制。应变诱发晶界迁移机制是原晶界的某一段突然弓出，深入畸变大的相邻晶粒，在推进的这部分中形变贮能完全消失，形成新晶核。亚晶长大形核机制是通过晶界或亚晶界合并，生成无应变的小区——再结晶核心。核心朝取向差大的形变晶粒长大，故再结晶过程具有方向性特征。再结晶后的显微组织呈等轴状晶粒，以保持较低的界面能。开始生成新晶粒的温度称为开始再结晶温度，显微组织全部被新晶粒所占据的温度称为终了再结晶温度或完全再结晶温度。再结晶过程所占温度范围受合金成分、形变程度、原始晶粒度、退火温度等因素的影响。实际应用中，常用开始再结晶温度和终了再结晶温度的算术平均值作为衡量金属或合金性能热稳定水平的参量，称为再结晶温度。

再结晶的形核率与温度有关

$$N = N_0 \exp\left(-\frac{Q}{RT}\right) \tag{9-1}$$

式中，Q 为形核激活能；R 为气体常数；N_0 为常数。

晶粒长大速度也与温度相关

$$v = v_0 \exp\left(-\frac{Q}{RT}\right) \tag{9-2}$$

式中，Q 为晶粒长大激活能；v_0 为常数。

再结晶过程总是与由于受热而产生的多晶型转变以及相变相联系的，通常第一个阶段是相变过程，而第二个阶段则出现再结晶过程，或者说是晶粒长大的过程。可以采用如下公式计算和模拟搅拌摩擦焊接过程中的再结晶现象[14,15]：

$$D_{\mathrm{CDRX}} = C_1 \bar{\varepsilon}^{\mathrm{VP}k} \dot{\bar{\varepsilon}}^{\mathrm{VP}j} D_0^h \exp\left(-\frac{Q}{RT}\right) \tag{9-3}$$

其中，D_0 为初始晶粒的尺寸；Q 为材料动态再结晶活化能；R 为气体常数；T 表示绝对温度；$\bar{\varepsilon}^{\mathrm{VP}}$ 和 $\dot{\bar{\varepsilon}}^{\mathrm{VP}}$ 分别表示等效塑性应变和等效塑性应变率；C_1，k，j，h 为常数。

变形量会影响铝合金的再结晶，如图 9-9 所示，铝合金再结晶分数随变形量的增加而增加。

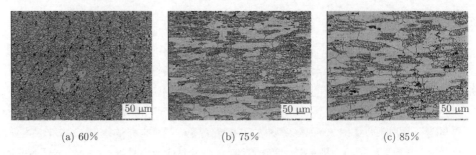

(a) 60%　　　　　　　　(b) 75%　　　　　　　(c) 85%

图 9-9　变形量对 7150 铝合金再结晶的影响 [16]

　　通过对比 2618 和 2618+Sc+Zr 两种铝合金，文献 [17] 发现加入 Sc 和 Zr 后生成的 Al3(Sc，Zr) 质点细小弥散，与基体共格，可钉扎位错，稳定亚结构，阻碍亚晶长大及晶界的迁移，从而抑制合金的再结晶，使含 Sc 和 Zr 的合金再结晶温度比参比的 2618 合金的再结晶温度提高约 200℃。图 9-10 显示了钉扎现象对再结晶晶粒长大的影响，具体参见文献 [17]。

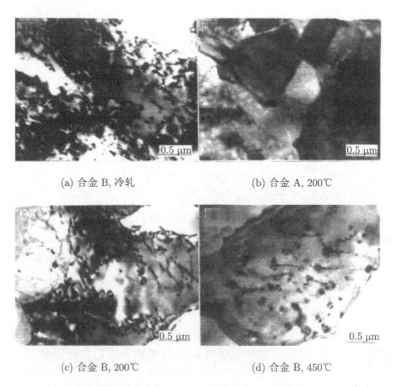

(a) 合金 B, 冷轧　　　　　　　(b) 合金 A, 200℃

(c) 合金 B, 200℃　　　　　　　(d) 合金 B, 450℃

图 9-10　各温度下铝合金组织 (A 为 2618，B 为 2618+Sc+Zr)[17]

　　硅含量较少的时候可以促进铝硅合金再结晶的发生，并使再结晶晶粒粗化，而当硅含量大于 1% 之后，随着硅含量的增加再结晶晶粒会显著减小，如图 9-11 所示，这是由于少量的过剩 Si 有助于改善材料的综合力学性能[18]，在合金中加入的 Si 元素，与 Al 形成 Al-Si 化合物，在晶界析出会阻碍铝合金再结晶，从而提高了合金的再结晶温度[18]。

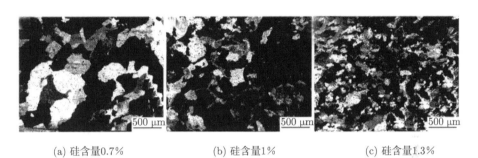

(a) 硅含量0.7%　　　　　(b) 硅含量1%　　　　　(c) 硅含量1.3%

图 9-11　不同硅含量的铝硅合金压缩变形后试样边部晶粒尺寸的比较[18]

设再结晶均匀形核，N 及 G 恒定，孕育期 (τ) 可以略去不计，则经过 t 时间后再结晶的体积分数 Xt 为

$$Xt = 1 - \exp\left(-\frac{\pi}{3}Nv^3t^3\right) \tag{9-4}$$

此式为约翰逊–迈尔方程 (Johnson-Mehl)。

约翰逊–迈尔方程描述一般成核、长大的固态相变和液体金属的相变动力学公式。但此方程在推导过程中做了很多限定，因此该方程的应用就有一定的限制。作为修正，阿夫拉米 (Avrami) 提出如下公式：

$$Xt = 1 - \exp\left(-kt^n\right) \tag{9-5}$$

式中，k、n 为系数。

再结晶属于胞状转变，因此

$$
\begin{aligned}
n &= 3 \\
k &= \frac{4}{3}\pi N_0 v_0^3
\end{aligned}
\tag{9-6}
$$

表 9-1 给出了阿夫拉米的 n 的取值[19]，同时，文献 [19] 通过实验还发现 5383 铝合金的临界变形度为 10% 左右。在一定退火温度下，大于临界变形度时，随着加工变形量的增大，再结晶晶粒尺寸减小，小于临界变形度时，随着加工变形量的增大，再结晶晶粒尺寸增大。随着退火温度的升高，再结晶速率加快[19]。

表 9-1   *n* 值

以恒定的速率形核	仅在开始转变时形核	在晶粒的棱上形核	在晶界上形核
4	3	2	1

Cu 含量增加会促进合金再结晶程度增大,如图 9-12 所示,再结晶晶核总是在塑形变形引起的最大畸变处形成。变形量的增加使得合金单位体积内的界面自由能和变形储能提高,所需的激活能降低,有利于再结晶的发生。实际生产时,变形是不均匀的,在非均匀变形的条件下,由于变形局部化导致变形集中区域位错密度高于其他区域,该区域往往优先发生再结晶形核和晶粒长大 [20]。

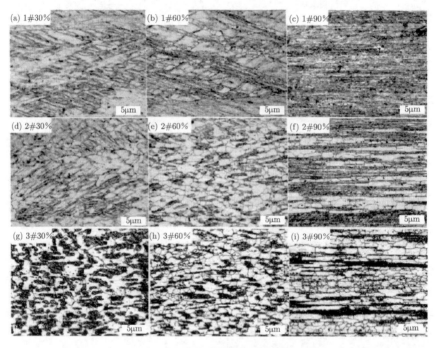

图 9-12   不同 Cu 含量和不同变形量对再结晶的影响 [20]

9.2   镁及镁合金

镁合金是以镁为基加入其他元素组成的合金。其特点是:密度小 (1.8g/cm^3 镁合金左右),比强度高,比弹性模量大,散热好,消震性好,承受冲击载荷能力比铝合金大,耐腐蚀性能好。主要合金元素有铝、锌、锰、铈、钍以及少量锆或镉等。目前使用最广的是镁铝合金,其次是镁锰合金和镁锌锆合金。

9.2.1 镁合金牌号

国际上倾向于采用美国材料与试验协会 (ASTM) 使用的方法来标记镁合金, 即

$$英文字母 (两个) + 数字 (两个) + 英文字母$$

第一个字母: 含量最大的合金元素; 第二个字母: 含量为第二的合金元素; 数字表示两个主要合金元素的含量, 第一个数字: 第一个字母的质量百分比; 第二个数字: 第二字母的质量百分比。后缀字母 A、B、C、D、E 为标识代号, 用以标识各具体组成元素相异或元素含量有微小差别的不同合金。如 AZ91E 表示主要合金元素为 Al 和 Zn, 其名义含量分别为 9%和 1%, E 表示 AZ91E 是含 9%Al 和 1%Zn 合金系列的第五位。

在工业中应用较广泛的镁合金是压铸镁合金, 主要有以下 4 个系列: AZ 系列 Mg-Al-Zn; AM 系列 Mg-Al-Mn; AS 系列 Mg-Al-Si 和 AE 系列 Mg-Al-RE。

固态 Mg 是密排六方晶格结构, 原子半径为 0.32nm, $a = 0.32$nm, $c = 0.52$nm, 可以固溶 Zn、Mn、Al 等元素, 存在沉淀强化和固溶强化。低于 498K 时, 镁的主要滑移系为 $\{0001\}, <11\bar{2}0>$, 次滑移系为 $\{10\bar{1}0\}, <11\bar{2}0>$, 高于 498K 时滑移还可以在 $\{10\bar{1}1\}, <11\bar{2}0>$ 上进行[21]。

9.2.2 镁合金相图

文献 [22] 通过扩散偶技术结合合金法, 测定 RE (Y、Gd、Nd) 在 α-Mg 中 300~500℃ 的固溶度, 以及相应体系金属间化合物的平衡成分, 重新确定了 RE 在 α-Mg 固溶体中的固溶度曲线以及 Mg-RE 中间化合物的成分范围, 相应的相图如图 9-13 所示。部分其他镁合金二元和三元相图如图 9-14~ 图 9-18 所示。

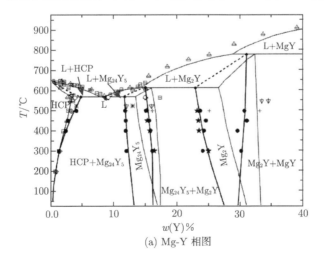

(a) Mg-Y 相图

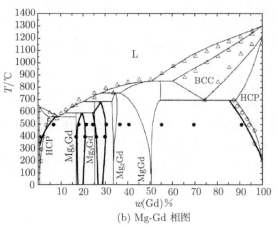

(b) Mg-Gd 相图

图 9-13　镁合金二元相图 [22]

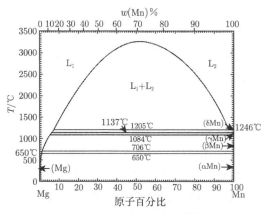

图 9-14　Mg-Mn 相图 [23]

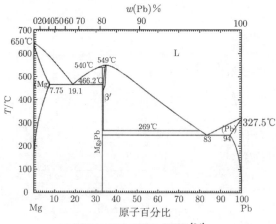

图 9-15　Mg-Pb 相图 [24]

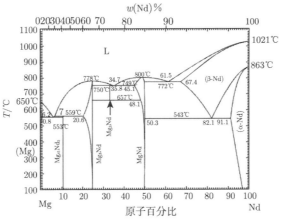

图 9-16   Mg-Nd 相图 [25]

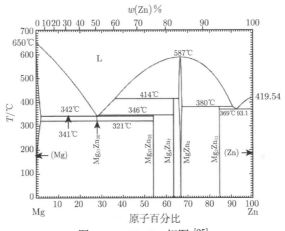

图 9-17   Mg-Zn 相图 [25]

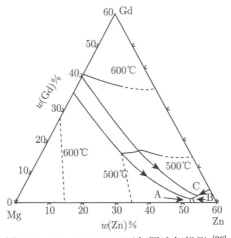

图 9-18   Mg-Zn-Gd 三元相图液相投影 [26]

9.2.3　合金元素在镁合金中的作用 [21]

Li 在 Mg 中的固溶度较高，能够产生固溶作用，同时，与 Al-Li 合金类似，Li 可以降低镁合金的密度。

Al 是 Mg 中常见的合金元素，在提高合金强度的同时，可以拓宽凝固区，改善铸造性能。

Ca 能够改善镁合金的冶金质量，在合金浇筑前加入此物质有利于减轻氧化，也可以细化晶粒，提高合金蠕变抗力。

Cu 可以提高镁合金的高温强度，但是会降低抗腐蚀的性能。

稀土元素可以提高镁合金再结晶温度，减缓再结晶过程，这是由稀土元素原子扩散能力差导致的。

Si 能提高合金熔融金属的流动性，形成的 Mg_2Si 是一种非常有效的强化相，能够提高力学性能。

Zn 是除 Al 外有效的合金化元素，具有固溶强化和时效强化的作用，Zn 也可以与稀土等一起形成强度较高的沉淀强化 Mg 合金。

Sn 能增加 Mg 合金的延展性，并降低热加工时的开裂倾向。

Zr 有利于镁合金的细晶强化，在凝固过程中形成的富 Zr 固相粒子为镁晶粒提供了异质形核。

Mn 的加入有利于提高镁合金的抗腐蚀能力，主要是通过去除 Fe 等元素以避免晶间化合物的生成来达到提高抗蚀能力的目的。同时，可以细化晶粒。

除此之外，Fe、Ni 等元素对于镁合金性能不利，是有害元素，Fe 含量一般不超过 0.005%，Ni 含量不超过 0.005%。

9.2.4　镁合金的搅拌摩擦焊与塑性成型

搅拌摩擦焊技术 (friction stir welding，FSW) 是英国焊接研究所 (The Welding Institute，TWI) 于 1991 年发明的一种新型焊接工艺，具有接头性能好、低缺陷、高强度以及环保等特点，可以对多种熔化焊接性能差的金属进行焊接，尤其适用于航空航天以及船舶制造等领域。搅拌摩擦焊最初的目的是用于连接低熔点合金板材，如镁合金、铝合金、钛合金等。与传统的焊接方法相比，具有优质、低耗、焊接变形小和无污染等特点。搅拌摩擦焊过程中，一个带有肩台的柱形或锥形搅拌头不断旋转并插入焊接工件中，搅拌头和焊接工件之间的摩擦剪切阻力导致摩擦热的产生，并促使搅拌头临近区域的材料热塑化，当搅拌头进行移动时，搅拌头周围的热塑化材料由于搅拌头的作用而发生迁移，并在轴肩和工件之间产生的摩擦热以及锻压的共同作用下，形成致密的固相连接接头，如图 9-19 所示。在搅拌摩擦焊中，搅拌头旋转时线速度与搅拌头运动方向相同的一侧称为前进侧 (advancing side)，搅拌头旋转时线速度与搅拌头运动方向相反的一侧称为后退侧 (retreating side)，搅拌摩擦焊构件前进侧和后退侧具有不同的材料流动行为。通过搅拌摩擦焊，在焊接区域会形成几个较为明显的区域，分别是焊核区 (nugget zone, NZ)、搅拌区 (stirring zone, SZ)、热力影响区 (thermo-mechanically affected zone, TMAZ)、热影响区 (heat affected zone, HAZ)。搅拌摩擦焊工艺被认为是近二十几年来金属焊接工艺中最重要的发明之一，由于其节能和环保的特点，被评定为一种绿色工艺。同传统的焊接工艺相比，搅拌摩擦焊不需要使用保护气以及填充材料，而这些恰恰是熔化焊接中必须要考虑的问题。搅拌摩擦焊对材料的适应性也很强，几乎可以焊接所有类型的铝合金，另外对于镁合金、锌合金、铜合金、铅合金、铝基复合材料、钛合金以及不锈钢等材料的板状构件对接也是优先选择的方法。同时，搅拌摩擦焊也可以实现异种材料之间的焊接。当搅拌头偏离焊缝中心线一定距离时也可以实现异种金属间的可靠连接，同时，异种金属间的连接会导致出现不规则的搅拌区形状。搅拌摩擦焊构件的焊接质量主要与搅拌摩擦焊的焊具及工艺参数有关，其中包括搅拌头的几何形状、旋转速度、焊接速度、焊具倾角、轴向压力等。搅拌头由轴肩和搅拌针构成，是搅拌摩擦焊的关键部件，其几何形状不仅直接影响搅拌焊接中的热输入方式，还会影响搅拌头附近的材料流动形式，因此如何选择合适的搅拌头以获得高质量搅拌摩擦焊头是搅拌摩擦焊研究的重要方面。

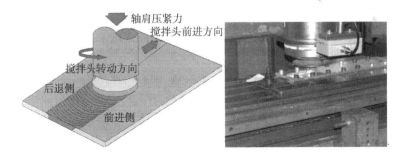

图 9-19　搅拌摩擦焊 [6]

经过搅拌摩擦焊，镁合金在搅拌区形成明显的等轴再结晶晶粒，晶粒和硬度之间可以用 Hall-Petch 线性关系式表达 [27]，如图 9-20 所示。

$$HV = 16.4 + 119.5d^{-1/2} \tag{9-7}$$

镁合金经过搅拌摩擦加工，可以展示出母材所不具备的超塑性行为，如图 9-21 所示。

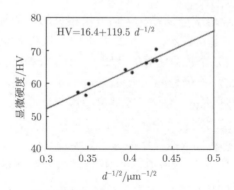

图 9-20　镁合金搅拌摩擦焊后的 Hall-Petch 曲线 [27]

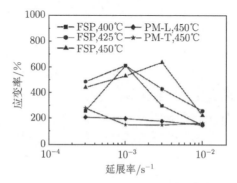

图 9-21　Mg-Zn-Y-Zr 合金拉伸 [28]

　　和铝合金相比,晶粒细化的作用对于镁合金强度和塑性的改善更明显,晶粒细化会使镁合金展现出高应变率下的超塑性。

　　按照超塑性的获得条件,可以分为细晶超塑性和相变超塑性两类。细晶超塑性也叫做第一类超塑性,是指等轴晶粒晶粒度小于 10μm,晶粒轴比小于 1.4,在一定温度和一定应变率下展示出来的超塑性行为,也称为组织超塑性。相变超塑性是指金属材料在一定相变温度范围和载荷的作用下,经过多次循环相变而获得累积的大变形,与等轴晶组织无关,也称为转变超塑性或者动态超塑性。

　　图 9-22 所示为 AZ91 镁合金的力学性能曲线,随着温度升高,应变硬化效果下降,低温区的力学性能可以归纳为高应力峰值下降和随后的加工软化,在高温区迅速进入稳定流动的阶段,可以采用阿伦尼乌斯 (Arrhenius) 方程描述在高温下 AZ91 镁合金应变率、流应力与温度之间的关系

$$\dot{\bar{\varepsilon}} = A[\sinh(\alpha\bar{\sigma})]^n e^{(-\Delta H/RT_{abs})} \tag{9-8}$$

式中, $\bar{\sigma}$ 为等效应力; $\dot{\bar{\varepsilon}}$ 为等效应变率; ΔH 为高温变形 AZ91 镁合金的活化能; T_{abs} 为绝对温度; R 为气体常数; A、α、n 为材料常数。在数值模型中取

$A=2.8405\times10^{12}$、$\alpha=0.021$、$n=5.578$、$\Delta H=1.77\times10^{5}$。

AZ91 的化学成分如表 9-2 所示。

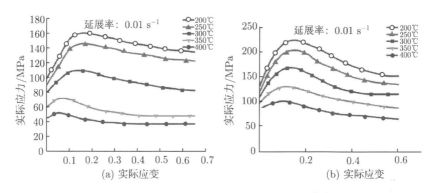

图 9-22　AZ91 镁合金的力学性能曲线[29]

表 9-2　AZ91 的化学成分

元素	Mg	Al	Zn	Mn	Si	Fe	Cu	Ni
质量		9.1	0.68	0.21	0.085	0.0029	0.0097	0.001

纯镁在 573K 以上可以用幂指数描述其力学行为[30]

$$\dot{\varepsilon}=A_1\sigma^n\exp\left(-Q/RT\right) \tag{9-9}$$

式中，Q 为变形激活能。ZK60 也可以上述类似的幂指数描述其力学行为。

进一步可以写为

$$\dot{\varepsilon}\exp\left(Q/RT\right)=A_1\sigma^n=Z \tag{9-10}$$

式中，Z 为 Zener-Hollomon 参数，物理意义为温度补偿的应变速率因子。

增大 Z 参数可以获得晶粒细化效果，而大塑性变形是获得细晶镁合金晶粒的有效手段。包括搅拌摩擦加工、等径角挤压等大塑性变形法 (SPD)。

有关 Mg 合金的塑性变形机制并不十分清楚，文献 [21] 总结了镁合金变形的三种观点：

(1) 位错攀移机制；

(2) Friedel 模型；

(3) Friedel-Escaig 机理。根据这一机理，在 423~623K 内镁合金应该借助于交滑移进行塑性变形，在晶体中，出现两个或多个滑移面沿着某个共同的滑移方向同时或交替滑移，这种滑移称为交滑移。

合金元素对镁合金的塑性变形有影响，加入 Zn 可以使堆垛层错能降低，从而使镁合金的塑性变形机制由 Friedel 模型转向 Friedel-Escaig 交滑移。

镁合金的整体成型技术主要包括：

(1) 锻造。相对于铸造，锻造会使镁合金晶粒取向与主载荷方向一致，锻造间组织细密，性能优良。但与铝合金不同，镁合金锻造时，高温下摩擦系数较大，流动性差。镁合金锻造时对变形速率非常敏感，复杂锻件需要多次成型，同时降低各次的锻打温度，以避免晶粒长大。常用的锻造合金包括 Mg-Al-Zn 系镁合金和 Mg-Zn-Zr 系镁合金。镁合金锻造时经常使用弥散分布在煤油中的石墨作为润滑剂。锻造温度和锻造合金的种类有关，AZ 系列镁合金最高温度不高于 693K，最低 498K。而 Mg-Al-Zn 和 Mg-Zn-Zr 系镁合金锻造温度为 523~673K。AZ31B 镁合金锻造时会出现晶粒迅速长大的现象，需要加以控制。

(2) 挤压。挤压工艺包括正向挤压和反向挤压，挤压时，金属流出模孔的方向与挤压力施加的方向相同的挤压方法，称为正向挤压法。正向挤压时，铸锭与挤压筒间存在相对运动，产生较大的摩擦力。反向挤压是将工件穿过模具冲头的外部而成型。反向挤压镁合金时，坯料和工模具需要预热到 448K 以上，工件 533K 以上。挤压温度和合金成分和挤压速度有关。

(3) 轧制。一般轧制前应对镁合金铸锭进行预热，多次轧制时如果不进行二次加热，则每次压下率不高于 10%。轧制后应该进行退货处理，退火后会发生再结晶，为了获得良好的力学性能，退火温度应该接近完全再结晶温度范围。镁合金的再结晶温度与压下量、始轧温度、终轧温度相关。轧制镁合金板材会出现各向异性，TD(厚向) 方向应力应变曲线明显区别于 WD(横向) 和 RD(轧制方向) 方向。当变形量较小时，轧制态的 AZ31 拉伸强度明显高于压缩，可能与压缩时产生孪晶有关。

除此之外，还有手工旋压、拉延成型等加工方式。

9.3　钛及钛合金

9.3.1　钛合金分类及牌号

钛是 20 世纪 50 年代发展起来的一种重要的结构金属，钛合金因具有强度高、耐蚀性好、耐热性高等特点而被广泛用于各个领域。第一个使用的钛合金是 1954 年美国研制成功的 Ti-6Al-4V 合金，由于它的耐热性、强度、塑性、韧性、成型性、可焊性、耐蚀性和生物相容性均较好，而成为钛合金工业中的王牌合金，该合金使用量已占全部钛合金的 75%~85%。其他许多钛合金都可以看作 Ti-6Al-4V 合金的改型。20 世纪 50~60 年代，主要是发展航空发动机用的高温钛合金和机体用的结构钛合金，70 年代开发出一批耐蚀钛合金，80 年代以来，耐蚀钛合金和高强钛合金得到进一步发展。耐热钛合金的使用温度已从 50 年代的 400℃ 提高到 90 年代的 600 ~ 650℃。A2(Ti₃Al) 和 γ(TiAl) 基合金的出现，使钛在发动机的使用部位由发动机的冷端 (风扇和压气机) 向发动机的热端 (涡轮) 方向推进。结构钛合金向高强、高塑、高强高韧、高模量和高损伤容限方向发展。20 世纪 70 年代以来，还出现了 Ti-Ni、Ti-Ni-Fe、Ti-Ni-Nb 等形状记忆合金，并在工程上获得日益广泛的应用。

钛合金也就分为以下三类：α 合金，(α + β) 合金和 β 合金，国内分别以 TA、TC、TB 表示。钛合金是以钛为基础加入其他元素组成的合金。钛有两种同质异晶体：882℃ 以下为密排六方结构 α 钛，882℃ 以上为体心立方的 β 钛。合金元素根据它们对相变温度的影响可分为三类：

(1) 稳定 α 相、提高相转变温度的元素为 α 稳定元素，有铝、碳、氧和氮等。其中铝是钛合金主要合金元素，它对提高合金的常温和高温强度、降低比重、增加弹性模量有明显效果；

(2) 稳定 β 相、降低相变温度的元素为 β 稳定元素，又可分同晶型和共析型两种。前者有钼、铌、钒等；后者有铬、锰、铜、铁、硅等；

(3) 对相变温度影响不大的元素为中性元素，有锆、锡等。

氧、氮、碳和氢是钛合金的主要杂质。氧和氮在 α 相中有较大的溶解度，对钛合金有显著强化效果，但却使塑性下降。通常规定钛中氧和氮的含量分别在 0.15%~0.2% 和 0.04%~0.05% 以下。氢在 α 相中溶解度很小，钛合金中溶解过多的氢会产生氢化物，使合金变脆。通常钛合金中氢含量控制在 0.015% 以下。氢在钛中的溶解是可逆的，可以用真空退火除去。

1) α 型钛合金

α 型钛合金主要包括 α 稳定元素和中性元素，在退火状态下一般具有单相 α 组织，β 相转变温度较高，具有良好的组织稳定性、耐热性、焊接性，但是对热处理不敏感，不能通过热处理增加强度。如 TA1、TA2、TA3 (工业纯钛)，TA7(Ti-5Al-2.5Sn) 等。

2) 近 α 型钛合金

合金中含有少量的 β 相稳定元素 (2%)，退火组织中含有少量 (8%~15%)β 相或金属间化合物，具有良好的焊接性和高的热稳定性。TC1 和 TC2 是典型的低铝近 α 型钛合金，尽管失稳拉伸强度较低，但是塑性和热稳定性好。高铝近 α 型钛合金具有大的高温蠕变抗力，良好的热稳定性和焊接性能，适用于 500~600℃ 的高温工作，如 Ti60 等。

3) α + β 型钛合金

α+β 型钛合金又称为马氏体钛合金，退火组织为 α+β 相，具有优良的综合力学性能，如 TC4(Ti-6Al-4V)、TC6(Ti-6Al-2.5Mo-1.5Cr-0.5Fe-0.3Si)、TC11(Ti-6.5Al-3.5Mo-1.5Zr-0.3Si) 等，可进行热处理强化，适用于航空结构件。

4) 亚稳定 β 型钛合金

含有高于临界浓度的 β 稳定元素，采用空冷或者水淬获得，具有良好的工艺塑性和冷成型性能以及焊接性能，如 TB2(Ti-5Mo-5V-8Cr-3Al)、TB5(Ti-15V-3Cr-3Sn-3Al)、TB6(Ti-10V-2Fe-3Al) 等。Ti-13V-11Cr-3Al 合金强度高，淬透性好，大量应用于洛克希德公司的黑鸟 SR-71 (SR-71 侦察机是美国空军所使用的喷气式三倍音速长程高空高速战略侦察机)，铝合金应用在该型飞机上超过 90%。TB6 材料广泛应用于波音系列飞机结构件，如波音 777 主起落架等，歼 8-II 也采用了 TB6 作为部分飞机结构件 (2%)。F22 中钛合金使用比例为 41%，主要包括 Ti-6Al-4-V 和 Ti-6A-2Sn-2Zr-2Cr-2Mn-0.5Si 等。

9.3.2　钛合金的相变

部分钛合金相图如图 9-23 和图 9-24 所示。

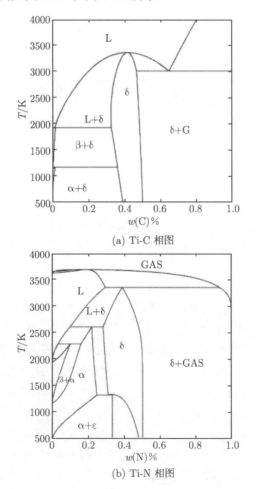

(a) Ti-C 相图

(b) Ti-N 相图

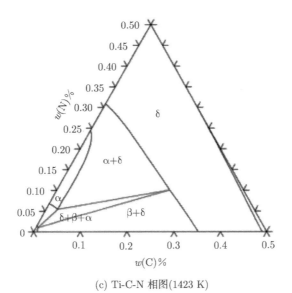

(c) Ti-C-N 相图(1423 K)

图 9-23 Ti-C、Ti-N、Ti-C-N 相图 [31]

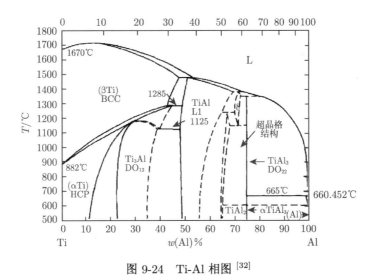

图 9-24 Ti-Al 相图 [32]

图 9-25 展示了 TC4 钛合金在加热和冷却的过程中发生的微观结构的变化，在 800℃ 转变为薄片状结构的 α 相，1000℃ 左右发生了 α→β 相转变，降温至 800℃ 又重新看到了薄片状结构的 α 相，β 相体分比随温度的变化曲线和微观结构见图 9-26 和图 9-27。

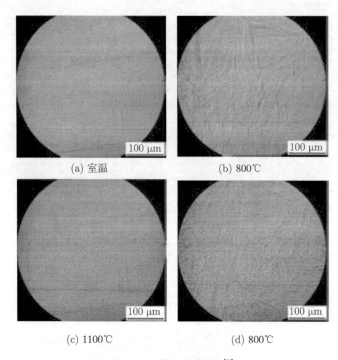

(a) 室温　　　　　　　　　　　(b) 800℃

(c) 1100℃　　　　　　　　　　(d) 800℃

图 9-25　钛合金相变 [7]

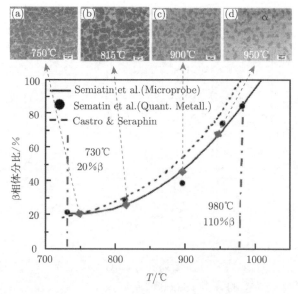

图 9-26　TC4 β 相体分比随温度的变化 [33]

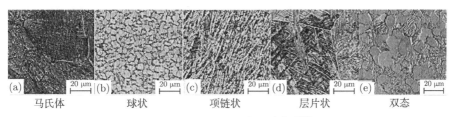

图 9-27 TC4 不同微观结构 [34]

9.3.3 钛合金中的杂质元素 [35]

钛合金中包含 O、N、C、Si、Fe、H 等元素,量少时形成固溶体,强化材料,但是过量就会形成脆性化合物,使塑性迅速降低。

(1) O、N、C 可以提高 α → β 的相变温度,扩大 α 相区,是稳定 α 的元素,并使拉伸强度提高,但是会导致塑性、断裂韧性、热稳定性降低。强度提高的原因是固溶强化,但当 c/a 增大到一定程度时,会使钛的滑移系减小,降低塑性。同时,O 会沿着晶界扩散,使局部区域的 Al 含量增加,形成的共格 Ti_3Al 会使合金变脆。

(2) Fe、Si 属于 β 相稳定元素,Fe 和 Ti 容易发生共析反应,从而使高温工作状态的组织不稳定,抗蠕变能力变差。一般 Fe 和 Si 含量不高于 0.3% 和 0.15%。

(3) H 会引起氢脆。氢含量由 10×10^{-6} 增加到 50×10^{-6},TC4 断裂韧度 K_{IC} 下降 25%~50%。钛合金的失效模式主要包括疲劳断裂、腐蚀、磨损、蠕变等。

第 10 章 材料中的计算方法

10.1 蒙特卡罗法

以 $N \times N$ 格点矩阵模拟构件晶粒生长区域，每一格点随机赋予 $1 \sim Q$ 的整数，Q 为总晶粒取向数，如图 10-1 所示。相同取向数的格点构成一个晶粒，且每一格点具有的能量由下式计算：

$$E = -J \sum_{j=1}^{m} (\delta_{ij} - 1) \tag{10-1}$$

式中，J 为格点能量度量常数；δ_{ij} 为 Kronecker 函数；n 为与该格点相邻格点数。

1	1	1	2	2
1	1	1	2	2
1	1	1	2	2
3	3	3	3	3
3	3	3	3	3

图 10-1 MC 示意图

在每一个蒙特卡罗迭代步中，随机选取 $N \times N$ 个格点，将其晶粒取向随机改变为剩余的 $Q \sim 1$ 个取向之一，并按如下概率选取是否接受该改变：

$$p = \begin{cases} 1, & \Delta E \leqslant 0 \\ \mathrm{e}^{-\frac{\Delta E}{k_B T}} = \mathrm{e}^{-\frac{(n_2 - n_1)J}{k_B T}}, & \Delta E > 0 \end{cases} \tag{10-2}$$

式中，ΔE 为能量变化；k_B 为玻尔兹曼常量；T 为温度；计算概率时，$J/k_B T$ 项值取为 1。实际晶粒生长过程以晶粒边界运动驱动，其迁移速度可表示为

$$v = \frac{Z V_m^2}{N_a^2 h} \exp\left(\frac{\Delta S_f}{R}\right) \exp\left(-\frac{Q}{RT}\right) \left(\frac{2\gamma}{r}\right) \tag{10-3}$$

式中，Z 为边界面平均原子个数；h 为普朗克常量；N_a 为阿伏伽德罗常数；R 为气体常数；T 为绝对温度；ΔS_f 为熔化熵；Q 为激活能；γ 为边界能；r 为平均晶粒尺寸。

边界迁移速度与晶粒尺寸生长速度呈正相关关系，现假设其具有如下关系：

$$\frac{\mathrm{d}L}{\mathrm{d}t} = \alpha v^n \tag{10-4}$$

式中，L 为平均晶粒尺寸；α、n 为比例常数。

蒙特卡罗模型晶粒生长动力学过程符合如下规律：

$$L = K_1 \lambda (\mathrm{MCS})^{n_1} \tag{10-5}$$

式中，K_1、n_1、λ 为模型常数，分别对应着生长曲线的截距、最大斜率和初始格点步长。

联立并将连续时间过程离散为序列和形式，得到蒙特卡罗模拟步数与材料温度、时间历程关系

$$(\mathrm{MCS})^{(n+1)n_1} = \left(\frac{L_0}{K_1\lambda}\right)^{n+1} + \frac{(n+1)\alpha C_1^n}{(K_1\lambda)^{n+1}} \sum \left[\exp^n\left(-\frac{Q}{RT_i}\right)t_i\right] \tag{10-6}$$

式中，L_0 为初始晶粒尺寸。

$$C_1 = \frac{2\gamma Z V_\mathrm{m}^2}{N_\mathrm{a}^2 h} \exp\left(\frac{\Delta S_\mathrm{f}}{R}\right) \tag{10-7}$$

式 (10-6) 表明较高的温度和较长的时间历程，将得到更大的蒙特卡罗生长步数。

以搅拌摩擦焊为例，说明 MC 模拟的晶粒生长过程，选取各点如图 10-2 所示进行观察，在搅拌区域受搅拌针剧烈的旋转搅拌作用，母材晶粒破碎细化，生成细小致密的晶粒如图 10-3(MCS=0) 所示。以 p_1 点为例，初始晶粒尺寸为 1μm。将 p_1 处温度历程代入式 (10-6) 计算得到的蒙特卡罗数为 75，经迭代模拟，最终平均晶粒尺寸为 6.7μm。同理，将 $p_2 \sim p_5$ 点处温度历程分别代入式 (10-6)，计算得到的蒙特卡罗步数及相应迭代模拟的平均晶粒尺寸如表 10-1 所示。数值计算结果与文献 [36] 的试验观测值对比如图 10-4 所示，晶粒尺寸误差在可接受范围内，验证了蒙特卡罗方法应用于搅拌摩擦焊接晶粒生长预测的可靠性。p_2 平均晶粒尺寸为 7.5μm，预测生长过程如图 10-3 所示。三维蒙特卡罗模拟晶体生长优势在于能将焊接区域晶粒状态直观立体的呈现。

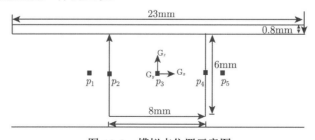

图 10-2 模拟点位置示意图

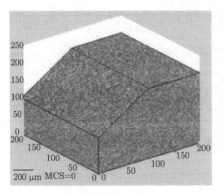

平均晶粒尺寸：1 μm

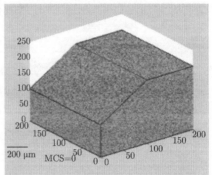

平均晶粒尺寸：1 μm

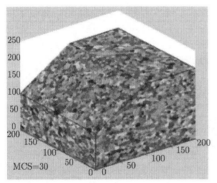

平均晶粒尺寸：4.0 μm

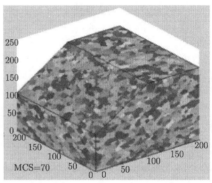

平均晶粒尺寸：6.4 μm

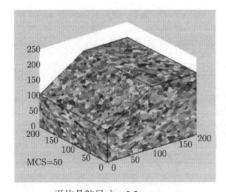

平均晶粒尺寸：5.5 μm

(a) 工况1 (转速 215 γ/min，
焊速 1.28 mm/s)，最高温度723K

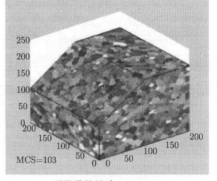

平均晶粒尺寸：7.5 μm

(b) 工况2 (转速 360 γ/min，
焊速 4.5 mm/s)，最高温度792K

图 10-3　搅拌区晶粒生长过程

表 10-1　迭代步数及平均晶粒尺寸

对应物质点	1	2	3	4	5
迭代步数 (MCS)	75	55	47	50	38
平均晶粒尺寸/μm	6.7	5.5	5	4.7	5.2

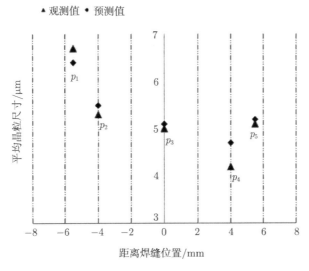

图 10-4　数值模型与试验结果对比

第二相粒子的析出对晶粒生长过程具有明显影响，以铝合金的搅拌摩擦焊为例，可以看到，随着第二相粒子体分比的减少，晶粒长大速度迅速增加，如图 10-5 所示。

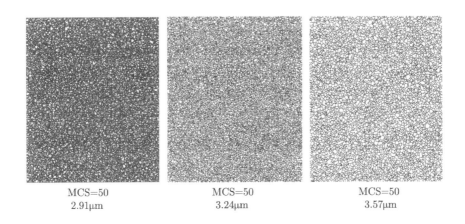

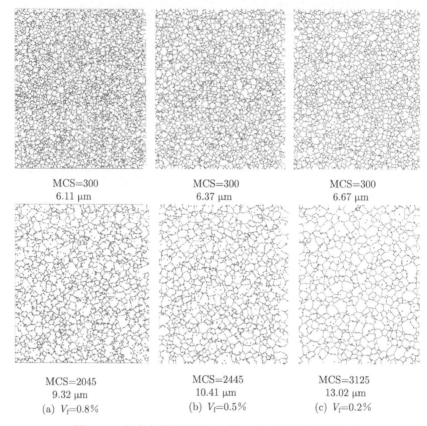

图 10-5　铝合金搅拌摩擦焊中第二相对晶粒生长的影响

10.2　元胞自动机法

在元胞自动机法 (cellular automata，CA 法) 中，模拟空间被分解成有限个元胞，每个元胞所代表的物理状态的所有可能也是有限的。再将时间离散为有限个时间步。随时间的推进，每一个元胞在相邻的时间步下的状态按照相同的演化规则转变。一个元胞的状态被其邻居元胞状态影响，同时也影响着邻居元胞的状态。元胞自动机的优点在于能够描写具有局部相互作用的多体系统所表现的集体行为及其时间演化。

在某一时刻，一定体积熔体内晶粒的形核密度和生长的速度是过冷度的确定函数。当晶粒以界面的推移速度进行生长时，此速度也是与过冷度有关的函数。那么，将其与温度模型结合计算便可预测微观组织，而界面处的凝固动力学可由理论模型中导出。

元胞自动机模拟方法首先要考虑到的是系统的离散化，即对模拟空间进行网格划分。二维空间中，通常将网格划分成三种形状：三角形、正方形和六边形，如图 10-6 所示。

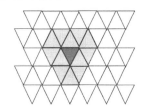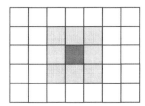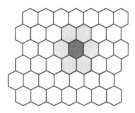

图 10-6　二维元胞自动机网格划分 (从左至右依次为三角形、正方形、六边形)

三角形网格具有的邻居数目少，与其他两种相比计算量大大减少，但模拟的结果不方便显示。

六边形网格虽然可以较好地模拟各向同性现象，但与三角形网格类似，模拟结果不易于表达。

正方形网格较好地结合了两者的优点，邻居数量足够并且结果方便显示，缺点是不能更好地模拟各向同性的现象。而考虑到要在计算机环境下进行模拟以及采用 MATLAB 软件使结构可视化的方便，正方形网格是最好的选择。

此外，还要考虑模拟空间的网格大小，一般来说网格划分得越细越多，越能接近实际组织情况。如图 10-7(a) 所示，采用 600×600 的网格划分，晶粒的边界明显更加平滑，并且与实际更接近。但是网格越小越多，需要的计算量也会增加，需要花费的计算时间也越多。反之，网格划分得稀疏，计算速度会明显提高，但其结果容易失真。如图 10-7(b) 所示，采用的是 40×40 的网格划分，与实际情况偏差比较大。综合考虑以上因素，为了使计算效率更高，CA 模型可以选用 200×200 的网格划分。

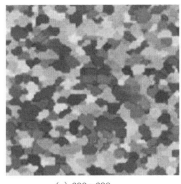

(a) 600×600　　　　　　　　　(b) 40×40

图 10-7　在相同时间步下不同网格数的结果

在 CA 法的演化规则中，下一时间步的状态值由元胞 A 本身、近邻 A 元胞，以及与其相互关联的元胞在此时刻的状态值所决定。由此可见，邻居的概念并不是绝对的，在模型中，就需要一定的规则来定义邻居。

在一维空间中，以离中心元胞的距离在 r 内的元胞为邻居元胞，通常 $r = 1$，即左右相邻的元胞。

在二维空间中，根据不同的模型需求，会将模拟空间划分成不同的形状，从而使邻居的类型变得多种多样。例如，三角形网格有以三边相接的 3 邻居模型，以及与中心原胞三个顶点相接的 12 邻居模型，如图 10-8(a) 和 (b)；六边形网格以六边相接的 6 邻居模型为主，如图 10-8(c) 所示。正方形网格元胞则有以下几个常见类型：

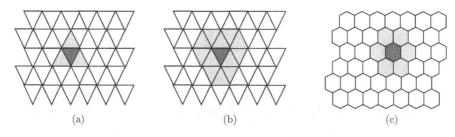

(a)　　　　　　　　　　(b)　　　　　　　　　　(c)

图 10-8　二维空间三角形和六边形网格的邻居类型

诺依曼型：邻居元胞为上、下、左、右的 4 个元胞，成十字形，如图 10-9(a) 所示。这种类型考虑到的局部范围相对较小，模拟结果可能会出现由网格各向异性造成的各向异性。

摩尔型：邻居元胞为将中心元胞包围的 8 个元胞，此类型与诺依曼型相比，中心元胞受到更大范围元胞的影响。

交替摩尔型：这种邻居类型与其他类型有明显的区别，原因在于对同一个中心元胞来说不同时刻的邻居不完全相同，如图 10-9 所示，前一时刻为图 10-9(c)，后一时刻为图 10-9(d)，这样的交替变化能够有效地减小网格的各向异性。

扩展摩尔型：将邻居半径扩大为 2 及以上，如图 10-9(e) 为 $r = 2$ 时的邻居。此类型演化规则更复杂，计算量更大，应用较少。

在三维空间中，元胞类型主要为立方体，所以邻居类型多为包含 6 个邻近元胞或 20 个邻近元胞的邻居类型。

但是，邻居类型并非固定，可以根据研究的具体问题来设定符合要求的模型。即使是同一个模拟过程中，也可以在不同时段采用不同的邻居模型。综合各方考虑，本书采用摩尔邻居模型。

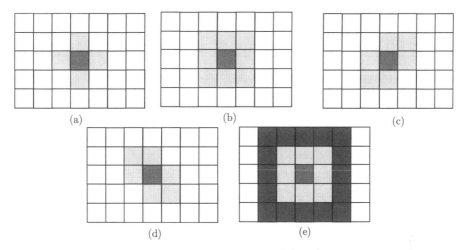

图 10-9 二维空间正方形网格邻居类型

演化规则是元胞自动机法的核心，下一刻元胞的状态由它以及邻居的状态决定。它是一个动力学函数，也是一个状态改变函数。总地来说，演化规则是一个物理过程的抽象与概括。因此，建立一个好的演化规则将决定模拟结果的准确性。过于简单的演化规则虽然计算简单，但容易导致模型失真，使得结果与实际过程偏差过大，失去模拟的意义；同样，演化规则也不能太复杂，否则模型建立困难，计算效率不高。

在元胞自动机的模拟中，任意元胞在 $t+\Delta t$ 时刻的状态可以表示为如下式子：

$$M_{i,j}^{t+\Delta t} = f(M_{i-1,j}^{t}, M_{i+1,j}^{t}, M_{i,j}^{t}, M_{i,j-1}^{t}, M_{i,j+1}^{t}, \cdots) \tag{10-8}$$

式中，f 是 t 时刻元胞转化到 $t+\Delta t$ 时刻状态的函数关系，即演化规则。

根据热激活原则，即原子需要吸收一定的热量才能发生跃迁。那么元胞的热能必须超过迁移激活能 Q，晶界才会迁移，可能使元胞状态发生改变。因此，只有一部分满足热量条件的元胞才有机会改变状态，这些元胞采用式 (10-9) 随机抽取 [37]

$$P_1 = A \exp\left(-\frac{Q}{RT}\right) \tag{10-9}$$

式中，A 为系数，Q 为材料迁移激活能，T 为温度，R 为摩尔气体常数。本书中采用 TC4 钛合金，其激活能 $Q = 161\text{kJ/mol}$，$R = 8.314$。

晶粒长大的实质是晶界的移动，而晶界能又与晶界曲率密切相关。所以，本书中根据哈密顿函数来定义晶界能，那么可以根据哈密顿函数来定义晶界能

$$E_i = J \sum_{j}^{k} (1 - \delta_{S_i S_j}) \tag{10-10}$$

其中，δ 是 Kronecher 符号；J 是晶界能的量度，本书中 $J = 1$；k 是元胞 i 的总邻居数，本书中 $k = 8$；j 表示中心元胞 i 周围的第 j 个邻居；S_i 是元胞 i 的取向数；S_j 是元胞 j 的取向数。

那么，晶界能的改变量为

$$\Delta E_{i,j} = E_j - E_i \tag{10-11}$$

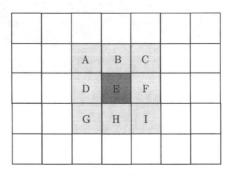

图 10-10　摩尔邻居的位置

如图 10-10 所示，当元胞 E 不是边界元胞时，本书采用的演化规则如下：

(1) 首先考虑最邻近的元胞，即条件①：当 B、F、H、D 中的任意 3 个取向值相等时，例如，其中 3 个都等于 X，那么 E 在下一时刻将等于 X；如果条件①不满足，则继续进行条件②的判断；条件②：当 A、C、I、G 中的任意 3 个取向值相等的时候，例如，都等于 Y，那么 E 在下一时刻等于 Y。可表示为

$$M_{\mathrm{E}}^{i+1} = f(M_{\mathrm{B}}^i, M_{\mathrm{F}}^i, M_{\mathrm{H}}^i, M_{\mathrm{D}}^i) \tag{10-12}$$

$$M_{\mathrm{E}}^{i+1} = f(M_{\mathrm{A}}^i, M_{\mathrm{C}}^i, M_{\mathrm{I}}^i, M_{\mathrm{G}}^i) \tag{10-13}$$

(2) 如果上述条件均不满足，就从 8 个邻居元胞中随机选择一个元胞的值，赋予 E，并且计算转变后晶界能的改变量 ΔE_{ij}，然后根据概率 P 判断 E 是否要发生状态改变。

$$P = \begin{cases} 1, & \Delta E_{i,j} < 0 \\ 0, & \Delta E_{i,j} \geqslant 0 \end{cases} \tag{10-14}$$

实际上，模拟中的元胞空间常常是有限的、有边界的。虽然空间的无限延展更符合理论推导，但在计算机环境下，难以实现这一条件。因此，我们需要定义边界条件，这些边界与内部网格的邻居条件是不同的。常用的边界条件有以下几种：

(1) 周期型边界条件：在一维空间中，元胞呈现首尾相接，不断重复的状态；对于二维空间，元胞空间在平面空间上下相接，左右相接，不断重复且无限延续。

(2) 反射型边界条件：令边界上的元胞与相邻的元胞具有相同的状态值，形成以边界为轴的镜面反射，也叫做对称型边界条件。

(3) 定值型边界条件：定值型的状态值在初始时刻就被赋予某个固定常量，不随模拟时间的变化而变化，如 1，0 等。

元胞自动机法有以下特征：

(1) 空间是离散的，元胞空间按照一定形状规则划分成离散的网格；系统的演化按照单位 1 的时间步进行，因此时间也是离散的，下一时刻的状态由此时刻和演化规则决定。

(2) 每个元胞的状态变化都遵循相同的演化规则。

(3) 演化规则的局域性，每个元胞下一时刻的状态取决于邻居的选择和元胞此时的状态。

(4) 元胞在同一时刻内的状态变化不会相互影响，所以计算可以同步进行。

晶粒的长大过程必定伴随着晶粒数量的变化。那么，就需要统计和分析出过程中晶粒数量的变化。并且，晶粒数量的变化从侧面反映出晶界迁移的速度。

在按规则演化之前，模拟区域内的元胞将被随机赋予一个唯一的数字作为取向值，以区别于周围的元胞。如果当前元胞符合演化规则，就会向它的邻居取向值转变，变成与邻居相同的数字。那么，只要统计出模拟区域中数字种类的变化，就能统计出晶粒数目的变化量。

在晶粒长大或者被吞噬的过程中，晶粒的尺寸会不断发生变化。因为是二维空间，所以定义初始的元胞面积是 A_0，若晶粒中包含的元胞数量为 n，那么这个晶粒的面积是

$$A_i = n \times A_0 \tag{10-15}$$

从实验和模拟结果可以发现，正常长大的晶粒边界趋于光滑，那么，为了使计算更加方便，可以将其近似成圆形。对此，我们做了如下近似：计算出与该晶粒的面积相等的圆的直径，用此来近似该晶粒的直径。

根据上述的近似规则，可以通过下面的式子计算出第 i 个晶粒的直径 D_i：

$$D_i = 2 \times \sqrt{\frac{S_i}{\pi}} \tag{10-16}$$

根据晶粒被随机赋予的取向值不同，可以判断出晶界的位置。因此，只需判断出与晶粒相邻的不同取向数的种类及个数，便可判断该晶粒的形状。

为了使模拟结果更好地符合真实过程，就要将元胞自动机模型中的时间步与真实的时间对应起来，表达式为

$$\text{CAS} = \frac{At}{\exp(B/T)} \tag{10-17}$$

式中，CAS 为模拟时间步，A、B 为常数，t 为真实时间，T 为温度。将式子整理得到关系式：

$$T = \frac{B}{\ln A + \ln(t/CAS)} \tag{10-18}$$

晶粒正常长大模拟的流程图如图 10-11 所示，在输入参数后给所有原胞赋予取向值，然后在每个时间步，按照演化规则对元胞判断是否发生转变，判断顺序依次

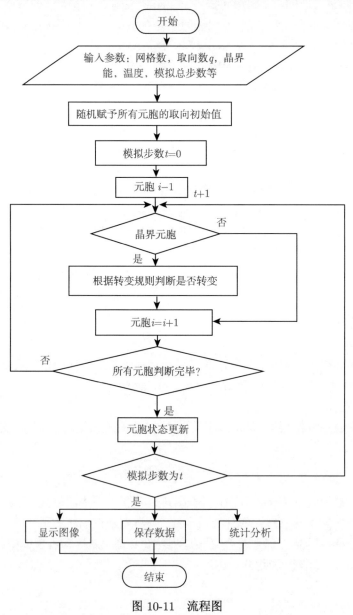

图 10-11　流程图

为：超过迁移激活能 Q，进一步判断①是否满足演化规则，②是否采用演化规则，满足其中一个条件便可发生转变，历遍所有元胞后更新状态。此后进入后处理环节，包括模拟结果可视化、数据统计分析等。

以搅拌摩擦焊温度历史为热输入，正常长大晶粒的元胞自动机模拟中不同时间步下的晶粒组织形态如图 10-12 所示。在图 10-12 中，我们可以发现随着时间步的不断增加，晶粒逐渐长大，晶粒的边界也趋于光滑。一些晶粒通过吞噬其周

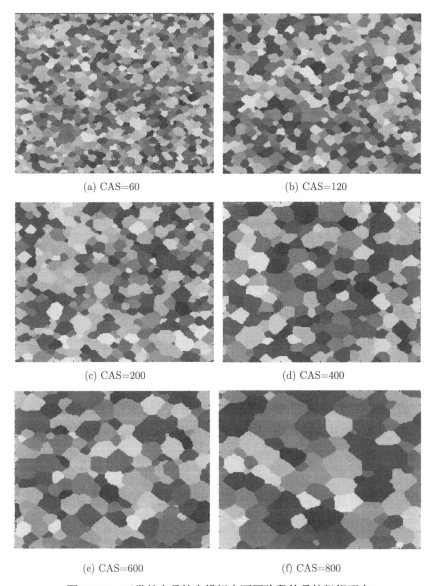

(a) CAS=60　　　　　　　　　　　　　　　　　(b) CAS=120

(c) CAS=200　　　　　　　　　　　　　　　　(d) CAS=400

(e) CAS=600　　　　　　　　　　　　　　　　(f) CAS=800

图 10-12　正常长大晶粒在模拟中不同阶段的晶粒组织形态

围较小的晶粒而不断地长大，小晶粒被吞噬完全，晶粒数量也不断减少。并且，模拟区域内的晶界长度渐渐减小。

　　图 10-13 给出的是晶粒正常长大过程中晶粒数量随时间步增加的变化趋势。可以明显地看出，晶粒的数量随时间步的增加呈下降趋势。在初始阶段晶粒数量下降得较快，这是因为一开始晶粒尺寸不一、形貌不规则以及分布不规则，吞噬现象发生较快。随着时间步的增加，晶粒逐渐长大，大小分布渐渐均匀，并且晶粒边界的分布也逐渐稳定，所以晶粒数量的减少速度变慢。

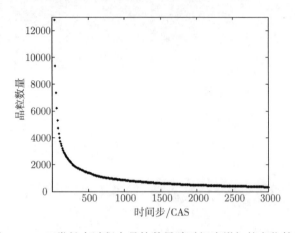

图 10-13　正常长大过程中晶粒数量随时间步增加的变化趋势

　　就晶粒形状来说，模拟结果中六边形居多或者一些还未停止生长趋向六边形的。如不计算那些未被吞噬完的小晶粒，基本上所有的交点都是三边交点，角度大概在 120° 左右，如图 10-14 所示。晶粒多为等轴晶，与实际晶粒形状吻合，且符合晶界稳定条件。

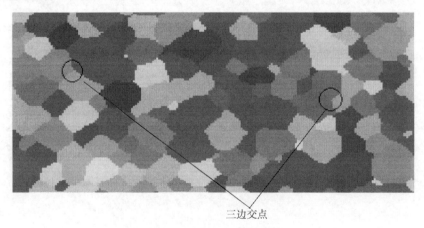

图 10-14　三边交点示意图

根据能量最低法则可知，系统总是向能量更低的方向发展，晶界会使系统的自由能增加，因此，系统会处于一种亚稳定的状态。当外界提供了一定的能量时，为了使系统能量降低，就会通过一系列的调节，使其恢复到新的稳定状态。根据晶界对交点的作用力分析，可以将交点处的平衡条件表述为以下数学表达式：

$$\frac{\gamma_{12}}{\sin\theta_3} = \frac{\gamma_{13}}{\sin\theta_2} = \frac{\gamma_{23}}{\sin\theta_1} \tag{10-19}$$

根据上述方程，可以计算出 $\theta_1 = \theta_2 = \theta_3 = 120°$，在计算过程中，做出了如下假设：令系统中所有晶界的晶界能相等。那么，当满足这些条件的时候，才能在结点处建立一个稳定平衡状态。所以正常长大的晶粒都会往六边形的方向生长，使总的晶界能降低。

从图 10-15 中可以发现，在 2500CAS 或者 3000CAS 时，晶粒生长的速度已经十分缓慢了，所有晶粒中六边形占了较大的比例，为 43%～44%，其次就是五边形，为 40%～41%。三边形和四边形几乎不存在，两者所占的比例均小于 5%。尚存在一些七边形和八边形。

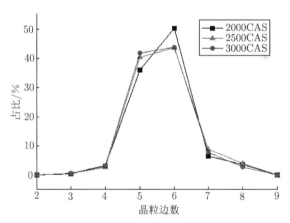

图 10-15　晶粒形状随时间步增长的分布变化

由于统计晶粒形状的程序不能保证完全的精准，允许存在一定的误差，但这些误差对结果并无太大影响，所以该模拟结果基本符合前面的边界稳定性分析。

随着模拟步数的增加，晶粒数逐渐减少，平均尺寸增大，如图 10-16 所示。图 10-17 给出的是不同温度下晶粒数的变化曲线，三条曲线的变化趋势基本相同。但在相同的模拟步下，晶粒的数量随温度的增加而减少，晶粒的平均尺寸增大，即晶粒的生长速度随温度的升高而加快。

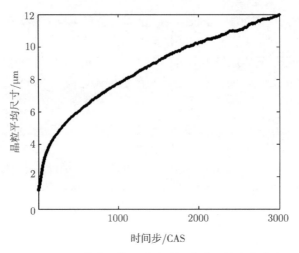

图 10-16　晶粒的平均尺寸随时间步增长的变化曲线

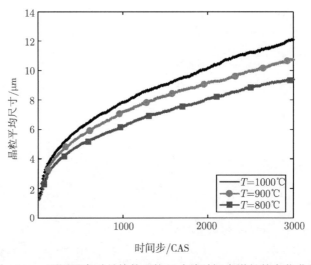

图 10-17　不同温度时晶粒的平均尺寸随时间步增长的变化曲线

由图 10-17 可以看出，在 0～500CAS 的过程中晶粒生长较快，尺寸变化较快。在 1000～2200CAS 这段过程中，晶粒长势平稳，处于正常生长的阶段。在接近生长末尾的时候，晶粒的生长速度逐渐减缓，尺寸分布发生波动，曲线末尾出现锯齿状波动。因此，从正常长大阶段截取 1000～2100CAS 阶段的数据，对模拟时间步和晶粒平均尺寸分别取对数得到图 10-18。曲线是原对数曲线，直线是利用 MATLAB 自带函数对原始数据进行拟合得到。拟合后斜率为 0.417，即为晶粒正常长大的生长指数 $n = 0.417$，该结果与理论值 0.5 较为接近。

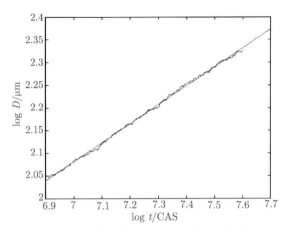

图 10-18 晶粒平均尺寸与时间的双对数关系

图 10-19 给出了不同温度下晶粒的生长指数情况。可以看到，它们是一个平行的状态，即斜率相当，这说明，晶粒的生长指数与温度基本无关。

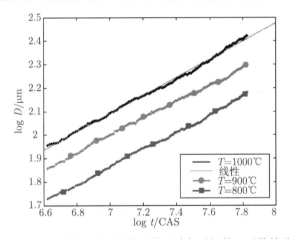

图 10-19 不同温度下晶粒平均尺寸与时间的双对数关系

10.3 分子动力学方法

参考文献 [38]，对分子动力学方法进行简要介绍。

质点的运动可以通过它们之间的作用力以及所施加的外力进行，无论是内力还是外力，都可以分为保守和非保守两类。仅和质点位置相关，与速度和轨迹无关的力称为保守力。对于封闭的轨迹，显然，保守力做功为零。对于保守力系统，显然

存在一个特殊的质点坐标的函数, 称为势能 (potential energy) 或简称势 (potential)

$$U = U\left(\boldsymbol{r}_1, \boldsymbol{r}_2, \cdots, \boldsymbol{r}_N\right) \tag{10-20}$$

则

$$\boldsymbol{F}_i = -\frac{\mathrm{d}U}{\mathrm{d}\boldsymbol{r}_i} = -\left(\frac{\partial}{\partial x_i} + \frac{\partial}{\partial y_i} + \frac{\partial}{\partial z_i}\right)U = -\nabla_i U \tag{10-21}$$

式中, $i = 1, 2, \cdots, N$。

对于有 N 个粒子和 k 个完整约束的系统, 拉格朗日运动方程表述如下:

$$\frac{\mathrm{d}}{\mathrm{d}t}\left(\frac{\partial T}{\partial \dot{q}_j}\right) - \frac{\partial T}{\partial q_j} = Q_j \tag{10-22}$$

式中 $j = 1, 2, \cdots, s, s = 3N - k$, Q_j 是广义力

$$Q_j = \sum_{i=1}^{N} \Phi_i \frac{\partial r_i}{\partial q_j} \tag{10-23}$$

$$T = \sum_{i=1}^{N} \frac{m_i \dot{r}_i^2}{2} \tag{10-24}$$

定义拉格朗日函数

$$L = T - U \tag{10-25}$$

则

$$\frac{\mathrm{d}}{\mathrm{d}t}\left(\frac{\partial L}{\partial \dot{q}_j}\right) - \frac{\partial L}{\partial q_j} = 0 \tag{10-26}$$

式中 $j = 1, 2, \cdots, s$。

如果 $k = 0$, 则

$$\frac{\mathrm{d}}{\mathrm{d}t}\left(\frac{\partial L}{\partial \dot{r}_i}\right) - \frac{\partial L}{\partial r_i} = 0 \tag{10-27}$$

式中, $i = 1, 2, \cdots, N$。

如果存在非保守的力系, 则拉格朗日方程转换为以下形式:

$$\frac{\mathrm{d}}{\mathrm{d}t}\left(\frac{\partial L}{\partial \dot{q}_j}\right) - \frac{\partial L}{\partial q_j} = \sum_{i=1}^{N} \boldsymbol{F}_i \frac{\partial \boldsymbol{r}_i}{\partial q_j} \tag{10-28}$$

式中, $\boldsymbol{F}$ 表示合力。

如果是保守力系统, 则

$$E = \sum_{j=1}^{s} \dot{q}_j \frac{\partial L}{\partial \dot{q}_j} - L \tag{10-29}$$

而

$$\frac{\mathrm{d}E}{\mathrm{d}t} = 0 \tag{10-30}$$

显然，保守系统除了能量守恒外，动量和角动量守恒

$$\frac{\mathrm{d}\boldsymbol{p}}{\mathrm{d}t} = 0 \tag{10-31}$$

$$\boldsymbol{p} = \sum_{i=1}^{N} \frac{\partial \boldsymbol{L}}{\partial \boldsymbol{v}_i} \tag{10-32}$$

$$\frac{\mathrm{d}\boldsymbol{M}}{\mathrm{d}t} = 0 \tag{10-33}$$

$$\boldsymbol{p} = \sum_{i=1}^{N} (\boldsymbol{r}_i \times \boldsymbol{p}_i) \tag{10-34}$$

对于非保守系统，其中包含了 N 个分子，每一个分子处理为单独的质点，则有牛顿公式

$$m_i \ddot{r}_i = -\nabla_i U - m_i \gamma_i \dot{r}_i \tag{10-35}$$

右端第二项为黏性摩擦，是耗散项。

用 $\boldsymbol{R}_i$ 表示分子间的热碰撞，则

$$m_i \ddot{r}_i = -\nabla_i U - m_i \gamma_i \dot{r}_i + \boldsymbol{R}_i(t) \tag{10-36}$$

更为通用的表示形式如下，可以用速度和位置两种形式表征耗散项

$$m_i \ddot{r}_i = -\nabla_i U - \sum_{i'} \int_0^t \beta_{ii'}(t-\tau)\, \dot{r}_{i'}(\tau) + \boldsymbol{R}_i(t) \tag{10-37}$$

$$m_i \ddot{r}_i = -\nabla_i U - \sum_{i'} \int_0^t \theta_{ii'}(t-\tau)\, \dot{r}_{i'}(\tau) + \boldsymbol{R}_i(t) \tag{10-38}$$

具体说明参见文献 [39]。

原子间的相互作用势函数对结果的影响很大 [39]，通用形式如下：

$$U = \sum_i V_i(\boldsymbol{r}_i) + \sum_{i,j>i} V_2(\boldsymbol{r}_i, \boldsymbol{r}_j) + \sum_{i,j>i,k>j} V_2(\boldsymbol{r}_i, \boldsymbol{r}_j, \boldsymbol{r}_k) + \cdots \tag{10-39}$$

式中第 1 项表示外力场导致的能量，第 2 项表示成对粒子间交互作用导致的能量，第 3 项表示三粒子间的交互作用导致的能量变化，依次类推。

Tersoff 和 Brenner 提出了广泛用于 C、Si、Ge 等的势函数形式 [40-43]

$$V_{\mathrm{LE}}\left(\boldsymbol{r}_i, \boldsymbol{r}_j\right) = \left(V_{\mathrm{R}}\left(r_{ij}\right) - B_{ij} V_{\mathrm{A}}\left(r_{ij}\right)\right) \tag{10-40}$$

式中，r_{ij} 表示原子间的距离；V_{R} 为原子间的排斥势；V_{A} 为吸引势。

分子动力学方法被广泛用于碳纳米管、位错、含缺陷界面行为等方面的研究工作 [44,45]。

10.4　晶体塑性理论

10.4.1　基本概念

拉格朗日、欧拉和 ALE 域之间的映射关系如图 10-20 所示 [6]。

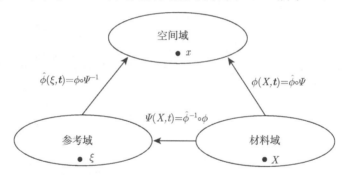

图 10-20　材料域 (拉格朗日)、空间域 (欧拉) 和参考域 (ALE) 之间的映射关系

定义变形梯度

$$\boldsymbol{F} = \frac{\partial \boldsymbol{x}}{\partial \boldsymbol{X}} \tag{10-41}$$

可以分解为两部分

$$\boldsymbol{F} = \boldsymbol{F}^* \cdot \boldsymbol{F}^{\mathrm{p}} \tag{10-42}$$

式中，$\boldsymbol{F}^*$ 表示格子的拉伸和旋转，$\boldsymbol{F}^{\mathrm{p}}$ 表示塑性剪切部分。

$\boldsymbol{F}^{\mathrm{p}}$ 的变化率和 α 滑移系的滑移率相关

$$\dot{\boldsymbol{F}}^{\mathrm{p}} \cdot \boldsymbol{F}^{\mathrm{p}^{-1}} = \sum_{\alpha} \dot{\gamma}^{(\alpha)} \boldsymbol{s}^{(\alpha)} \cdot \boldsymbol{m}^{(\alpha)} \tag{10-43}$$

$$\boldsymbol{s}^{*(\alpha)} = \boldsymbol{F}^* \cdot \boldsymbol{s}^{(\alpha)} \tag{10-44}$$

$$\boldsymbol{m}^{*(\alpha)} = \boldsymbol{m}^{*(\alpha)} \cdot \boldsymbol{F}^{*-1} \tag{10-45}$$

当前状态的速度梯度为

$$\boldsymbol{L} = \dot{\boldsymbol{F}} \cdot \boldsymbol{F}^{-1} = \boldsymbol{D} + \boldsymbol{\Omega} \tag{10-46}$$

式中，$\boldsymbol{D}$ 为拉伸张量的对称部分，$\boldsymbol{\Omega}$ 为旋转张量的反对称部分

$$\boldsymbol{D} = \boldsymbol{D}^* + \boldsymbol{D}^{\mathrm{p}} \tag{10-47}$$

$$\boldsymbol{\Omega} = \boldsymbol{\Omega}^* + \boldsymbol{\Omega}^{\mathrm{p}} \tag{10-48}$$

用 $\overset{\nabla^*}{\boldsymbol{\sigma}}$ 表示 Cauchy 应力 $\boldsymbol{\sigma}$ 的 Jaumann 率

$$\overset{\nabla^*}{\boldsymbol{\sigma}} + \boldsymbol{\sigma}(\boldsymbol{I} : \boldsymbol{D}^*) = \boldsymbol{L} : \boldsymbol{D}^* \tag{10-49}$$

进一步可以表示为

$$\overset{\nabla^*}{\boldsymbol{\sigma}} = \overset{\nabla}{\boldsymbol{\sigma}} + (\boldsymbol{\Omega} - \boldsymbol{\Omega}^*) \cdot \boldsymbol{\sigma} - \boldsymbol{\sigma} \cdot (\boldsymbol{\Omega} - \boldsymbol{\Omega}^*) \tag{10-50}$$

式中

$$\overset{\nabla}{\boldsymbol{\sigma}} = \dot{\boldsymbol{\sigma}} - \boldsymbol{\Omega} \cdot \boldsymbol{\sigma} + \boldsymbol{\sigma} \cdot \boldsymbol{\Omega} \tag{10-51}$$

由 Schmid 准则，$\dot{\gamma}^{(\alpha)}$ 和 σ 之间通过 Schmid 应力 τ_α 关联，

$$\boldsymbol{\tau}_\alpha = \boldsymbol{m}^{*(\alpha)} \cdot \frac{\rho_0}{\rho} \boldsymbol{\sigma} \cdot \boldsymbol{s}^{*(\alpha)} \tag{10-52}$$

式中，ρ 和 ρ_0 指代当前构型和参考构型中的密度。

$$\dot{\gamma}^{(\alpha)} = \dot{a}^{(\alpha)} f^{(\alpha)} \left(\frac{\tau^{(\alpha)}}{g^{(\alpha)}} \right) \tag{10-53}$$

式中，$\dot{a}$ 表示滑移系中的参考应变率；f 描述的是应变率对应力的依赖程度；g 表示当前的强度指标，其中

$$f^{(\alpha)}(x) = x |x|^{n-1} \tag{10-54}$$

式中，n 表示率敏感指数。当 n 趋向于无穷时，得到率无关的材料的表示形式。

材料的硬化通过下式表征：

$$\dot{g}^{(\alpha)} = \sum_\beta h_{\alpha\beta} \dot{\gamma}^{(\beta)} \tag{10-55}$$

式中，$h_{\alpha\beta}$ 是滑移硬化模量。

$$h_{\alpha\alpha} = h(\gamma) = h_0 \mathrm{sech}^2 \left| \frac{h_0 \gamma}{\tau_\mathrm{s} - \tau_0} \right| \tag{10-56}$$

$$h_{\alpha\beta} = q h(\gamma) \quad \alpha \neq \beta \tag{10-57}$$

式中，q 为常数。

主要的求解方法包括前差分方法、增量法、NR 迭代法等。

10.4.2 前差分方法

定义

$$\Delta \gamma^{(\alpha)} = \gamma^{(\alpha)} \left(t + \Delta t \right) - \gamma^{(\alpha)} \left(t \right) \tag{10-58}$$

采用线性插值

$$\Delta \gamma^{(\alpha)} = \Delta t \left[(1 - \theta) \dot{\gamma}_t^{(\alpha)} + \theta \dot{\gamma}_{t+\Delta t}^{(\alpha)} \right] \tag{10-59}$$

式中, θ 取值为 0.5~1。

$$\dot{\gamma}_{t+\Delta t}^{(\alpha)} = \dot{\gamma}_t^{(\alpha)} + \frac{\partial \dot{\gamma}^{(\alpha)}}{\partial \tau^{(\alpha)}} \Delta \tau^{(\alpha)} + \frac{\partial \dot{\gamma}^{(\alpha)}}{\partial g^{(\alpha)}} \Delta g^{(\alpha)} \tag{10-60}$$

式中, $\Delta \tau$ 和 Δg 分别为 Δt 内待求的剪切力增量和当前的强度增量。

$$\Delta \gamma^{(\alpha)} = \Delta t \left(\dot{\gamma}_t^{(\alpha)} + \theta \frac{\partial \dot{\gamma}^{(\alpha)}}{\partial \tau^{(\alpha)}} \Delta \tau^{(\alpha)} + \theta \frac{\partial \dot{\gamma}^{(\alpha)}}{\partial g^{(\alpha)}} \Delta g^{(\alpha)} \right) \tag{10-61}$$

10.4.3 增量法

对于每一个滑移系

$$\mu_{ij}^{(\alpha)} = \frac{1}{2} \left(s_i^{*(\alpha)} m_j^{*(\alpha)} + s_j^{*(\alpha)} m_i^{*(\alpha)} \right) \tag{10-62}$$

$$\omega_{ij}^{(\alpha)} = \frac{1}{2} \left(s_i^{*(\alpha)} m_j^{*(\alpha)} - s_j^{*(\alpha)} m_i^{*(\alpha)} \right) \tag{10-63}$$

$\omega_{ij}^{(\alpha)}$ 与旋转张量相关

$$\Omega_{ij} - \Omega_{ij}^* = \sum_{\alpha} \omega_{ij}^{(\alpha)} \dot{\gamma}^{(\alpha)} \tag{10-64}$$

$$\Delta g^{(\alpha)} = \sum_{\beta} h_{\alpha\beta} \Delta \gamma^{(\beta)} \tag{10-65}$$

$$\Delta \tau^{(\alpha)} = \left(L_{ijkl} \mu_{kl}^{(\alpha)} + \omega_{ik}^{(\alpha)} \sigma_{jk} + \omega_{jk}^{(\alpha)} \sigma_{ik} \right) \cdot \left(\Delta \varepsilon_{ij} - \sum_{\beta} \mu_{ij}^{(\beta)} \Delta \gamma^{(\beta)} \right) \tag{10-66}$$

$$\Delta \sigma_{ij} = L_{ijkl} \Delta \varepsilon_{kl} - \sigma_{ij} \Delta \varepsilon_{kk} - \sum_{\alpha} \left(L_{ijkl} \mu_{kl}^{(\alpha)} \omega_{ik}^{(\alpha)} \sigma_{jk} + \omega_{jk}^{(\alpha)} \sigma_{ik} \right) \Delta \gamma^{(\alpha)} \tag{10-67}$$

对于给定的应变增量 $\Delta \varepsilon_{ij}$, 剪切应变的增量 $\Delta \gamma^{(\alpha)}$ 可以通过下式确定:

$$\sum_{\beta} \left[\delta_{\alpha\beta} + \theta \Delta t \frac{\partial \dot{\gamma}^{(\alpha)}}{\partial \tau^{(\alpha)}} \left(L_{ijkl} \mu_{kl}^{(\alpha)} + \omega_{ik}^{(\alpha)} \sigma_{jk} + \omega_{jk}^{(\alpha)} \sigma_{ik} \right) \mu_{ij}^{(\beta)} \right.$$

$$- \theta \Delta t \frac{\partial \dot{\gamma}^{(\alpha)}}{\partial g^{(\alpha)}} h_{\alpha\beta} \text{sign} \left(\dot{\gamma}_t^{(\beta)} \right) \Bigg] \Delta \gamma^{(\beta)}$$

$$= \dot{\gamma}_t^{(\alpha)} \Delta t + \theta \Delta t \frac{\partial \dot{\gamma}^{(\alpha)}}{\partial \tau^{(\alpha)}} \left(L_{ijkl} \mu_{kl}^{(\alpha)} + \omega_{ik}^{(\alpha)} \sigma_{jk} + \omega_{jk}^{(\alpha)} \sigma_{ik} \right) \Delta \varepsilon_{ij} \tag{10-68}$$

一旦确定了 $\Delta \gamma^{(\alpha)}$，那么 $\Delta g^{(\alpha)}$、$\Delta \tau^{(\alpha)}$ 和 $\Delta \sigma$ 等均可以求得。

10.4.4　NR 迭代法

与增量法类似，但是 $\Delta \gamma^{(\alpha)}$ 由下式确定：

$$\Delta \gamma^{(\alpha)} - (1 - \theta) \Delta t \dot{\gamma}_t^{(\alpha)} - \theta \Delta t \dot{a}^{(\alpha)} f^{(\alpha)} \left(\frac{\tau_t^{(\alpha)} + \Delta \tau_t^{(\alpha)}}{g_t^{(\alpha)} + \Delta g_t^{(\alpha)}} \right) = 0 \tag{10-69}$$

其他各增量求解方法与增量法相同。式中 $\Delta \gamma^{(\alpha)}$ 可以通过 NR 迭代求解。关于晶体塑性的详细理论描述见参考文献 [46]。

10.5　相　场　法

相场法 (phase field method, PF 法)，是以 Ginzburg-Landau 理论为物理基础。这种方法建立在统计理论的平均场近似基础上，具有形式简单、理论性强的优点。根据相变理论，利用半唯象常数确定出温度和尺寸标度。相场法是将物理机制和能量体系等效为一系列微分方程，通过求解微分方程来获取结构。作为一种数学工具，为了数值计算的方便，引入了一个扩散界面模型。由于相场在模拟晶粒长大的时候，将尖锐的界面处理为弥散界面，更便于模拟，但相场法有计算耗时、占用内存较大、可模拟的尺度较小等缺点。

相场法主要来自于相变平均场理论，参照文献 [47] 说明相场法求解的基本原理。

在相变平均场理论中，考虑两元合金 A、B，把结构离散为原胞，每一个原胞中包含 A 或者 B 原子，则交互作用能如下：

$$E\{n_i\} = -\sum_{i=1}^{N} \sum_{j=1}^{v} \left\{ \varepsilon_{AA} (1 - n_i) (1 - n_j) + \varepsilon_{AB} (1 - n_i) n_j \right.$$

$$\left. + \varepsilon_{AB} (1 - n_j) n_i + \varepsilon_{BB} n_i n_j \right\} \tag{10-70}$$

式中，v 为交互作用的邻居数。注意到 $n_i n_j = n_i - n_i (1 - n_j)$，$n_i = 0$ 或者 $n_i = 1$ 表示该点处是 A 或者 B，上式简化为

$$E\{n_i\} = \varepsilon \sum_{i=1}^{N} \sum_{j=1}^{v} \{n_i (1 - n_j)\} + b \sum_{i=1}^{N} n_i - \frac{N v \varepsilon_{AA}}{2} \tag{10-71}$$

式中

$$\varepsilon = \varepsilon_{\mathrm{AA}} + \varepsilon_{\mathrm{BB}} - 2\varepsilon_{\mathrm{AB}} \tag{10-72}$$

$$b = \frac{v}{2} \left(\varepsilon_{\mathrm{AA}} - \varepsilon_{\mathrm{BB}} \right) \tag{10-73}$$

这个系统可以通过巨热力势来描述

$$\Omega \left(\mu, N, T \right) = F \left(N, \langle N_{\mathrm{B}} \rangle, T \right) - \mu \langle N_{\mathrm{B}} \rangle \tag{10-74}$$

式中，μ 表示化学势。

B 元素的平均浓度表示如下：

$$\langle N_{\mathrm{B}} \rangle = \left\langle \sum_{i=1}^{N} n_i \right\rangle \tag{10-75}$$

粒子自由能可以表示为

$$f = \frac{F \left(\Phi, N, T \right)}{N} \tag{10-76}$$

$$\Phi = \frac{1}{N} \left\langle \sum_{i=1}^{N} n_i \right\rangle \tag{10-77}$$

自由能 f 可以与交互作用能 E 相关联

$$\Omega = -k_{\mathrm{B}} T \ln \left(\Xi \right) \tag{10-78}$$

$$\Xi = \prod_{i=1}^{N} \sum_{n_i=0,1} \mathrm{e}^{-\beta \left(E(n_i) - \mu N_{\mathrm{B}} \right)} \tag{10-79}$$

式中，k_{B} 为玻尔兹曼常量，则

$$\Phi = \frac{1}{N} \left. \frac{\partial \Omega}{\partial \mu} \right|_{N,T} \tag{10-80}$$

采用平均场近似可以得到

$$\Xi = \prod_{i=1}^{N} \sum_{n_i=0,1} \mathrm{e}^{-\beta \langle E\{n_i\} \rangle + \mu \beta \langle N_{\mathrm{B}} \rangle} = \frac{N!}{\langle N_{\mathrm{B}} \rangle! \left(N - \langle N_{\mathrm{B}} \rangle \right)!} \mathrm{e}^{-\beta \langle E\{n_i\} \rangle + \mu \beta \langle N_{\mathrm{B}} \rangle} \tag{10-81}$$

由此

$$\begin{aligned} \Omega &= -k_{\mathrm{B}} T \ln \left(\Xi \right) \\ &= -k_{\mathrm{B}} T \ln \frac{N!}{\langle N_{\mathrm{B}} \rangle! \left(N - \langle N_{\mathrm{B}} \rangle \right)!} + \langle E\{n_i\} \rangle - \mu \langle N_{\mathrm{B}} \rangle \end{aligned} \tag{10-82}$$

每一个粒子的平均能就可以写为

$$
\begin{aligned}
\frac{\langle E\{n_i\}\rangle}{N} &= \frac{\varepsilon}{N}\sum_{i=1}^{N}\langle n_i\rangle\left(1-\langle n_j\rangle\right) + \frac{b}{N}\left\langle\sum_{i=1}^{N}n_i\right\rangle - \frac{v\varepsilon_{\mathrm{AA}}}{2} \\
&= \frac{\varepsilon v}{2}\varPhi\left(1-\varPhi\right) + b\varPhi - \frac{v\varepsilon_{\mathrm{AA}}}{2}
\end{aligned}
\tag{10-83}
$$

式中，$\varPhi$ 是序参量。

平均场自由能密度可以表示为

$$
f = \frac{\varepsilon v}{2}\varPhi\left(1-\varPhi\right) + b\varPhi - \frac{v\varepsilon_{\mathrm{AA}}}{2} + k_{\mathrm{B}}T\left(\varPhi\ln\varPhi + (1-\varPhi)\ln\left(1-\varPhi\right)\right)
\tag{10-84}
$$

Landau 理论中最重要的思想就是序参量的使用，如果序参量在相变温度附近突变为零，则为一级相变，连续下降为零，则为二级相变 [48]。Landau 理论首先在二级相变中取得应用，经修正后可以用于一级相变 [49]。

定义 Landau 自由能为

$$
\hat{F}\left(\varPhi\right) = E\left(\varPhi\right) - TS\left(\varPhi\right)
\tag{10-85}
$$

式中，$E\left(\varPhi\right)$ 表示系统内能，$S\varPhi$ 表示为

$$
S\left(\varPhi\right) = k_{\mathrm{B}}T\ln\left(\varOmega\left|(\varPhi)\right|\right)
\tag{10-86}
$$

对于保守序参量，B 对应于化学势，则 Landau 自由能对应 Gibbs 自由能。如果序参量与外场通过 B 耦合，则 Gibbs 自由能通过下式给出：

$$
F\left(\varPhi\right) = \hat{F}\left(\varPhi\right) - BV\varPhi
\tag{10-87}
$$

Gibbs 自由能密度与分配函数的关系如下：

$$
f = -\frac{k_{\mathrm{B}}T}{V}\ln Q\left(T\right)
\tag{10-88}
$$

式中，$Q\left(T\right)$ 为广义分配函数

$$
Q\left(T\right) = \int_{-\infty}^{+\infty}\mathrm{d}\varPhi\,\varOmega\left(\varPhi\right)\mathrm{e}^{-\{E(\varPhi)-BV\varPhi\}}
\tag{10-89}
$$

Landau 自由能密度可以通过幂级数展开式近似

$$
\hat{f}\left(\varPhi\right) = \hat{f}\left(T,\varPhi=0\right) + \sum_{n=2}^{M}\frac{a_n\left(T\right)}{n}\varPhi^n
\tag{10-90}
$$

将序参量不为零的有序相的出现和母相的对称性降低联系起来，强调了对称性变化在相变中的重要性，高对称相中某一对称元素突然消失，就对应于相变的发生，导致低对称相的出现，Landau 自由能展开式具体可以写为

$$F(\Phi) = F_0 + \frac{1}{2}A\Phi^2 + \frac{1}{3}B\Phi^3 + \cdots \tag{10-91}$$

为了进一步体现界面的作用，进一步考虑 Ginzburg-Landau 自由能函数。假定 $\varepsilon_{AA} = \varepsilon_{BB}\,(b = 0)$，$U = \langle E\{n_i\} \rangle$ 可以表示为

$$U = \frac{1}{2}\sum_{i=1}^{N}\sum_{i \neq j}\varepsilon_{ij}(\boldsymbol{x}_i - \boldsymbol{x}_j)\,\Phi_i(1 - \Phi_j) \tag{10-92}$$

总内能可以表示为

$$E = \int_V \left(\frac{1}{2}|W_0\nabla\Phi|^2 + \frac{1}{2a^3}\varepsilon(\boldsymbol{x})\Phi(\boldsymbol{x})(1 - \Phi(\boldsymbol{x}))\right)\mathrm{d}^3\boldsymbol{x} \tag{10-93}$$

$$W_0 = \sqrt{\frac{\varepsilon(\boldsymbol{x})}{va}} \tag{10-94}$$

二元合金总自由能可以表达为

$$F(\Phi, T) = \int_V \left(\frac{1}{2}|W_0\nabla\Phi|^2 + f(\Phi(\boldsymbol{x}), T(\boldsymbol{x}))\right)\mathrm{d}^3\boldsymbol{x} \tag{10-95}$$

上式即为通常意义上的 Ginzburg-Landau 自由能。式中，

$$\begin{aligned}
f(\Phi(\boldsymbol{x}), T(\boldsymbol{x})) =&\, \frac{\varepsilon(\boldsymbol{x})}{2a^3}\Phi(\boldsymbol{x})(1 - \Phi(\boldsymbol{x})) \\
&+ \frac{k_{\mathrm{B}}T}{a^3}\Phi(\boldsymbol{x})\ln\Phi(\boldsymbol{x}) + (1 - \Phi(\boldsymbol{x}))\ln(1 - \Phi(\boldsymbol{x}))
\end{aligned} \tag{10-96}$$

文献 [50] 尝试使用 Ginzburg-Landau 理论模型解释贝氏体的转变机理。钢中铁素体的先共析反应由碳扩散控制，为简化计算，此处重构相变亦假定为纯扩散控制的反应。其自由能密度为

$$f_{\mathrm{c}} = f_0\left[\frac{1}{2}r_{\mathrm{d}}c^2 + \frac{1}{3}(r_{\mathrm{d}}+1)c^3 + \frac{1}{4}c^4\right] + \frac{1}{2}\kappa_1(\nabla c)^2 \tag{10-97}$$

式中，f_0 和 κ_1 为常数；r_{d} 为平均场约化温度；c 为保守序参量，可代表溶质浓度，也可代表重构式的结构改变，$r_{\mathrm{d}} > 1$，稳定相为母材 $(c=0)$，$r_{\mathrm{d}} < 0$，稳定相为产物相 $(c = -1)$，其他为两相并存。

位移变化通过非保守的序参量 η 表达

$$f_\eta = \frac{1}{2}r_{\mathrm{M}}\eta^2 - \frac{1}{4}u\eta^4 + \frac{1}{6}v\eta^6 + \frac{1}{2}\kappa_2(\nabla\eta)^2 \tag{10-98}$$

式中，u、v、κ_2 为常数。r_M 也表示平均场约化温度，$r_M > \dfrac{u^2}{4v}$，稳定相为母材（$\eta{=}0$），$r_M < 0$，母材过渡到产出相，$r_M = 0$ 对应无热激活的 M_s 点。

耦合相可以写为

$$f_{c\eta} = \frac{1}{2}gc\eta^2 \tag{10-99}$$

$$f(c,\eta) = f_c + f_\eta + f_{c\eta} \tag{10-100}$$

模型动力学采用常用的 Langevin 方程

$$\frac{\partial \Phi}{\partial t} = -\lambda \frac{\delta F(\Phi)}{\delta \Phi} + \xi_\Phi(x,t) \tag{10-101}$$

式中，λ 为动力学系数；$\xi_\Phi(x,t)$ 为 Guass 型白噪声。求解的具体结果和 B 生成的讨论参见文献 [50]。

对于一个给定的热平衡系统，熵变化由下式求得：

$$\mathrm{d}S = \frac{1}{T}\mathrm{d}U + \frac{p}{T}\mathrm{d}V - \sum_i \frac{\mu_i}{T}\mathrm{d}N_i \tag{10-102}$$

组元成分位置的变化意味着熵的变化，必然引起与之对应的能量和粒子数的流动和变化

$$\boldsymbol{J}_0 = M_{00}\nabla\left(\frac{1}{T}\right) - \sum_{j=1}^N M_{0j}\nabla\left(\frac{\mu_j}{T}\right) \tag{10-103}$$

$$\boldsymbol{J}_i = M_{i0}\nabla\left(\frac{1}{T}\right) - \sum_{j=1}^N M_{ij}\nabla\left(\frac{\mu_j}{T}\right) \tag{10-104}$$

式中，M_{ij} 为系数，通过 Onsager 导出。

对于某一种成分的合金

$$\frac{\partial c}{\partial t} = -\nabla \cdot \boldsymbol{J}_1 \tag{10-105}$$

则

$$\frac{\partial c}{\partial t} = \nabla \cdot \left(\frac{M_{11}}{T}\nabla\mu_1\right) = \nabla \cdot \left(\frac{RM_{11}}{c}\nabla c\right) \tag{10-106}$$

式中 c 为溶质浓度

$$\mu_1 = RT\ln c \tag{10-107}$$

式中，R 为气体常数。

扩散系数 D

$$D = \frac{RM_{11}}{c} \tag{10-108}$$

定义

$$\mu = \frac{\delta F\left(\varPhi\right)}{\delta c} \tag{10-109}$$

式中，$\varPhi$ 表征了浓度变化，必须满足

$$\frac{\partial \varPhi}{\partial t} = -\nabla \cdot \boldsymbol{J} \tag{10-110}$$

式中

$$\boldsymbol{J} = -M\nabla \cdot \mu \tag{10-111}$$

式中

$$M = \frac{M_{11}}{T} \approx \frac{M_{11}}{T_{\mathrm{c}}} \tag{10-112}$$

由此得到

$$\frac{\partial \varPhi}{\partial t} = \nabla \cdot \left(M\nabla \frac{\delta F}{\delta \varPhi} \right) \tag{10-113}$$

对于非保守序参量，扩散演化通过 Langevin 方程表达

$$\frac{\partial \varPhi}{\partial t} = -M\frac{\delta F\left(\varPhi\right)}{\delta \varPhi} \tag{10-114}$$

式中，M 为系数，与 λ 完全相同。

图 10-21 给出了一个简单的相场法的算例结果。

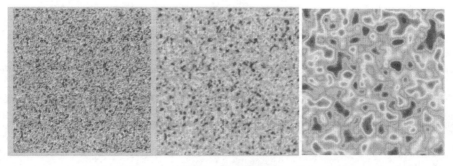

图 10-21　相场法

10.6　材料的磨损计算

以搅拌摩擦焊中搅拌头的磨损为例。

Archard 理论是一种传统的，应用广泛的磨损理论，Archard 理论的数学模型为

$$W = \int K \frac{p^a v^b}{H^c} \mathrm{d}t \tag{10-115}$$

式中，$K=0.000002$ 为磨损校核系数；$a=b=1$，$c=2$ 为磨损实验常数；p 为界面摩擦压力；v 为滑动速度；H 为材料硬度。

采用 Arrhenius 方程描述高温下铝合金应变率、流动应力与温度之间的关系

$$\dot{\bar{\varepsilon}} = A \left[\sinh(\alpha\bar{\sigma})\right]^n \mathrm{e}^{(-\Delta H/RT_{\mathrm{abs}})} \tag{10-116}$$

式中，$\bar{\sigma}$ 为等效应力，单位为 MPa；$\dot{\bar{\varepsilon}}$ 为有效应变率；ΔH 为热变形中铝的活化能，单位为 J/mol；T_{abs} 为绝对温度，单位为 K；R 为气体常数，单位为 J/(mol·K)；A, α, n 为材料常数。

在数值模型中取 $A=1.62\times10^{10}$，$\alpha=0.019$，$n=6.078$，$\Delta H=1.512\mathrm{J/mol}$。

随着铝合金工件的焊接，搅拌头的磨损不断发生。三种工况下搅拌头前行 700s 不同时间的磨损量如图 10-22 所示。搅拌头刚开始最大磨损处发生在搅拌针上。这是因为搅拌针为圆柱，逐渐下压导致磨损突然增大；然后经历一段磨损量平稳过渡期，为工件预热阶段，此时搅拌头没有沿 x 方向的速度。

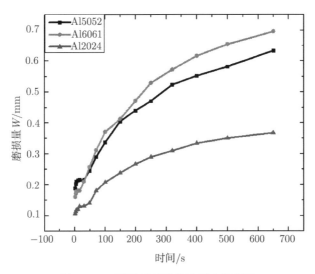

图 10-22　不同时刻搅拌头最大磨损量

三种工况中，Al2024 铝合金焊接的搅拌头磨损量最小，Al5052 铝合金焊接的搅拌头的磨损量其次，Al6061 铝合金焊接的搅拌头磨损量最大。开始时搅拌头的最大磨损发生在搅拌针外侧，焊接过程中搅拌头的最大磨损量发生在轴肩最外围，随着半径减小磨损量逐渐降低。这是由于搅拌头绕轴线旋转，轴肩外侧走过的距离最大，导致与工件磨损的程度最深，如图 10-23 所示。

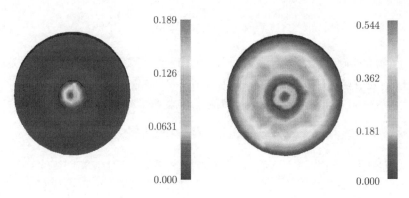

(a) 轴肩未与工件接触时搅拌针磨损　　　　(b) 搅拌头前行500s时搅拌针磨损

图 10-23　Al5052 铝合金焊接不同时间搅拌针磨损量

　　选取 Al5052 铝合金焊接搅拌头下压时与搅拌头前行 500s 时搅拌头磨损量进行对比，搅拌头下压时搅拌针磨损量最大为 0.189mm，前行 500s 后搅拌针最大磨损量为 0.197mm，由于搅拌针为圆柱形，所以搅拌针的磨损大多发生在搅拌头下压过程中，焊接过程对搅拌针的磨损量很小。

　　搅拌头的寿命主要由搅拌针的寿命决定，提取 Al6061 铝合金焊接中搅拌针在不同时刻的磨损量，重建搅拌针形状和尺寸，对搅拌头寿命进行预测。搅拌针不同时刻的磨损量如图 10-24 所示。

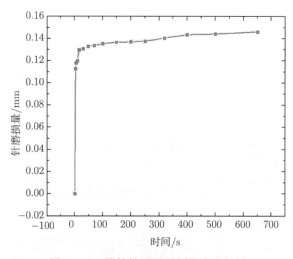

图 10-24　搅拌针不同时刻最大磨损量

　　去掉搅拌头下压阶段搅拌针最大磨损量，选取 Al6061 铝合金焊接的搅拌头沿 x 方向焊接过程中搅拌针的最大磨损量，基于 Origin 的非线性拟合，得到搅拌针

焊接过程中的磨损曲线图 10-25，表达式为

$$y = 0.151 - 0.02\mathrm{e}^{(-x/446.76)} \tag{10-117}$$

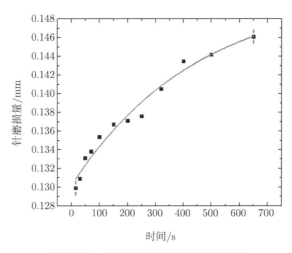

图 10-25 搅拌针不同时刻最大磨损量

由上式可得搅拌针磨损最大量是逐渐逼近 0.151mm 的。当搅拌针磨损量为 0.151mm 时，搅拌针前端半径方向和纵轴方向都被磨损 0.151mm，搅拌针被磨损为圆锥形状。得到如图 10-26 所示搅拌针。搅拌针与轴肩接触的表面半径不变，尖端部分表面半径为 1.099mm，高为 2.349mm。

图 10-26 搅拌头磨损后示意图

搅拌针受力由两部分组成

$$F = F_\mathrm{p} + F_\mathrm{s} \tag{10-118}$$

式中，F 为搅拌头受力；F_p 为搅拌针受力；F_s 为轴肩受力。随着焊速的增大，搅拌针上阻力对于搅拌头整体合力的贡献比例逐渐上升，当 v=60mm/min 时搅拌针所占比例为 8.1%。

如图 10-27 所示，应力最大处为搅拌针与轴肩接触的位置，搅拌针上越远离轴肩位置应力越小，轴肩以上部位应力较小。圆锥形搅拌针 (磨损后) 的最大应力为 34.6MPa，圆形搅拌针 (磨损前) 的最大应力为 36.8MPa。磨损后搅拌针的应力要小于磨损前搅拌针应力，所以适度的磨损后搅拌针变为圆锥形会增加搅拌针的寿命。

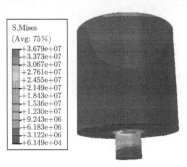

(a) 磨损前搅拌针应力　　　　　　　　　　(b) 磨损后搅拌针应力

图 10-27　搅拌针磨损前后应力图

对于材料的磨损，按照磨损机理可以分为 4 类，磨粒磨损、黏着磨损、腐蚀磨损和表面疲劳 [51]。

1) 磨粒磨损

以力的作用特点来分，磨粒磨损可分为：

(1) 低应力划伤式的磨料磨损，它的特点是磨料作用于零件表面的应力不超过磨料的压溃强度，材料表面被轻微划伤。

(2) 高应力辗碎式的磨料磨损，其特点是磨料与零件表面接触处的最大压应力大于磨料的压溃强度。

(3) 凿削式磨料磨损，其特点是磨料对材料表面有大的冲击力，从材料表面凿下较大颗粒的磨屑。

2) 黏着磨损

黏着磨损又称咬合磨损，是指滑动摩擦时摩擦副接触面局部发生金属黏着，在随后相对滑动中黏着处被破坏，有金属屑粒从零件表面被拉拽下来或零件表面被擦伤的一种磨损形式。按照黏着结点的强度和破坏位置的不同，黏着磨损有不同的形式：

(1) 轻微黏着磨损：当黏结点的强度低于摩擦副两材料的强度时，剪切发生在界面上，此时虽然摩擦系数增大，但磨损却很小，材料转移也不显著。通常在金属表面有氧化膜、硫化膜或其他涂层时发生这种黏着磨损。

(2) 一般黏着磨损：当黏结点的强度高于摩擦副中较软材料的剪切强度时，破坏将发生在离结合面不远的软材料表层内，因而软材料转移到硬材料表面上。这种磨损的摩擦系数与轻微黏着磨损差不多，但磨损程度加重。

(3) 擦伤磨损：当黏结点的强度高于两对磨材料的强度时，剪切破坏主要发生在软材料的表层内，有时也发生在硬材料表层内。转移硬材料上的黏着物又使软材料表面出现划痕，所以擦伤主要发生在软材料表面。

(4) 胶合磨损：如果黏结点的强度比两对磨材料的剪切强度强得多，而且黏结点面积较大时，剪切破坏发生在对磨材料的基体内。此时，两表面出现严重磨损，甚至使摩擦副之间咬死而不能相对滑动。

3) 腐蚀磨损

腐蚀磨损是指摩擦副对偶表面在相对滑动过程中，表面材料与周围介质发生化学或电化学反应，并伴随机械作用而引起的材料损失现象，称为腐蚀磨损。腐蚀磨损通常是一种轻微磨损，但在一定条件下也可能转变为严重磨损。这是一种化学腐蚀作用为主，并伴有机械磨损的轮齿损伤形式。一般来说，在腐蚀过程中磨损是中等程度的。但是，由于有腐蚀作用，可以产生很严重的后果，特别是在高温或潮湿的环境中。在有些情况下，首先产生化学反应，然后才因机械磨损的作用而被腐蚀的物质脱离本体。另外一些情况则相反，先产生机械磨损，生成磨损颗粒以后紧接着产生化学反应。常见的腐蚀磨损有氧化磨损和特殊介质腐蚀磨损。

4) 表面疲劳

表面疲劳磨损常发生在滚动轴承、齿轮以及钢轨与轮箍的接触面上。不论是点接触还是线接触，最大压应力都发生在零件的接触表面上，最大切应力则发生在表层内部离表面一定深度处。滚动接触时，在循环切应力影响下，裂纹容易从表层形成，并扩展到表面而使材料剥落，在零件表面形成麻点状凹坑，造成疲劳磨损。若伴有滑动接触，破坏的位置逐渐移近表面。由于材料不可能完全均匀，零件表面也不是完全平滑，材料有表面缺陷、夹杂物、孔隙、微裂纹和硬质点等原因，疲劳破坏的位置往往有所改变，裂纹有时从表面开始，有时从表层内开始。与表面连通的疲劳裂纹还会受到润滑油的楔入作用，使其加速扩展。减少表面疲劳磨损的首要措施应该是提高表面的质量和降低表面粗糙度。采取如渗碳和渗氮等表面强化工艺，以提高表面硬度，强化层必须有足够的厚度，心部要有足够的强度，并选用合适的润滑剂，这些措施都能减小表面疲劳磨损。

参 考 文 献

[1] 王辉, 陈再良. 形状记忆合金材料的应用. 机械工程材料, 2002, 26(3): 5-8.

[2] 陶占良, 彭博, 梁静, 程方益, 陈军. 高密度储氢材料研究进展. 中国材料进展, 2009, 28(7-8): 26-40.

[3] 王晓军, 陈学定, 夏天东, 康凯, 彭彪林. 非晶合金应用现状. 材料导报, 2006, 20(10): 75-79.

[4] 徐滨士, 董世运, 史佩京. 中国特色的再制造零件质量保证技术体系现状及展望. 机械工程学报, 2013, 49(20): 84-90.

[5] 张昭, 吴奇, 万震宇, 张洪武. 基于蒙特卡洛方法的搅拌摩擦焊接晶粒生长模拟. 塑性工程学报, 2015, 22(4): 172-177.

[6] 张昭, 张洪武. 搅拌摩擦焊的数值模拟. 北京: 科学出版社, 2016.

[7] Sha W, Malinov S. Titanium alloys: modelling of microstructure, properties and applications. Oxford: Woodhead Publishing Limited, 2009.

[8] 吕烨, 王丽凤. 机械工程材料. 北京: 高等教育出版社, 2009.

[9] 魏光普, 姜传海, 甄伟, 金灯仁. 晶体结构与缺陷. 北京: 中国水利水电出版社, 2010.

[10] 季顺迎. 材料力学, 北京: 科学出版社, 2013.

[11] 赵磊. 内燃机车车体结构的强度与疲劳分析. 大连理工大学硕士学位论文, 2015.

[12] 潘复生, 张丁非. 铝合金及应用. 北京: 化学工业出版社, 2006.

[13] Okamoto H. Supplemental literature review of binary phase diagrams: Al-Nd, Al-Sm, Al-V, Bi-Yb, Ca-In, Ca-Sb, Cr-Nb, Cu-Ga, Ge-O, Pt-Sn, Re-Y, and Te-Yb. Journal of Phase Equilibria and Diffusion, 2016, 37(3): 350-362.

[14] Fratini L, Buffa G. CDRX modeling in friction stir welding of aluminum alloys. International Journal of Machine Tools and Manufacture, 2005, 45: 1188-1194.

[15] 张昭, 张洪武. 搅拌摩擦焊中动态再结晶及硬度分布的数值模拟. 金属学报, 2006, 42(9): 998-1002.

[16] 陈康华, 陈送义, 彭国胜, 方华婵, 肖代红. 变形程度对 7150 铝合金再结晶及性能的影响. 特种铸造及有色合金, 2010, 2: 103-107.

[17] 余琨, 李松瑞, 黎文献, 肖于德. 微量 Sc 和 Zr 对 2618 铝合金再结晶行为的影响. 中国有色金属学报, 1999, 9(4): 709-713.

[18] 华琪, 邵光杰. Si 元素对变形铝合金再结晶影响. 材料热处理学报, 2012, 33(1): 60-63.

[19] 林汉卿, 罗兵辉, 柏振海, 邹镕. 5383 铝合金再结晶全图. 铝加工, 2013, 6: 4-9.

[20] 廖郁国, 韩晓祺, 曾苗霞, 金曼. Cu 元素对 7XXX 系列铝合金再结晶的影响, 上海金属, 2014, 36(3): 25-28.

[21] 陈振华，严红革，陈吉华，全亚杰，王慧敏，陈鼎. 镁合金. 北京：化学工业出版社，2004.

[22] 赵宏达. 镁合金相图测定及新型 Mg-Sn 基合金设计、制备和力学性能研究. 东北大学博士学位论文，2011.

[23] Ghosh P, Medraj M. Thermodynamic calculation of the Mg-Mn-Zn and Mg-Mn-Ce systems and re-optimization of their constitutive binaries. Calphad, 2013, 41: 89-107.

[24] Okamoto H. Supplemental literature review of binary phase diagrams: Ag-Ho, Ag-Tb, Ag-Y, Cd-Na, Ce-Sn, Co-Dy, Cu-Dy, Cu-Sn, Ir-Pt, Mg-Pb, Mo-Ni, and Sc-Y. Journal of Phase Equilibria and Diffusion, 2014, 35(2): 208-219.

[25] Okamoto H. Supplemental literature review of binary phase diagrams: Cs-In, Cs-K, Cs-Rb, Eu-In, Ho-Mn, K-Rb, Li-Mg, Mg-Nd, Mg-Zn, Mn-Sm, O-Sb, and Si-Sr. Journal of Phase Equilibria and Diffusion, 2013, 34(3): 251-263.

[26] Guo Y C, Li J P, Li J S, Yang Z, Wang P. Phase diagram of Mg-Zn-Gd system alloy at mg rich corner and its application in the development of two new alloys. Materials Science Forum, 2013, 765: 3-7.

[27] Afrin N, Chen D L, Cao X, Jahazi M. Microstructure and tensile properties of friction stir welded AZ31B magnesium alloy. Materials Science and Engineering: A, 2008, 472(1-2): 179-186.

[28] Xie G M, Ma Z Y, Geng L, Chen R S. Microstructural evolution and enhanced super-plasticity in friction stir processed Mg-Zn-Y-Zr alloy. Journal of Materials Research, 2008, 23(5): 1207-1213.

[29] 万震宇. 搅拌摩擦焊接数值模拟及搅拌头受力分析. 大连理工大学硕士学位论文，2012.

[30] 赵永庆，陈永楠，张学敏，曾卫东，王磊. 钛合金相变及热处理. 长沙：中南大学出版社，2012.

[31] Andersson D A, Korzhavyi P A, Johansson B. First-principles based calculation of binary and multicomponent phase diagrams for titanium carbonitride. Calphad, 2008, 32(3): 543-565.

[32] Murray J L. Calculation of the titanium-aluminum phase diagram. Metallurgical Transactions A, 1988, 19(2): 243-247.

[33] Zhang X P, Shivpuri R, Srivastava A K. Role of phase transformation in chip segmentation during high speedmachining of dual phase titanium alloys. Journal of Materials Processing Technology, 2014, 214: 3048-3066.

[34] Kubiak K, Sieniawski J. Development of the microstructure and fatigue strength of two phase titanium alloys in the processes of forging and heattreatment. Journal of Materials Processing Technology, 1998, 78: 117-121.

[35] 陶春虎，刘庆瑔，刘昌奎，曹春晓，张卫方. 航空用钛合金的失效及其预防. 北京：国防工业出版社，2013.

[36] Sutton M A, Reynolds A P, Yang B C. Mode I fracture and microstructure for 2024-T3 friction stir welds. Materials Science and Engineering A, 2003, A354: 6-16.

[37] Geiger J, Roosz A, Barkoczy P. Simulation of grain coarsening in two dimensions by cellular-automaton. Acta Materialia, 2001, 49: 623-629.

[38] Liu W K, Karpov E G, Park H S. 纳米力学与材料：理论、多尺度方法与应用 (影印版). 北京：科学出版社，2007.

[39] 文玉华，朱如曾，周富信，王崇愚. 分子动力学模拟的主要技术. 力学进展，2003,33(1): 65-73.

[40] 郭旭，王晋宝，张洪武. 基于高阶 Cauchy-Born 准则的单壁碳纳米管本构模型. 计算力学学报，2005, 22(2): 135-140.

[41] 王晋宝. 碳纳米管的相关力学问题的研究. 大连理工大学博士学位论文，2007.

[42] Tersoff J. New empirical approach for the structure and energy of covalent systems. Physical Review B, 1988, 37: 6991-7000.

[43] Brenner D W. Empirical potential for hydrocarbons for use in simulation the chemical vapor deposition of diamond films. Physical Review B, 1990, 42: 9458-9471.

[44] 张洪武，王晋宝，叶宏飞，王磊. 范德华力的广义参变本构模型及其在碳纳米管计算中的应用. 物理学报，2007, 56(7): 1422-1428.

[45] 叶宏飞. 水在碳基纳米尺度通道内的粘性、扩散和剪切流动行为的模拟研究. 大连理工大学博士学位论文，2012.

[46] Nemat-Masser S. Plasticity. Cambridge: Cambridge University Press, 2004.

[47] Provatas N, Elder K. Phase field methods in materials science and engineering. Weiheim: Wiley-VCH, 2010.

[48] 蔡玉平，冯蒙丽，宋春荣. Landau 相变中的自由能. 军械工程学院学报，2014, 26(4): 66-69.

[49] 郑斌，周伟，王轶农，齐民. Landau 理论研究 TiNi 顺磁合金热/强磁场耦合下的马氏体相变. 金属学报，2009, 45(1): 37-42.

[50] 刘晓，钟凡. 贝氏体相变理论 —— 两个一级相变耦合的模型. 金属学报，1999, 35(11): 1135-1138.

[51] Popov V L. 接触力学与摩擦学的原理及其应用. 李强，雒建斌译. 北京：清华大学出版社，2011.